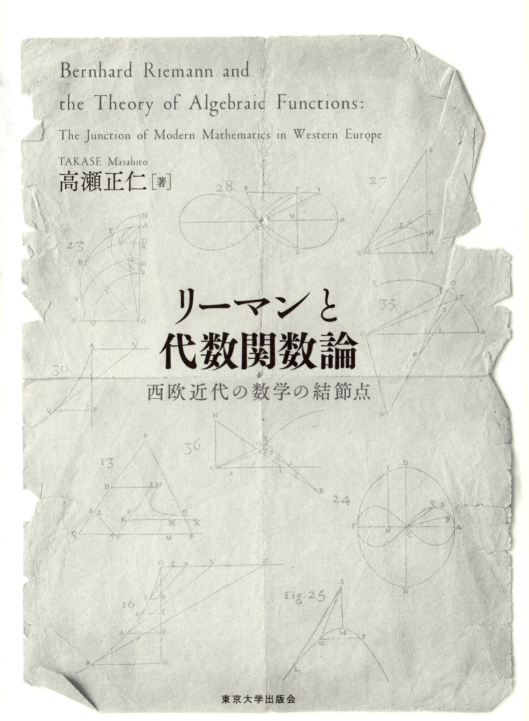

Bernhard Riemann and
the Theory of Algebraic Functions:
The Junction of Modern Mathematics in Western Europe

TAKASE Masahito

高瀬正仁［著］

# リーマンと代数関数論

西欧近代の数学の結節点

東京大学出版会

Bernhard Riemann and the Theory of Algebraic Functions:
The Junction of Modern Mathematics in Western Europe
Masahito TAKASE
University of Tokyo Press, 2016
ISBN978-4-13-061311-8

# まえがき

リーマンの名に親しみを深めたころ

　数学という不思議な学問に心を寄せる者にとって，19 世紀のドイツの数学者ベルンハルト・リーマンの名は一段と深い音色を伴って耳朶に響くのではあるまいか．リーマンの名をはじめて知ったのはいつだったろうと自問すると，数学に心を寄せ始めた十代の終わり掛けのころの回想へと誘われる．すでに半世紀の昔の思い出である．リーマンに通じる道はいくつか開かれていたが，一本の明るい道を照らしてくれたのは岡潔の晩年の一群のエッセイであった．岡は多変数関数論の形成に大きく寄与した数学者であり，岡自身，若い日にリーマンを知ることにより数学への憧憬を深めていったのである．リーマンを語る岡の言葉はエッセイ集の随所に散りばめられているが，次に引く言葉はひときわ強い印象を伴っている．

> 　三高のとき私はアンリー・ポアンカレーの「科学の価値」をよんだ．そうするとこういう意味のことが書いてあった．クラインはリーマンのディリクレの原理を証明しようとして，球，ドーナツ，球に二つ耳のついたもの，三つついたもの等の模型を頭の中で作り，それに±の二極を置いて，頭の中で電流を流した．そしてその流れるのを見て安心した．
> 　リーマンというのはスイスに生れドイツのゲッチンゲンで教えた十九世紀の大数学者，数学史中の最高峰と思うのは私だけではない．ディリクレの原理というのはリーマンが発見して，その師ディリクレの名を取って命名した大原理であって，実に簡潔，実に有力であるが，リーマンのした見事な証明は不備であることが後にわかった．クラインというのはリーマンの死後大分してゲッチンゲンの教授になったドイツ人で，生涯リーマン一辺倒であった．

> 私はこのポアンカレーの文章を見て限りない興味を感じた．（岡潔
> 『昭和への遺書 敗るるもまたよき国へ』，107-108 頁）

　三高というのはかつて京都に存在した第三高等学校のことで，現在の京都大学総合人間学部の前身である．大正 8 年（1919 年）9 月，和歌山県粉河中学校から三高に進んだ岡潔は，フランスの数学者ポアンカレの著作『科学の価値』を読んでリーマンを知ったのである．岡が手にしたのは田邊元の手になる訳書で，大正 5 年（1916 年）6 月に岩波書店から出版されて間もないころであった．岡は少し勘違いをしたようだが，リーマンの生地はスイスではなく，ドイツのハノーファー王国のブレゼンツという村である．ゲッチンゲンとベルリンの二つの大学で学び，ディリクレの後任としてゲッチンゲン大学の教授になった．ちなみにディリクレの前任者はガウスである．

　「球，ドーナツ，球に二つ耳のついたもの，三つついたもの等」というのは境界をもたないリーマン面，すなわち閉リーマン面の比喩的表現であり，球は種数 0，ドーナツは種数 1，球に二つ耳のついたものは種数 2 の閉リーマン面に該当する．リーマン面は 1 複素変数関数論の建設の場においてリーマンが提案して全理論の根底に据えた曲面で，閉リーマン面は代数関数論の舞台である．

　次に引くのは岡が読んだポアンカレの言葉である．

> 其反對にフェリックス・クライン Felix Klein を考へると，彼は函数論の最も抽象的な問題の一つを研究した．即ち一の與へられたリーマン面に，與へられた特異性を有する所の函数が常に存在するかといふ問題である．拟此有名な獨逸の幾何學者は如何にしたであらうか．彼はリーマン面に置換へるに電導率が一定の法則に從つて變化する如き金屬面を以てし，其二つの極を連結するに電池の兩極を以てした．斯くして彼は電流が之に通じなければならぬ事，其電流の面に分配され方が問題に要求せられた特異性を正に持つ所の函数を定義する事を述べたのである．（ポアンカレ『科學の價値』，15-16 頁）

閉リーマン面上に一定の特異性を指定し，それを許容する解析関数の存在証明はリーマンの代数関数論の根幹である．リーマンはこれを変分法のディリクレの原理により証明しようとしたが，その証明には瑕疵があることをヴァイエルシュトラスが指摘した．それにもかかわらずクラインは金属面に電流を流すという思考上の実験により，関数の存在を確信したのである．論理的に見て厳密な証明とは言えず，クライン自身ももとより承知していたが，クラインは何かしら感情の上で確実と思われるものを発見したと信じたのであろうと，ポアンカレはクラインの心情を忖度した．岡はそのようにクラインを語るポアンカレの文章を読んで，深遠な興味を感じたというのである．

**数学憧憬**

　三高から京都帝国大学に進んだ岡は，大正12年（1923年），京都帝大2年生のとき友人の秋月康夫と連れ立って丸善に行き，クライン全集とエルミート全集を購入した．どちらも全3巻の大きな書物である．クラインの全集を購入したのはポアンカレの『科学の価値』の印象が長く尾を引いていたためで，岡はディリクレの原理を論じるクラインの論文をこの全集で読んだ．エルミートはフランスの数学者で，ポアンカレの数学の師匠である．エルミートの全集はフランス語で書かれていて，このころはまだ読めなかったが，各巻の巻頭に添えられていたエルミートの肖像に心を惹かれた．第1巻の肖像は若い日のエルミート，第2巻の肖像は中年のエルミート，第3巻の肖像は晩年のエルミート．秋月は，片手に本をもって読みふけっている中年のエルミートが気に入って，切り抜いて額に入れ，机の上に置いた．それを見て，三高の同期生で西田幾多郎を父にもち化学を勉強していた西田外彦が影響を受け，丸善に駆けつけてエルミート全集を購入し，秋月をまねて中年のエルミートの肖像を切り取って額に入れ，机上に置いた．これに対し，岡が好きだったのは詩人の目をしているように見えた若い日のエルミートであった．

　クラインの全集ばかりではなくエルミートの全集まで買ったのもポアンカレの『科学の価値』の影響を受けたためで，

　　エルミトと語る際彼は決して眼に見える圖形を用ゐぬけれども，彼に

> 對しては最も抽象的の概念も生きた物に等しいといふことは人の直に認める所であつた．彼は之を見はせぬけれども，其等の概念が人爲的の集合物でなくして，何等か内的統一の原理を持つものなることを感じて居たのである．（同上，39 頁）

という言葉に触発されたからであった．岡はこれを「エルミットの語るや如何なる抽象的概念と雖もなお生ける如くであった」と簡潔に言い表して引用し，秋月とともに，「この短いポアンカレーの言葉に，あ，もあろうか，こうもあろうかと何時も胸を時めかせていた」（岡潔『春雨の曲』，第 7 稿）．

　ポアンカレの 1 冊のエッセイは 19 世紀の西欧近代の数学に遍在するロマンチシズムをのぞき見る小さな窓であり，若い日の岡は窓辺に腰かけて，目に映じない何ものかを見ようとして熱い目を向けていた．そのあこがれに満ちたまなざしが岡のエッセイを読む者の心情のカンバスにそのまま投影されて，いつしかリーマン，クライン，エルミート，ポアンカレの名が深く刻印されることになったのである．

### 古典への回帰

　岡潔のエッセイに誘われてリーマンを知ることになったが，多変数関数論の形成過程を叙述する岡の数学論文集を読むと，岡の究極のねらいは多変数の代数関数論にあることがはっきりと認識されて目の覚めるような思いがした．リーマンが建設したのは 1 変数の代数関数論であり，そのリーマンを憧憬する岡は多変数の代数関数論をめざしたのである．この事実に気づくとリーマンの代数関数論はいよいよ解明をめざすべき大きな目標になった．リーマンと岡を連繋する道をたどってみたいと念願するようになったのである．

　日本語で書かれたテキストは多いとは言えないが，岩澤健吉の著作『代数函数論』（岩波書店．初版，1952 年．増補版，1973 年）は薦められることの多い作品であった．巻頭に配置された長大な序文は評判が高く，代数関数論の歴史が回想されている点に特色があった．ただし本文はこの理論の形成史とは無関係で，歴史の流れに沿うのではなくリーマン以降に考案された様式で組み立てられている．ヘルマン・ワイルの著作『リーマン面のイデー』（1913 年）

はリーマン面を 1 次元複素多様体と諒解し，その土台の上にリーマンの理論を再構成して今日の複素多様体論の嚆矢となったことで知られていた．第 2 版（1923 年），第 3 版（1955 年）と版を重ね，第 3 版には英訳書も存在して容易に入手することができた．第 3 版に移ると大きな書き換えが行われ，初版とは別のおもむきの作品になった．そうこうするうちに邦訳書『リーマン面』（田村二郎訳，岩波書店，1974 年）も刊行されたが，翻訳にあたって訳者がテキストに選定したのは初版であった．

　岩澤健吉とワイルの著作はいずれも魅力的であり，心を惹かれて熱心に読みふけったが，この解読の試みはひんぱんに頓挫して，実際にはなかなか前に進むことができなかった．どちらの作品でも論理の連鎖が精密に組み合わされて，一歩また一歩と建築物が構築されていく．ところが，その道筋をたどり，いよいよ全容が目の前に現れ始めても，「代数関数論とは何か」という根本的な問いは決して解き明かされず，どこまでも謎のままであり続けたのである．

　代数関数論とは何をめざして建設された理論なのであろうか．リーマンは「アーベル関数の理論」という大きな論文を書いて代数関数論を展開したが，リーマン自身のねらいはどのようなものだったのであろうか．この問いに答えるにはリーマンの理論を解説する書物を読むだけでは足らず，リーマンの論文にいたる数学の流れを全体として把握しなければならないのではあるまいか．代数関数論の諒解がむずかしい原因は歴史にひそんでいる．今日の視点から顧みるのではなく，リーマンに流入するリーマン以前の数学の流れを諒解し，代数関数論の場においてリーマンが直面した諸問題の姿をリーマンとともに凝視しなければならない．古典解読の契機がこうしてもたらされることになった．

**歴史をたどる**

　西欧近代の数学史においてリーマンは 1 個の結節点である．リーマン以前のあれこれの流れがリーマンにおいて一堂に会してアーベル関数論に結晶し，リーマン以降に継承されてさまざまな理論に分岐していったが，本書の関心はリーマンその人とともにリーマン以前にも注がれている．リーマンはアーベル関数論に先立って「1 個の複素変化量の関数の一般理論の基礎」（1851 年）という論文を書き，今日の 1 複素変数関数論の基礎理論を構築した．根幹に位

置を占めるのは「関数」の概念であり，リーマンはオイラーからラグランジュ，コーシー，フーリエを経てディリクレにいたる関数概念の変遷史を踏まえて独自の「関数」を提案した．しかもその変数の変域は複素数域であり，リーマン以後，いつしか「解析関数」「正則関数」などという呼称が定着した．そこで二つの課題が課されることになった．ひとつは関数概念のはじまりと変遷をたどることであり，もうひとつは数学に虚量もしくは虚数を導入することの意味を諒解することである．この二つの課題に応えようとすると，デカルト，ライプニッツ，ヨハン・ベルヌーイ，オイラー，コーシー，ガウスと続く思索の変遷の観察が要請される（第1章）．

虚数と関数の二つの概念が連繋すると複素関数論が生れるが，リーマンに先立ってコーシーの複素関数論が存在した．関数の解析性の認識も必ずしも定かとは言えず，長い年月にわたって錯綜をきわめた経緯をたどったが，コーシーは実定積分の計算の場において留数解析を提示し，リーマンの（それにヴァイエルシュトラスの名をここで挙げなければならないが）複素関数論の先駆者になった．そこでコーシーの歩みを再現することもまた意義のある課題である（第2章）．

解析関数には他の種類の関数にはない特異な属性が附随する．それは解析接続という現象で，そのために解析関数の存在領域は関数それ自体に内在する力により天然自然に定まってしまう．この現象に対応するためにリーマンはリーマン面の概念を提案し，リーマン面上で解析関数論を展開するという構想を打ち出した．リーマン面は複素平面上に幾重にも重なり合って広がる曲面であり，そこには分岐点さえ散在する．この特異なアイデアの由来を尋ねることも大きな課題である．これを実行すると，ガウスのガウス平面のアイデアと，同じガウスの曲面論に出会うであろう（第2章）．

## 楕円関数論からアーベル関数論へ

リーマンは代数関数論をアーベル関数の理論と呼んだ．リーマンのいうアーベル関数は今日の用語でいうアーベル積分を指し，アーベル積分とは代数関数の積分に付与された呼称である．それゆえ，関数の中でも特に代数関数の正体を見極めることが基礎的な課題として課せられる．リーマンは代数関数とは

何かという問いに対し，「閉リーマン面上の本質的特異点をもたない解析関数」と簡潔に応じたが，関数の概念を提案し，その関数を代数関数と超越関数に二分した一番はじめの人はオイラーである．オイラーからリーマンにいたる間に代数関数の概念もまた変遷したのである（第1章）．

アーベル関数に冠せられた形容句「アーベル」は夭折したノルウェーの数学者の名である．1826年秋10月，パリに滞在中のアーベルは後年「パリの論文」と呼ばれることになる大きな論文を書き上げて，完全に一般的なアーベル積分を対象にして加法定理を確立した．「パリの論文」は行方不明になった一時期があり，1841年に発見されてフランスの数学誌に掲載されるまで人の目に触れることはなかったが，アーベルは超楕円積分に限定して同じ加法定理を精密に叙述するもうひとつの論文を書いた．ドイツの学術誌『クレルレの数学誌』の第3巻，第4分冊に掲載されたが，その掲載誌が刊行されたのは1828年12月3日のことであった．年が明けて1829年になり，アーベルは4月6日に亡くなったが，ヤコビはアーベルの論文を見て加法定理を認識し，アーベルの数学的意志を継承してそこからひとつの問題を抽出した．それがヤコビの逆問題であり，これを解決することがリーマンの目標になった．リーマン面上の複素関数論を建設したのもそのためであった（第4章）．

ヤコビの逆問題の形成過程の観察と，この問題が解けるということの意義を明らかにすることは，本書に課せられたもっとも重い課題である．

アーベルが「パリの論文」で取り上げたアーベル積分の考察には楕円関数論という前史が存在し，淵源をたどるとまたしてもオイラーに出会う．オイラーは楕円積分の加法定理を発見してこの理論に礎石を置いた人物だが，ある種の変数分離型微分方程式の代数的積分を見つけることができずに行き詰まっていた一時期があった．そこにイタリアの数学者ファニャノの論文集が届けられ，オイラーが一瞥すると，探し求めていた代数的積分のひとつが記されていた．苦境に直面していたオイラーはこれで救われて加法定理の発見に成功し，楕円関数論の歴史が流れ始めることになった．1751年ころの出来事である．

楕円関数論のバトンはオイラーからラグランジュへ，ラグランジュからルジャンドルへと受け継がれ，それからヤコビとアーベルの手にわたされた．アーベルの「パリの論文」はこの系譜の延長線上に現れたのであるから，楕円関数

論の形成史を諒解することは「パリの論文」、ひいてはヤコビの逆問題の真意を理解するために不可欠の基礎作業である（第3章）．

## ヒルベルトの夢と岡潔の夢——多変数代数関数論の展望

ヤコビの逆問題の泉はアーベルの定理であり、そのアーベルの定理がオイラーに淵源することは既述のとおりだが、数学におけるアーベルの営為に深い影響を及ぼしたもうひとりの人物がいる．それはガウスである．

アーベルに対してばかりではなく、ガウスの影響は19世紀の数学のほとんど全領域に及んでいる．本書ではガウスの著作『アリトメチカ研究』（1801年）に端を発する数学の流れを五つまで挙げた．第1の流れは相互法則、第2の流れはアーベル方程式の理論、第3の流れは楕円関数の虚数乗法論である．第4の流れはヤコビの逆問題であり、第5の流れはそのヤコビの逆問題から自然に流露する多変数関数論である．これらの5筋の流れは親密に連繋し、ガウスが創造した「数の理論」の世界を構成するとともに、ヒルベルトが提示した第12問題「アーベル体に関するクロネッカーの定理の，任意の代数的有理域への拡張」において合流するであろう．ヒルベルトの魔法の言葉で紡がれた夢のような予想だが、アーベル関数の理論のその先に広がる世界をヒルベルトに託して展望したいと思い、あらましを描写した（第5章，第1節）．

多変数関数論の一般理論を建設するのはむずかしく、ヴァイエルシュトラスとリーマンに続いてポアンカレ、クザン、ハルトークス、E. E. レビ、ジュリア、アンリ・カルタン、トゥルレンという人びとの手を経てようやく主問題が発見され、その解決に専念した岡潔によりいくつかの果実が摘まれたころにはすでに20世紀も半ばにさしかかっていた．一般理論は今も完成したとは言えないが、岡はその先に多変数代数関数論の構想を抱いて「リーマンの定理」という表題をもつ一群の研究記録を書き継いだ．リーマンはアーベル関数の理論という名の1変数の代数関数論の建設をめざしてまず1複素変数関数の基礎理論を構築したが、岡の心には若い日にポアンカレのエッセイを読んでリーマンに親しみを深めた体験が生涯を通じて生き続け、多複素変数の世界においてリーマンの歩みにならおうとしたのである（第5章，第2節）．ヒルベルトの夢と二幅対を構成する岡潔の夢がここにわずかに顔をのぞかせている．

数学の歴史は夢の系譜である．リーマンのアーベル関数論への道をたどり，リーマンを越えて多変数関数論へと開かれていく道を展望し，多変数代数関数論の夢を紡ぎたいと思う．本書は夢の顕現に向けて企図された一連の試みの第一着手である．

# 目　次

まえがき　　iii
凡　例　　xvii

## 第1章　代数関数とは何か——オイラーの関数概念とその変容　　1

### 1　関数概念を振り返って　　1
関数のいろいろ　1 ／ ヤコビ関数の等分理論　2 ／ オイラーの関数概念　3 ／ 関数を分類すること　5 ／ オイラーの代数関数　7 ／ 超越関数の世界　8 ／ 陽関数と陰関数　9 ／ 代数関数と代数方程式論　10

### 2　関数の世界と曲線の世界　　11
不定直線と変化量　11 ／ 切除線　12 ／ 不定直線と関数　12 ／ 曲線の解析的源泉　13 ／ 連続曲線　14 ／ 代数的な曲線　15 ／ 超越的な曲線　16 ／ 関数という言葉のはじまりをめぐって　18 ／ オイラーの第2の関数　19 ／ オイラーの第3の関数　22

### 3　ディリクレとコーシーの関数概念　　23
ディリクレの1価対応　23 ／ 関数の連続性をめぐって(1)　25 ／ コーシーの関数　26 ／ コーシーの代数関数　27 ／ 関数の連続性をめぐって(2)　28 ／ 代数関数の連続性とは　30

## 第2章　カナリアのように歌う——リーマンの「面」の発見　　31

### 1　修業時代　　31
リーマン点描　31 ／ ハノーファーのギムナジウムとリューネブルクのギムナジウム　32 ／ カナリアのように歌う　34

### 2　ベルリンの数学者たち　　35
ルジューヌ・ディリクレ　35 ／ アイゼンシュタイン　36 ／ ヤコビの逆問題との出会い　38

### 3　学位論文まで　　40
ゲッチンゲンにもどって　40 ／ 関数概念の回想にはじまる　40 ／ リーマンの関数とは　43 ／ 関数論講義　46 ／ 複素関数論の成立　49

4 コーシーの複素関数論 ............................ 49
    高木貞治『近世数学史談』より　49　／　ヴァルソンのコーシー伝　51　／　二つの積分路と閉曲線　52　／　コーシーの 1825 年の論文の印象　53　／　複素変数の複素関数　54　／　テイラー展開の収束円　54　／　一番近い特異点までの距離の測定　55　／　代数関数のテイラー展開　57　／　代数方程式のパラメータつきの根と代数関数　58　／　コーシーの関数論研究の波瀾曲折の 30 年　59　／　「コーシーの定理」と解析関数　62　／　関数の解析性をめぐって　63

  5 リーマン面のアイデアを語る ............................ 64
    ガウスの所見　64　／　ガウスの手紙　65　／　ガウスの複素積分　66　／　ガウスと「コーシーの定理」　67　／　対数関数の無限多価性　68　／　ヴァイエルシュトラスの解析的形成体と代数的形成体　69　／　ガウス平面　73　／　ガウス平面（続）　75　／　ガウス平面からリーマン面へ　77　／　ワイルのリーマン面　81

  6 マジョーレ湖畔で終焉を迎える ............................ 84

# 第3章　楕円関数論のはじまり──楕円関数の等分と変換に関するアーベルの理論　　87

## I　楕円関数論の二つの起源──萌芽の発見と虚数乗法論への道 .... 87

  1 楕円関数論の二つの流れ──変換理論と等分理論 ............ 87
    虚数乗法論の原型の発見──楕円関数の等分理論　87　／　代数的微分方程式の解法理論としての変換理論とその起源　88　／　レムニスケート曲線の等分理論　90

  2 ファニャノの楕円積分論 ............................ 91
    楕円の弧長測定　91　／　双曲線の弧長測定　94　／　レムニスケート曲線の弧長測定 (1)　楕円と双曲線の弧長測定への還元　96　／　レムニスケート曲線の弧長測定 (2)　全弧の幾何学的 2 等分　100　／　レムニスケート曲線の弧長測定 (3)　任意の弧の幾何学的 2 等分　101　／　レムニスケート曲線の弧長測定 (4)　全弧の幾何学的 3 等分　105　／　レムニスケート曲線の弧長測定 (5)　全弧の幾何学的 5 等分　107

  3 変換理論の諸相 ............................ 108
    求長不能曲線の弧の比較　108　／　レムニスケート曲線の弧の比較　110　／　倍角の公式と変数分離型微分方程式　112　／　レムニスケート積分の加法公式　113　／　微分方程式 $\frac{mdx}{\sqrt{1-x^4}} = \frac{ndy}{\sqrt{1-y^4}}$ の代数的積分　115　／　オイラー以降の変換理論　117

  4 楕円関数の等分に関するアーベルの理論 ............ 119
    アーベルの変換理論　119　／　二潮流の融合と虚数乗法論への道　120

## II クレルレの手紙 ......................................... 121
1 ペテルブルクとゲッチンゲンからの手紙 ............... 121
2 ヤコビの言葉とルジャンドルの言葉 .................. 123
3 ルジャンドルの所見 ............................... 125
4 ベルリンへの招待 ................................. 126

## III アーベルとルジャンドルの往復書簡より ................. 129
1 ルジャンドルからアーベルへ（1828年10月25日） ....... 129
  往復書簡のはじまり 129 ／ 加法定理を語る 130 ／ ヤコビの賞賛を受ける 132 ／ 著書謹呈 133 ／ ヤコビの著作『楕円関数の理論の新しい基礎』134 ／ アーベルの著作の計画 135 ／ モジュラー方程式をめぐって 136

2 アーベルからルジャンドルへ（1828年11月25日） ....... 138
  ルジャンドルの疑問に答える 138 ／ 有理関数による変換 139 ／ 楕円積分の加法定理 140 ／ 加法定理の意義 142 ／ 第1種逆関数と楕円関数 144 ／ 加法定理を語る 146 ／ 楕円関数の加法定理 148 ／ 任意個数の楕円関数（楕円積分）の相互比較 150 ／ 代数方程式論を語る 152

3 ルジャンドルからアーベルへ（1829年1月16日） ......... 153
  ルジャンドルの返信 153 ／ アーベルの「諸注意」を賞賛する 155 ／ 4番目の楕円関数 157 ／ アーベルの代数方程式論を語る 159

# 第4章 アーベル関数の理論——ヤコビの逆問題の探究　161
## I 「パリの論文」からアーベル関数論へ ..................... 161
1 代数的微分式の積分 ............................... 161
  ディリクレの原理をめぐって 161 ／ アーベル関数の理論 164 ／ 「パリの論文」の序文より 166 ／ 超楕円積分の加法定理 168

2 アーベルの加法定理 ............................... 170
  加法定理（その1） アーベルの定理 170 ／ 加法定理（その2） 超楕円積分の加法定理 171 ／ 「2頁の大論文」174 ／ アーベルの加法定理 175

3 加法定理と微分方程式 ............................. 177
  指数関数と対数積分 177 ／ 正弦関数と円積分 178 ／ 楕円関数と楕円積分 179

4 超楕円積分とヤコビ関数 ........................... 180
  ヤコビ関数 180 ／ 微分方程式系の積分とアーベルの加法定理 182 ／ ヤコビの逆問題 184

5　ヴァイエルシュトラスとヤコビの逆問題 ................ 187
　　　　「アーベル関数」をめぐって　187　／　ヴァイエルシュトラスとヤコビの逆問題　190　／　微分型のヤコビの逆問題　192　／　Θ関数をめぐって　194
　　6　リーマンのアーベル関数論 ........................... 195
　　　　リーマンの論文に見るアーベルの定理　195　／　ワイル『リーマン面のイデー』に見るアーベルの定理　197　／　リーマンのアーベル関数論におけるヤコビの逆問題　198　／　隠されたヤコビ関数　200　／　ワイル『リーマン面のイデー』に見るヤコビの逆問題　201　／　ヤコビの逆問題の解析的な解決　202
　　7　複素多様体と多変数関数論との別れ ................... 203
　　　　トポスアトポス($\tau\acute{o}\pi o\varsigma\ \acute{\alpha}\tau o\pi o\varsigma$)——場所のない場所から　203　／　多変数関数論への道　206

II　アーベル積分の等分と変換に関するヤコビとエルミートの理論 .... 206
　　1　歴史的概観 ......................................... 206
　　2　楕円積分と楕円関数 ................................. 208
　　3　アーベル積分とアーベル関数 ......................... 209
　　4　アーベルの加法定理 ................................. 211
　　5　ヤコビの逆問題 ..................................... 213
　　6　2変数4重周期関数 .................................. 215
　　7　ヤコビの逆問題とリーマン面 ......................... 218
　　8　超楕円積分の等分と変換 ............................. 219
　　9　隠された領域——数論とアーベル積分論 ................ 222

# 第5章　多変数代数関数論の夢——リーマンを越えて　　**223**

　　1　ガウスの『アリトメチカ研究』とヒルベルトの第12問題 ...... 223
　　　　ガウスの『アリトメチカ研究』に由来する数学の五つの流れ　223　／　岡潔の第7論文「三．四のアリトメチカ的概念について」　226　／　「アーベルの定理」と「アーベルの加法定理」　228　／　ヤコビの逆問題　231　／　ヒルベルトの第12問題とヤコビ関数　234
　　2　岡潔の遺稿「リーマンの定理」と多変数代数関数論の夢 ....... 236
　　　　「リーマンの定理」まで　236　／　晩年の遺稿「リーマンの定理」　239　／　「研究室文書」を見て　240　／　ピカールとシマールの著作『2個の独立変数の代数関数の理論』　242　／　代数的リーマン領域　244　／　第10論文　245　／　新代数関数論　246　／　微分方程式に向う　249　／　微分方程式と代数関数論　251　／　リーマン

の定理とは　252　／　最後の研究　256　／　落穂拾い――リーマンを語る　257

| | |
|---|---:|
| あとがき | 261 |
| 参考文献 | 272 |
| 数学者人名表 | 293 |
| 索　引 | 300 |

# 凡　例

1　「註」について．原典の引用などに際し，補足が必要と判断された箇所には「註」と明記して註釈を記入した．

2　参考文献表は各章ごとに作成し，それぞれ著者名の50音順に配列した．同一の文献が複数の章に重複して記載されることもある．

3　原典からの引用は日本語訳を記載した．邦訳書が存在する場合には出典を明記した．邦訳書の指示のない訳文は引用者によるものである．

4　引用文においてゴシック体で表記して強調した語句は，原文ではイタリック体などで表記されている．

# 第1章　代数関数とは何か
## ——オイラーの関数概念とその変容

## 1　関数概念を振り返って

**関数のいろいろ**

　オイラーの「解析的表示式」は一番はじめに出現した関数の概念規定として名高いが，この関数は1価対応の一類型とみなされるのが通例である．論理的な視点に立脚する限り，この見方は誤りではない．フーリエは「完全に任意の関数」というものを「任意に描かれた曲線を通じて定められるもの」と見て，曲線というものの明確な定義もないままに公然と語ったが，ディリクレの段階にいたってはじめて，曲線とは無縁の場所において，「完全に任意の関数」を語る言葉が与えられた．ところが，それは今日の「1価対応」そのものである．

　ヴァイエルシュトラスとリーマンの「代数関数」となると諸事情は一段と複雑さを増すが，リーマン面の概念の導入により，代数関数もまた1価対応の概念の範疇におさまることになる．

　だが，関数概念の表現様式に完全な普遍性を求めるのは無理なのではないかとぼくは思う．関数概念は進化するのではなく，さまざまな数学的状勢の要請を受けて変容を重ねていくにすぎない．新たな数学的現象がぼくらの前に立ち現れるとき，ぼくらはそのつど，解明作業を押し進めていくうえでもっとも相応しい様式を備えた関数概念の表明を迫られるのである．個々の関数概念には

みな独自の存在理由が伴っているのであるから，関数概念それ自体の変遷過程を観察しても，この概念のよりよい理解を助けてくれる事柄は何も見つからない（この所見には自戒の気持ちが込められている）．ぼくらは視点を大きく変換し，ひとつひとつの表現様式の背景に広がっている特有の数学的状勢を認識するようにつとめなければならないのではあるまいか．

**ヤコビ関数の等分理論**

ぼくははじめ，「関数とは何か」という一般的な疑問から出発し，次第に上記のような考えを抱くようになったが，四半世紀の昔，ヤコビとエルミートの論文の中に「ヤコビ関数」の理論の萌芽を発見したことがいわば決め手となって，着想は確信に移行した．オイラーを祖父とし，ガウスとアーベルを父とする代数関数論は，リーマンとヴァイエルシュトラスの手でヤコビの逆問題が解決された時点で最高潮に達したが，この問題の解決はヤコビ関数の認識を可能にする．それゆえ，オイラー，ガウス，アーベルの系譜を継ごうとする本来の立場を維持するのであれば，ヤコビ関数を対象とする等分と変換の理論，すなわち何らかの意味合いにおいて一般化された虚数乗法論へと通じる理論が展開されるはずであり，現にヤコビとエルミートはすでにその方向に向って第一歩を踏み出していたのである．

この試みはヤコビとエルミートのみで中断してしまい，リーマンとヴァイエルシュトラス以降の代数関数論は代数曲線の理論へと変容し，さらに代数幾何学の形成へと進んでいった．だが，それはそれとして，ひとたびヤコビとエルミートに立ち返るなら，そのときぼくらの眼前に忽然としてヤコビ関数が現れて，その本然の姿を諒解するために，必然的に関数概念の歴史的省察が要請される．かつてヴァイエルシュトラスとリーマンは代数関数（正確に言えば，1変数の代数関数）の本性をとらえようとして，それぞれ独自の仕方で1複素変数解析関数の一般理論を構成したが，まさしくそのように，今度はヤコビ関数を理解することを目的として，それに相応しい多複素変数解析関数の一般理論を探索し，構築しなければならないであろう．

現にヴァイエルシュトラスは実際にこの方向に歩みを進めた．「ヴァイエルシュトラスの予備定理」など，いくつかの基礎的な寄与が想起される場面だ

が，ヴァイエルシュトラスにはヤコビ関数論の基盤を整備しようとする強固な意志があったのである．ヤコビ関数には，多変数関数論の形成にあたって，そのもっとも具体的な契機として作用する力が備わっているが，解析関数を考える場を抽象的な複素多様体に移そうとするワイルの立場はヤコビ関数の考察のために相応しいとはいえず，リーマンが提示した一番はじめのリーマン面の概念をそのまま多変数関数論の世界に移すのがもっとも適切であろう．ここではまずオイラー，ディリクレ，コーシー，ヴァイエルシュトラスなどによる既成の関数概念のあれこれを回想し，そのうえで，リーマン面という，リーマンの複素関数論の根幹を作る概念を考察することにしたいと思う．

**オイラーの関数概念**

1748年のオイラーの著作『無限解析序説』は全2巻で編成されているが，関数とは「解析的表示式」のことであるとするオイラーの名高い関数概念は，この著作の第1巻の冒頭に確かに記述されている．第1章「関数に関する一般的な事柄」から，関数を語るオイラーの言葉を拾いたいと思う．

オイラーの関数概念の根底にはどこまでも「量」の概念が流れている．はじめに登場するのは「定量」の概念で，

オイラー

> 定量とは，一貫して同一の値を保持し続けるという性質をもつ，明確に定められた量のことをいう．（オイラー『オイラーの無限解析』，1頁）

と規定される．これだけでは真意をつかみがたいが，オイラーの言葉を続けると，「定量というのは任意の種類の数のことにほかならない」と言われている．その理由は何かといえば，「数というものは，ひとたびある定値を獲得したな

ら，その同じ値を一貫して保持し続ける」からであるというのである．「量の世界」と「数の世界」を連繋する架け橋のような言葉である．
続いて，

> 変化量とは，一般にあらゆる定値をその中に包摂している不確定量，言い換えると，普遍的な性格を備えている量のことをいう．（同上，1頁）

という言葉が語られて，それから「関数」の概念が現れる．それは，

> ある変化量の関数というのは，その変化量といくつかの数，すなわち定量を用いて何らかの仕方で組み立てられた解析的表示式（expressio analytica）のことをいう．（同上，1頁）

というのであるから，ある変化量の関数はそれ自身もまた変化量である．すなわち，オイラーの関数には，ある変化量から出発して他の変化量を次々と具体的に作り出していくという働き，言い換えると，さまざまな変化量の構成様式が備わっているのである．

解析的表示式そのものを規定する言葉は見られず，そのためにオイラーのいう解析的表示式というものの実体をめぐって素朴な疑問が生じるが，オイラーは

$$a + 3z, \quad az - 4z^2, \quad az + b\sqrt{a^2 - z^2}, \quad c^z$$

という4個の関数を例に挙げた．ここで，$a, b, c$ は定量，すなわち数であり，$z$ は変化量である．このようなものが変化量 $z$ の解析的表示式であるというのであり，凝視すると，オイラーの心情のカンバスに描かれた関数のイメージがありありと立ち上ってくるような思いがする．

変化量にはあらゆる種類の数が包摂されているというのもオイラーの言葉である．さりげない数語にすぎないが，オイラーが「あらゆる種類の数」というとき，数の範疇は実数に限定されているわけではなく，正数も負数も，整数も

分数も，有理数も非有理数も超越数もみな数の仲間である．そのうえ，「0 と虚数さえ，変化量という言葉の及ぶ範囲から除外されていない」（同上，2 頁）と，オイラーは注目に値するひとことを言い添えている．これを言い換えると，**オイラーは当初から実関数と複素関数を区別していない**のである．

これはオイラー自身が挙げている事例だが，変化量 $z$ の関数

$$w = \sqrt{9 - z^2}$$

において，$z$ に割り当てる定値を実数に限定するなら，この関数は 3 よりも大きい数値を取ることはできない．ところが，たとえば $z$ に虚値 $5\sqrt{-1}$ を割り当てると，関数 $w$（これ自身もまた変化量である）は 3 よりも大きい値 $\sqrt{34}$ を取る．一般に，$z$ にどのような虚値を割り当ててもよいのであれば，$w$ もまたあらゆる数を取りうるのである．

オイラーの関数では関数を組み立てる変化量に割り当てられる数の範囲が限定されていないことも注目に値する．これを言い換えると，オイラーは関数の定義域を人工的に限定するようなことはせず，変化量 $z$ の解析的表示式に値を割り当てる力を備えている限り，$z$ に割り当てられる数はみな解析的表示式の定義域に所属すると見ているかのようである．それなら関数の定義域は，解析的表示式が書き下されたとたんに先天的に定まってしまうことになり，後年の解析接続の考えに通じるものが，ここにありありと感知されるような思いがする．

**関数を分類すること**

オイラーの関数概念は自然界の力学的光景の観察の中から即物的に抽出されたものであろう．自然界には動いている量もあれば動いていない量もあり，そのようなさまざまな量が相互に依存し合ったりしなかったりしながら渾然として存在する．そこで，概念の抽出とは，この大海原に網を投げて漁をするような作業になり，網を引くごとに，定量，変化量，変化量の関数という解析学の基礎概念が次々と認識されていく．関数というのは，相互依存関係にあるいくつもの変化量が構成するシステムに着目するときに取り出される概念である．そうして，これはオイラーに限らずコーシーにもディリクレにもリーマンにも

あてはまることだが，一般に関数というものの概念規定の試みはつねに，相互依存関係の様式を具体的に明示しようとする試みと理解するのが至当であろう．

オイラーの関数は一方では1価関数と多価関数に分かたれるが，他方では代数関数と超越関数に大きく二分される（15-16頁の「代数的な曲線」と16-18頁の「超越的な曲線」も参照）．分類の立脚点が異なるのである．オイラーのいう**代数関数**（代数関数を作る代数的演算のうち，変化量が冪指数になるものは避ける．$a$ は定量，$z$ は変化量として $a^z$ は代数関数とは言わない）というのは，いくつかの定量と変化量を素材にして，それらに対して代数的演算，すなわち加減乗除の4演算に「冪根を取る」という演算を合わせた5種類の演算のみを用いて組み立てられる表示式のことである．ここではこのような表示式を**代数的表示式**と呼ぶことにする．これに対し，関数，すなわち解析的表示式を組み立てる際に用いられる諸演算の中に超越的演算が認められるなら，その関数は**超越関数**という名で呼ばれるのである．超越的演算というのは「代数的ではない演算」のことであるから，これを一般的に規定することはできず，個々の例を挙げることしかできないが，指数や対数は超越的演算の仲間であり，積分計算の場に踏み込めば，そこは超越的演算の宝庫である．

オイラーが挙げている例を見ると，積

$$2z,\ 3z,\ \frac{3}{5}z,\ az \quad (a \text{ は定量})$$

や，冪

$$z^2,\ z^3,\ z^{\frac{1}{2}},\ z^{-1}$$

は代数関数の仲間だが，前者の関数では「積」，後者の関数では「冪」を作るという単独の演算が用いられているだけである．このようなものしか考えないのであればわざわざ「関数」という新たな用語を導入する必要はないが，代数的もしくは超越的ないくつかの演算が次々と施されて組み立てられる式の場合には，特別の呼称を用いてそれらを明示する必要がある．そのようなわけで「関数」という言葉が提案されたのであると，オイラーは説明した．後述するように，これを実行して実際に「関数」の一語を提案したのはヨハン・ベル

ヌーイであろう．

**オイラーの代数関数**

　本章では代数関数に注目し，「代数関数とは何か」という問いに対してどう答えるかという論点に，たえず関心を寄せていきたいと思う．変化量 $z$ の倍数や冪は $z$ の代数関数である．もう少し複雑な代数関数の例として，オイラーは表示式

$$\frac{a+bz^n-c\sqrt{2z-z^2}}{a^2z-3bz^3} \quad (a,b,c \text{ は定量})$$

を挙げた．このような諸例が代数関数であることは見やすいが，オイラーは「代数関数はしばしば具体的な形に表示されないことがある」（同上，3 頁）と言葉を続け，例として文字 $Z$ に関する 5 次方程式

$$Z^5 = az^2Z^3 - bz^4Z^2 + cz^3Z - 1 \quad (a,b,c \text{ は定量})$$

を書き下した．

　この方程式の係数は変化量 $z$ の冪と定量で組み立てられている．もしこの方程式が代数的に解けるなら，$z$ に関する $Z$ の代数的表示式が現れるが，それは $z$ の代数関数である．実際にはこの方程式の代数的可解性は判然としないが，それでもオイラーは，

> たとえこの方程式は解けないとしても，$Z$ は変化量 $z$ と定量を用いて組み立てられるある表示式と等置されること，したがって $Z$ は $z$ の何らかの関数であることははっきりとわかっている．（同上，3 頁）

というのである．「たとえこの方程式は解けないとしても」という言葉において，方程式を解くというところには「代数的に解く」という意味合いが含意されているとみてよいが，代数的に解けないのであれば $Z$ は $z$ の代数関数とは言えないであろう．それでもなお $Z$ を $z$ の関数と見るというのであれば，$Z$ は $z$ の何かしら代数的ではない表示式の形に表され，その式を組み立てる諸演算の中には超越的なものが必ず介在することになる．だが，ここでオイラー

が語ろうとしているのはあくまでも「具体的な形に表示されない代数関数」の事例なのである．

オイラーは代数関数の概念を語ろうとしていくぶん不明瞭な数学的状況に直面してしまったが，この混迷を打ち破る鍵は代数方程式の代数的可解性の探究に握られている．オイラーは4次を越える次数をもつ高次代数方程式の根の公式を発見しようと試みて肉薄し，ついに失敗に終った経験をもつ人物だが，そのオイラーの努力の意味は，代数関数の概念規定という場においてはじめて明らかになると言えるであろう．一般の代数方程式を対象とする根の公式が見つからない以上，オイラーによる代数関数の概念の妥当域は大きく限定されてしまい，普遍性をもちえない．だが，それでもオイラーは，「$Z$ は $z$ の何らかの関数であることははっきりとわかっている」と主張して，代数関数を解析的表示式として諒解しようとする姿勢をくずさないのである．

**超越関数の世界**

代数関数の認識には未解明の論点が残されているが，「超越関数に関して留意しておかなければならないことがある」（同上，4頁）とオイラーは言う．オイラーのいう関数，すなわち解析的表示式を組み立てるのに使われる諸演算の間に超越的演算が介入しているとしても，それだけではその関数は超越的とは限らない．関数が超越的であるか否かの分れ目は単に超越的演算の有無にあるのではない．超越的演算が見られなければ代数関数であるのはまちがいないが，たとえ超越的演算が存在するとしても，その演算の及ぶ範囲が定量に限定されているのであれば関数は依然として代数的なのであり，超越的演算が変化量に作用しているときにはじめて関数は超越的でありうるのである．

オイラーにしたがって半径1の円の円周を $c$ で表そう．$c = 2\pi$ であり，$c$ そのものは超越的な量である．だが，オイラーの見るところ，

$$c + z, \ cz^3, \ 4z^c$$

のような表示式は $z$ の代数関数である．

これらのうち，はじめの二つの関数が代数的である理由は見やすいが，最後の $z^c$ についてははたして代数的であるのか否か，疑問の余地がありそうであ

る．この点はオイラー自身も気に掛っていたようで，このような表示式も代数関数の仲間に数えられるのかどうかという疑問をもつ者もいるかもしれないと明記したうえで，「これは取るに足りない問題である」ときっぱりと一蹴した．オイラーの目にはこれもまた代数関数に見えたのである．変化量の冪指数が $c$ のような超越量ではなく，$\sqrt{2}$ のような非有理数の場合にも事情は同様で，オイラーにとって冪 $z^{\sqrt{2}}$ が代数関数の仲間であることは変らないが，これについては「代数関数というよりも，むしろ内越的な関数（functiones interscendentes）と呼ぶのを好む人もいる」（同上，4頁）とわざわざ言い添えた．

オイラーはここでは「内越的」という言葉を提案した人の名を挙げていないが，ライプニッツがその人である（本書，17頁参照）．

$z^c$ や $z^{\sqrt{2}}$ は変化量の冪という形を見ると代数関数のように見えるが，$z$ は複素変化量，すなわち複素数を内包する変化量として，$z^c = e^{c \log z}$, $z^{\sqrt{2}} = e^{\sqrt{2} \log z}$ と表記して複素対数 $\log z$ と $e$ の指数冪の挙動に着目すると判明するように，これらの関数は無限多価関数であり，実際には代数関数ではなく超越関数である．複素対数とは何かという問いを問う声がここにはっきりと響いているが，オイラーは『無限解析序説』第1巻を執筆した当時にはまだ複素対数の本性の正確な洞察にいたっていなかったのである（『無限解析序説』，第2巻に移ると，オイラーの所見に多少の変化が感知される．本書，第1章，第2節の小節「超越的な曲線」参照）．

**陽関数と陰関数**

代数関数の全体を区分けするオイラーの言葉が続く．代数関数は有理関数と非有理関数に分けられ，非有理関数はさらに陽関数と陰関数に区分けされる．代数関数を組み立てるのに使われる演算のうち，変化量に作用する演算が加減乗除の4演算に限定されているなら，その関数は有理関数である．オイラーが挙げている例を再現すると，

$$a+z,\ a-z,\ \frac{a^2+z^2}{a+z},\ az^3-bz^5$$

などは有理関数である．これに対し，代数関数を構成する変化量に「冪根を取

る」という演算の作用が認められるなら，その関数は非有理関数である．たとえば，これもオイラーが挙げている具体例だが，

$$\sqrt{z},\ a+\sqrt{a^2-z^2},\ \sqrt[3]{a-2z+z^2},\ \frac{a^2-z\sqrt{a^2+z^2}}{a+z}$$

のような表示式は非有理関数である．

　有理関数と非有理関数の区分けは見やすいが，陽関数と陰関数の区別はいくぶん微妙であり，追究すると深刻な問題に遭遇する．オイラーのいう陽関数というのは冪根記号を用いて書き表される非有理関数のことであり，陰関数とは「方程式を解くことを通じて生じる非有理関数」である．これだけの言葉では陰関数の正体はつかみがたいが，オイラーは方程式

$$Z^7 = azZ^2 - bz^5$$

に例を求めて陰関数の説明を続けた．この方程式により規定される $Z$ は $z$ の非有理陰関数である．なぜなら，たとえ冪根記号を許したとしても，$Z$ を $z$ の表示式の形に具体的に表示することはできないからであるとオイラーは言う．これでは $Z$ は $z$ の代数関数ではないことになってしまうが，オイラーは「一般の代数学はまだ，そのようなことが可能になるまで完成度が高まっていないのである」（同上，4-5頁）と附言した．現時点では証明する手立てはないが，それでもなおこの方程式の代数的可解性に確信を抱いていたのであろう．

**代数関数と代数方程式論**

　オイラー以降，アーベルは代数関数論の展開に先立って，4次を越える次数をもつ一般代数方程式の代数的可解性を明確に否定しなければならなかった．まさしくこの一点において，代数方程式論は代数関数論の建設のために不可欠の基礎理論として機能するのである．

　もし二つの変化量 $x, y$ の間に代数方程式を通じて記述される関係が成立するとするなら，$x$ は $y$ の代数関数と呼ばれ，$y$ は $x$ の代数関数と呼ばれる．アーベルの理論の出発点はただこれだけであり，もはや解析的表示の可能性は問題にされない．たとえ根の公式の存在は一般的に否定されたとしても，オイ

ラーのように，何らかの意味合いにおける解析的表示式をなお追い求めるのもひとつの道であろう．だが，アーベルはアーベルなりに果敢に決断を下し，オイラーに別れを告げたと言えるのではあるまいか．

## 2  関数の世界と曲線の世界

**不定直線と変化量**

　オイラーの著作『無限解析序説』の第1巻の第1章は「関数に関する一般的な事柄」と題されているが，第2巻の第1章に移ると「関数」に代って「曲線」が現れて，「曲線に関する一般的な事柄」という章題が附せられている．第1巻と第2巻の第1章を合わせると，オイラーが関数概念を提案した真意がありありと伝わってくるような思いがする．

　第2巻の第1章は変化量を語る言葉から説き起こされる．変化量の概念はすでに第1巻で関数を語る際に登場し，「変化量とは，一般にあらゆる定値をその中に包摂している不確定量，言い換えると，普遍的な性格を備えている量」（本書，4頁参照）と規定されたが，今度は言い回しがいくぶん変り，「変化量というのは一般的な視点に立って考察された大きさのことであり，その中にはありとあらゆる定量が包み込まれている」（オイラー『オイラーの解析幾何』，1頁）と言われている．「不確定量」に代って「大きさ」という言葉が採られたが，実体が変ったわけではなく，「量」に「線分」を対応させることを可能にするための言葉の工夫がなされたのである．

　平面上に1本の不定直線 $RS$ を引く．不定直線という耳に慣れない言葉はオイラーが採用した用語であり，その実体は，端をもたずに無限に伸展する単なる直線にすぎないが，「あらゆる定量を包摂する大きさ」という言葉と観念上の連繫を確保するために，このような言葉をあえて選択したのであろう．その不定直線 $RS$ 上に任意に1点 $A$ を指定して，これを始点と呼ぶと，変化量に包摂されるどのような定量に対しても，始点を基準にして，その定量に対応する長さの線分を直線 $RS$ から自由に切り取ることができる．そこでオイラーは，「不定直線と変化量は，量というものの同一の観念をわれわれの心象風景の中に等しく描き出してくれるのである」（同上，1頁）と，この状況を

簡潔に言い表した．

不定直線と変化量というまったく無関係な二つの概念がオイラーの心のカンバスにおいて連繋し，変化量の姿が線分の長さという衣装をまとって具体的に顕現する．オイラーの創意がここにくっきりと現れているが，線分の長さとして把握されるのは変化量のとる実数値のみであることに，ここで注意を喚起しておきたいと思う．複素変化量，すなわち複素数値をも包摂する変化量の全体像を把握するには１本の直線では足らず，ガウスがそうしたように平坦な平面（ガウス平面）を用意したり，リーマンがそうしたように平坦とは限らない「面」（リーマン面）を構成したりしなければならないのである．

### 切除線

変化量が不定直線により表示される様子を，オイラーとともに観察したいと思う．$x$ は変化量とし，$RS$ は $x$ を表示する不定直線とすると，$x$ に包摂される定値のうち，実数でもあるものはみな直線 $RS$ から切り取られた区間の長さによって表される．$P$ は直線 $RS$ 上の点とする．点 $P$ が $A$ と合致することもありうるが，その場合には区間 $AP$ は消失し，変化量 $x$ の値 $x = 0$ を表している．点 $P$ が始点 $A$ から遠ざかっていけばいくほど，区間 $AP$ はそれに見合う大きさの $x$ の定値を表すことになる．そこでオイラーはこの区間 $AP$ を**切除線**（abscissa）と呼び，「切除線は変化量 $x$ の定値を表しているのである」（同上，１頁）と簡明に言い表した．

不定直線 $RS$ は始点 $A$ から出発して左右両方向に限りなく延びていくことに着目すると，$x$ の正負双方のあらゆる値を不定直線から切り取ることが可能になる．$x$ の正の値を表示するのに左右どちらの区間を選択してもかまわないが，試みに正値は始点 $A$ の右方向に歩みを進めて切り取るという方針を定めると，左方向の区間は $x$ の負の値を表すことになる．

### 不定直線と関数

不定直線は変化量 $x$ を表示するが，$x$ の関数 $y$ もまた不定直線との関連のもとで幾何学的に表示される．$x$ に対してある定値が指定されると，それに対応して $y$ はある定値を受け入れる．$x$ の値を表示するために不定直線 $RS$ を

採用し，その始点を $A$ とする．$x$ の任意の定値 $AP$ に対し，それに対応する $y$ の値に等しい線分 $PM$ を線分 $AP$ と垂直な方向に描く．直線 $RS$ から見て上下どちらの方向に描くのかを定めなければならないが，$y$ の正の値が得られるのであれば上側に伸ばし，$y$ の負の値が現れたなら下側に伸ばしていくことにする．

このように定めると平面上にある種の線が描かれる．その線はまっすぐかもしれないし，曲がっているかもしれないが，一般に曲線の名に相応しい線である．こうして $x$ の関数は幾何学の場に移されて曲線を生成し，その曲線には関数 $y$ の性質のすべてを視覚化する働きが備わっている．

オイラーとともに，不定直線 $RS$ を**軸**もしくは**基準線**，始点 $A$ を**切除の始点**，垂直線分 $PM$ を**向軸線**（applicata）と呼ぼう．

### 曲線の解析的源泉

変化量 $x$ の関数のグラフは曲線を生成するが，逆に曲線は関数のグラフとして把握される．この場合，「曲線とは何か」という問いに応じなければ出発点が定まらないが，オイラーの念頭に描かれていた曲線のイメージは「点の連続的運動により機械的に描かれた曲線」である．たとえばサイクロイドなどは，この素朴なイメージにもっともよくあてはまるであろう．

一般に，そのような曲線上の各々の点 $M$ から不定直線 $RS$ に向って垂線 $MP$ を下ろして区間 $AP$ を作り，その区間で明示される変化量を $x$ とし，線分 $MP$ の長さ $y$ を測定する．その際，$x$ と同様，$y$ にも正または負の符号をつけることにする．平面は不定直線 $RS$ により二つの区域に分けられる．一方を正の区域，他方を負の区域と呼ぶことにして，点 $M$ が正の区域にあるときは $y$ に正の符号をつけ，負の区域にあるときは負の符号をつける．$M$ が直線 $RS$ 上にあるときは $y = 0$ と定める．このようにして得られる変化量 $y$ は $x$ の関数であり，しかもその関数のグラフを描くと元の曲線が復元されるとオイラーは言う．次に引くのはオイラーの言葉である．

> それらの曲線の解析的源泉（origin analytica），すなわちはるかに広範な世界に向かうことを許し，しかも計算を遂行するうえでもはるか

に便利な源泉を関数と見て,その視点から考察を加えていきたいと思う.(同上,4頁)

ありとあらゆる曲線を関数のグラフとして把握しようとするところにオイラーのねらいがあり,それをオイラーは**曲線の解析的源泉**という明るい印象の伴う一語で言い表した.だが,任意の曲線から出発する場合,$x$に対して$y$が対応する様子は明瞭に見て取れるが,元の曲線の任意性の度合いが高い以上,$y$は必ずしも$x$の解析的表示式ではなく,そのためにオイラーのいう関数とは限らないことになってしまう.関数が曲線の解析的源泉でありうるためには解析的表示式の範疇では狭すぎるのである.解析的表示式では代数関数の世界さえ覆い尽くすことはできないのは既述のとおりだが,関数概念の一般化はここでもまた要請されているのである.

**連続曲線**

今日の微積分では関数の一般概念に続いて連続関数が語られて,それから連続関数の微分可能性へと話が及んでいくのが通例である.関数概念を数学に導入したオイラーは関数の連続性は語らないが,曲線の連続性についてはきわめて多弁であり,冗長なほどである.オイラーは「幾何学で主として話題にのぼるのは連続曲線である」(同上,4頁)ときっぱりと語り,しかも「**ある一定の規則にしたがう一様な機械的運動によって描かれる曲線は連続曲線である**」(同上,4頁)と宣言した.これがオイラーの抱いていた曲線の連続性というものの観念の原型であり,日常的に観察される連続性のイメージとよく重なっている.

そこで,曲線の解析的源泉を関数と見るという独自の視点に立って連続曲線を把握しようとするならば,連続曲線を生成する関数には連続関数の名が真に相応しく,連続曲線は連続関数のグラフとして認識されるべきであろう.だが,オイラーは連続関数という言葉を導入することはせず,「**連続曲線というのはあるひとつの定められた$x$の関数を通じてその性質が表されるという性質を備えた曲線のことである**」(同上,8頁)と明快に規定した.いくつかの連続曲線がつながって描かれる曲線もありうるが,それらは**不連続曲線**,ある

いは**複合曲線**，あるいは**非正則曲線**である．すなわち，不連続曲線は「いくつかの連続曲線の断片を素材にして組み立てられている」曲線の総称である．

こうしてオイラーのいう関数の実体は実際にはすべて連続関数である．それでもオイラーは連続関数という言葉を使おうとしなかった．オイラーは当初から連続曲線の全容の把握をめざし，関数概念の導入のねらいもまたそこにあったのであるから，オイラーは連続関数という新語を作る必要がなかったのである．

オイラーは連続関数のみしか考えなかったという言葉は今もときおり耳にすることがあるが，この批評は正しいとも言えず，正しくないとも言えない．すべては上記のようなオイラーの心情に由来して発生する現象である．オイラーは連続性のイメージの伴う曲線を把握するために関数概念を提案し，そのために関数はみな必然的に連続関数になった．しかも同時に，連続関数という，何かしらいっそう一般的な関数と区別するための特定の呼称はオイラーには不要だったのである．

### 代数的な曲線

曲線の解析的源泉を関数において見るという視点に立つと，関数の諸性質に基づいて曲線を分類することが可能になる．「曲線というものを認識する手続きは関数に帰着されるから，すでに以前目にしたような種々の関数の種類に応じて，それに見合う分だけ，いろいろな種類の曲線が存在することになる」（同上，6頁）とオイラーはいう．そこで，「関数の分類の仕方に応じて，曲線もまた**代数曲線**と**超越曲線**に区分けされていく」（同上，6頁）というのである．曲線上の各点には切除線 $x$ と向軸線 $y$ が付随するが，双方を合わせて考えるとき，オイラーはそれらを**直交座標**と呼んだ．$y$ は $x$ の関数であり，もし両者を連繋する何かある方程式が手に入り，しかも $y$ はその方程式を通じて $x$ の関数として定められるとするなら，その状勢を指して，曲線の諸性質は直交座標間の方程式により規定されると言い表される．

ある曲線が代数曲線であるというのは，向軸線 $y$ が切除線 $x$ の代数関数であることをいい，ある曲線が超越曲線であるというのは，$y$ が $x$ の超越関数であることをいう．オイラーはこのように定義したが，代数曲線と超越曲線の概

念はオイラー以前にもすでに存在した．

　平面上に描かれたいろいろな曲線を代数曲線と超越曲線に大きく二分するのは，オイラー以前の曲線の理論の流儀である．デカルトは『方法序説』（1637年）の三つの本論のひとつとして書かれた『幾何学』において「幾何学に受け入れうる曲線とは何か」という問いを立てて思索を重ね，ありとあらゆる種類の曲線の作る広大無辺の世界から，曲線上の点の位置を指定するのに用いられる二つのパラメータ $x$ と $y$ の間に代数的関係 $f(x,y) = 0$（$f(x,y)$ は多項式）が認められる曲線の世界を切り取って，そこに所属する曲線を幾何学的曲線と呼んだ．今日の語法では代数曲線にほかならないが，その呼称を提案したのはデカルトではなくライプニッツである．ライプニッツにはデカルトのいう幾何学的曲線以外の曲線をも考察しなければならない理由があり，そのためにデカルトが見出だした幾何学的曲線を代数曲線と呼び，それ以外の曲線を超越曲線と呼んだのである．

　関数概念から出発しようとするオイラーの立場に立てば，代数曲線の性質を表す代数方程式 $f(x,y) = 0$ は $x$ の代数関数 $y$ のグラフのように見えるであろう．$x$ と $y$ の役割を入れ替えて，$x$ を $y$ の代数関数と見ることも可能だが，そのように観察すれば，方程式 $f(x,y) = 0$ の根底に何かしら共通の場所が透けて見えるような思いがする．$x$ と $y$ はその同一の場所に生息する異なる関数で，しかも代数的な関係 $f(x,y) = 0$ で結ばれていると見るのであり，複素変数関数論におけるリーマンのアイデアの泉である．その「共通の場所」はリーマン面であり，リーマン面上の関数というのはリーマン面から複素数域への1価対応である．だが，この間の消息を明らかにするには，関数概念の変遷の物語をもう少し続けなければならない．リーマンの複素関数論はデカルト，ライプニッツ，オイラーと続く微分積分学の形成過程のひとつの到達点なのである．

**超越的な曲線**

　『無限解析序説』第2巻の第21章は「超越的な曲線」と題されていて，いろいろな超越曲線が紹介されている．それらを観察すると，オイラーが心に描いていた超越曲線というものの観念が目の前に彷彿として現れるような思いが

する．関数は代数的でなければ超越的であり，超越関数のグラフとして描かれる曲線が超越曲線である．ある曲線の向軸線 $y$ が切除線 $x$ の対数に等しくて等式 $y = \log x$ が成立するなら，その曲線は対数曲線と呼ばれる超越曲線である．曲線を表す方程式を $e^y = x$ と書き直せば，指数曲線という呼称もまた相応しい．

等式 $y = \arcsin x$（逆正弦関数），あるいは $y = \arccos x$（逆余弦関数），あるいは $y = \arctan x$（逆正接関数）が成立するなら，それらの曲線はやはり超越曲線である．曲線を表す方程式を $\sin y = x$, $\cos y = x$, $\tan y = x$ と書き直せば明らかなように，これらの曲線はそれぞれ正弦曲線，余弦曲線，正接曲線と同じものである．

対数や指数，それに正弦，余弦，正接などの姿が見られる関数については超越的であることは見やすいが，等式 $y = x^{\sqrt{2}}$ は代数的であろうか．それとも超越的なのであろうか．『無限解析序説』の第1巻の記述によると，オイラーは $x$ の冪という形を重く見てこれを代数関数と考えていたような記述を残したが，第2巻に移ると判断が確定したようで，「方程式 $y = x^{\sqrt{2}}$ で表される曲線は超越的である」（オイラー『オイラーの解析幾何』，337頁）と明記して，その理由さえ詳述した．等式 $y = x^{\sqrt{2}}$ で表される変化量 $y$ を $x$ の関数と見ると超越関数であり，そのグラフ，すなわち方程式 $y = x^{\sqrt{2}}$ で表される曲線は超越曲線になるが，オイラーは，「このような曲線はライプニッツにより内越的という名で呼ばれたのである」（同上，337頁）とライプニッツの用語法を紹介し，そのうえで「代数的な曲線と超越的な曲線の真ん中あたりに位置を占めるというほどの意味合いである」（同上，337頁）と言い添えた．ライプニッツは1697年5月28日付のウォリス宛書簡において冪指数が $\dfrac{1}{\sqrt{2}}$ の数 $\sqrt[\sqrt{2}]{2}$ を取り上げて，これを Intercendentia（内越的）と呼んでいる（ゲルハルト編『ライプニッツ数学手稿』，第4巻，第1分冊，27-28頁）．方程式 $y = x^{\sqrt{2}}$ で表される曲線は関数 $y = x^{\sqrt{2}}$ のグラフにほかならないが，オイラーの語法によればこの関数もまた内越的な関数と呼ぶのが相応しいであろう．内越的な関数は超越関数の仲間であるにはちがいないが，対数，指数，正弦，余弦，正接などと区別したい心情もあったのである．

曲線を表す方程式 $y = x^{\sqrt{2}}$ と関数 $y = x^{\sqrt{2}}$ はまったく同じ形ではあるが，

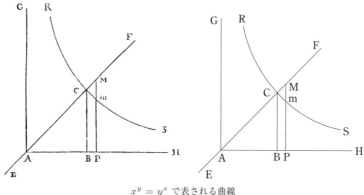

$x^y = y^x$ で表される曲線

別の概念である．同一の形になるのは関数が陽関数だからであり，陰関数の場合には，一般に関数とそのグラフの方程式は乖離する．たとえば，これはオイラーが挙げている例だが，方程式

$$x^y = y^x$$

で表される曲線（オイラー『オイラーの無限解析』，346頁）を描いてみよう．解析的表示式としての関数の範疇にとどまる限り，この曲線を何らかの超越関数のグラフとして諒解するのは不可能としか思われない．古典ギリシアの数学的世界から拾えば，アルキメデスの螺旋やヒッピアスの円積線は超越曲線の仲間であり，西欧の数学に目を転じれば，サイクロイドや対数螺旋など，さまざまな超越曲線が目に入る．オイラーはこれらをみな超越関数のグラフとして把握することをめざしたのであろう．だが，解析的表示式の守備範囲は狭すぎて，これだけではオイラーの目的が達成される見込みは立たず，そのためにオイラーは別の種類の関数概念を提案しなければならなかった．

### 関数という言葉のはじまりをめぐって

数学に関数概念を導入した最初の人物はオイラーだが，「関数（functio，フンクチオ）」という言葉そのものの使用例はオイラー以前のライプニッツやヨハン・ベルヌーイにもすでに観察される．ライプニッツの用法はオイラーのいう関数とは無関係だが，ヨハン・ベルヌーイの用法はオイラーに影響を及ぼし

ているように思う．

　1694年9月2日付で書かれたヨハンのライプニッツ宛書簡を参照すると，「differentiali integranda $ndz$（積分されるべき微分 $ndz$）」（ゲルハルト編『ライプニッツ数学手稿』第2巻，第1分冊，150頁）という数語が目に入る．微分 $ndz$ は積分計算の対象であり，ヨハンはその結果として得られる変化量を「integrale（積分）」と呼んだのである．「積分」という言葉の使用例がここに現れているのであり，微積分（オイラーのいう無限解析）の形成史を考えるうえで興味のつきない場面だが，ここで注目しなければならないのは微分 $ndz$ における微分係数 $n$ で，ヨハンはこれを「不定量と定量により何らかの仕方で作られた量」（同上，150頁）と規定した．不定量は変化量と同等の意味合いで用いられる言葉であり，$n$ の実体はオイラーのいう解析的表示式と同一である．ここには関数という言葉は見られないが，ヨハンの『全集』（全4巻）の第2巻，241頁には，

　　ある変化量の関数と呼ばれるのは，その変化量といくつかの定量を用
　　いて何らかの仕方で組み立てられる変化量のことである．

と，関数の「定義」が書き留められている．オイラーの関数，すなわち解析的表示式とまったく同じ文言である．オイラーはヨハンの語法を踏襲したのであろう．

　関数を語るヨハンとオイラーの言葉はまったく同じだが，オイラーにはあってヨハンにはないものもまた存在する．それは関数を「曲線の解析的源泉」と見ようとする視点である．このアイデアの有無により明確な一線が形成されて，オイラーとヨハンは截然と分かたれる．関数という言葉のはじまりはなるほどオイラー以前にさかのぼるが，解析的表示式に関数という名前を与えるだけでは生きた数学的概念が誕生したとは言えないのである．

**オイラーの第2の関数**

　オイラーが代数関数の概念を提案した理由は代数曲線の理解にあり，代数方程式 $f(x,y)=0$ で表される代数曲線を代数関数のグラフとして把握しようと

するところにオイラーの真意が認められるのであった．このアイデアを念頭に置いて，オイラーは解析的表示式という言葉で表明される関数概念を具体的に提案したが，この概念によってオイラーのねらいが実現されるためには，方程式 $f(x,y) = 0$ を文字 $y$ に関する代数方程式と見るとき，つねに代数的に解くことができるのでなければならない．オイラーはこれを確信していた模様だが，証明に到達しえなかったこともまた事実であり，そのために代数関数を語るオイラーの言葉はときおり矛盾めいた印象をかもし，苦渋に満ちた心情さえ感知されるのである．

アーベルの「不可能の証明」により明らかにされたように，実際には解析的表示式の概念では代数関数を把握するには十分とは言えないが，オイラーは解析的表示式とは別に他の二つの関数概念を表明した．代数関数を把握することとは別に，オイラーは関数概念の導入を迫られる他の数学的状況に直面していたのである．

次に引くのはオイラーの著作『微分計算教程』（1755年）の序文に見られる言葉である．

> ある量が他の量に依存しているとして，その依存の様式は，後者の量が変化するなら前者の量もまた変化を受けるというふうになっているとしよう．このとき前者の量は，後者の量の関数という名で呼ばれる慣わしである．この呼称はきわめて広く開かれていて，そこには，ある量が他の量を用いて決定される様式がことごとくみな包摂されている．そこで，$x$ は変化量を表すとすると，どのような仕方でもよいから $x$ に依存する量，すなわち $x$ を用いて定められる量はすべて $x$ の関数と呼ばれるのである．（オイラー『全作品集』，第1系列，4頁）

解析的表示式としての関数をオイラーの**第1の関数**として，ここに表明された関数を**第2の関数**と呼ぶことにしたいと思う．

第1の関数の舞台となった『無限解析序説』が刊行されたのは1748年だが，実際には1745年の時点ですでに書き上げられていた模様である．『微分計算教程』の刊行年は1755年だが，実際に執筆されたのは1748年である．

変化量 $y$ が変化量 $x$ の第 1 の関数，すなわち解析的表示式であれば，$x$ の変化に伴って $y$ が変化する様子は明瞭に見て取れるから，$y$ は自然に $x$ の第 2 の関数として認識される．関数概念が拡大されて，第 1 の関数は第 2 の関数に包摂されたのである．

第 1 の関数の概念のもとには超越関数も包摂されているが，オイラーの心情を忖度すると，真実のねらいは実際には代数関数の全容を把握するところにあったのであろうと思われる．これに対し，第 2 の関数概念の導入の契機は代数関数とは無関係で，オイラーは何かしら力学的な状況に直面し，関数概念によりこれを理解しようとしたのではないかと思う．オイラーは「大砲に火薬を装塡して砲弾を打つ」という事例を挙げた．大砲の位置を始点 $A$ と定め，砲弾が飛行する水平方向に向って始点 $A$ から無限直線 $AS$ を引いて，これを基軸線とする．飛行する砲弾は曲線を描くから，その切除線を $x$ とし，向軸線を $y$ とする．$x$ も $y$ も変化量と考えられ，両者を組み合せるとオイラーのいう直交座標が形成されて，砲弾の描く曲線の形状が定められるのである．

砲弾の飛行時間 $t$ の変化に伴って砲弾の軌跡は刻一刻と曲線を描き出すが，この状況はまさしくオイラーのいう「ある一定の規則にしたがう一様な機械的運動」の典型例である．この曲線の形状を決定する要因は何かといえば，まず火薬の量 $a$，それから大砲の仰角 $b$ である．飛行時間 $t$ を変化量と見るのは当然だが，火薬の量 $a$ と大砲の仰角 $b$ はある一定値に固定すれば定量と見られるし，さまざまな数値を指定して，砲弾の描く曲線の形状の変化を観察するという視点に立てば変化量とみなされる．量は時間 $t$ のように自然に変化量と見られる場合もあるが，一般的に言うと先天的に確定しているわけではなく，観察者の恣意により定量でも変化量でもどちらでもありうるのである．

五つの量 $x, y, a, b, t$ は相互依存関係で結ばれている．$a, b$ を定量とみなすなら，$x$ と $y$ はいずれもオイラーの第 2 の関数の意味において $t$ の関数である．$t$ を両者を媒介するパラメータと見れば，$y$ は $x$ の関数と見られるし，逆に $x$ は $y$ の関数のように見える．上記のオイラーの定義では今日のいわゆる多変数関数，すなわち「多くの変化量の関数」は語られていないが，言葉を流用して自然に諒解することにすれば，たとえば向軸線 $y$ は他の 4 個の量 $x, a, b, t$ の関数（$a$ と $b$ は定量でもありうるし，変化量でもありうる）である．

こうして「火薬を装塡された大砲から打ち出された砲弾」という光景を心に描くと，随所にいくつもの関数が目に留まるが，それらは必ずしも解析的表示式ではありえない．解析的表示式という関数概念の範疇は狭すぎるのであり，そのためにオイラーは第2の関数概念を語らなければならなかったのである．

**オイラーの第3の関数**

1748年5月16日，オイラーはベルリンの科学文芸アカデミーにおいて「弦の振動について」という論文を読み上げた．平面上の2点 $A, B$ の間に弦をぴんと張り，どこか1点に衝撃を与えると弦の振動が発生するが，その様子は時間 $t$ の変化に伴う曲線の形状の変化として現れる．ある時刻 $t$ を固定するときに観察される曲線に着目すると，それはもはや「ある一定の規則にしたがう一様な機械的運動」という意味における曲線ではありえないが，曲線である以上，切除線 $x$ と向軸線 $y$ が付随することに変りはない．問題となるのは両者の関係だが，この新たな状況に直面して，オイラーはこう言っている．

> $f:z$ は一般に，$z$ をその切除線とする何かある曲線の向軸線で表される．そこで $AMB$ を，その向軸線 $PM$ が切除線 $AP$ の関数を与える曲線としよう．この関数は文字 $f:$ で表される．
> (Comme $f:z$ peut étre représenté en général par l'appliquée d'une certaine courbe, dont l'abscisse est $z$, soit $AMB$ la courbe dont les appliquées $PM$ fournissent les fonctions des abscisses $AP$ qui sont désignées par le caractère $f:\ldots$) （同上，第2系列，第10巻，71頁）

弦 $AB$ の端点 $A$ を始点に定め，この弦を $B$ の方向に延長して描かれる無限直線を基軸線とする．ある時刻 $t$ における弦の形を表す曲線を考えて，その上の点 $M$ から軸に下ろした垂線の足を $P$ とすると，区間 $AP$ は点 $M$ の切除線 $z$ である．垂線 $PM$ は向軸線 $y$ を与えるが，オイラーはこれを $f:z$ という不思議な記号で表して，「切除線 $z$ の関数」と呼ぶのである．この場合，向軸線 $f:z$ は切除線 $z$ の解析的表示式というわけではないから，この関数は第1の

意味の関数ではない．また，切除線の変化に伴って向軸線が変化するのでもないから，第2の意味の関数でもない．第2の関数における時間のパラメータ $t$ のように，切除線と向軸線に変化する力が内在しているわけではなく，目に映じる現象はただ切除線と向軸線が対応するという簡明な一事のみである．

変化量と変化量の対応という，オイラーの**第3の関数**が，こうしてさりげなく語られた．もっとも抽象の度合いが高いのは第3の関数で，第1，第2の関数は特別の第3の関数と見ることが可能である．

第3の関数は任意に描かれた曲線に内包されていて，そのグラフを描けばもとの曲線が復元される．曲線の定義が明記されているわけではないが，曲線の任意性が高まれば高まるほど，そこに内在する関数の任意性もまた高まっていくであろう．オイラーの言葉に立ち返り，上記の引用文において関数 $f : z$ は **$z$ をその切除線とする何かある曲線の向軸線で表される**と宣言されているところに目を留めると，先に関数が与えられ，そのグラフとして生成される曲線が語られているように見える．他方，**$AMB$ を，その向軸線 $PM$ が切除線 $AP$ の関数を与える曲線としよう**という文言を見れば，先に描かれた曲線の中に関数が内在しているという認識もまた可能である．

曲線と関数は分かちがたく融合し，曲線と関数の二つの概念のどちらか一方を先に規定すれば，それに付随してもう一方の概念はおのずと定まっていく．フーリエは『熱の解析的理論』（1822年）において，任意の曲線に内在する関数を指して「完全に任意の関数（fonction entièrement arbrtraire）」と呼んだが，曲線の解析的源泉を関数と見るというオイラーの視点に立脚する以上，曲線に内在する関数，すなわち変化量と変化量の対応という関数概念を抽出して，曲線とは無縁の場所で語らなければならないであろう．オイラーの意を汲んで，これを具体的に実行した最初の人はディリクレである．

## 3　ディリクレとコーシーの関数概念

### ディリクレの1価対応

オイラーに由来する3種類の関数がオイラーの心情に生い立った時期はおおむね1740年代と推定されるが，それから80年ほどの歳月の後に，1829

年，ディリクレは論文「与えられた限界の間の任意の関数を表示するのに用いられる三角級数の収束について」において，

> 実数 $x$ が有理数のときは $y$ としてある定値 $c$ を対応させ，実数 $x$ が非有理数のときは，$y$ としてつねに他の定値 $d$ を対応させる．(註．原文をそのまま訳出すると次のようになる．「変数 $x$ が有理数のときは $\varphi(x)$ はある定値 $c$ に等しいとし，変数 $x$ が非有理数のときは，他の定値 $d$ に等しいとする」．$y = \varphi(x)$ が $x$ の関数と考えられている．ディリクレ『全著作集』，第 1 巻，132 頁）

という，きわめて抽象度の高い「対応」の例を挙げた．今日，「ディリクレの関数」と呼ばれるものにほかならないが，オイラーの第 3 の関数のアイデアがここにはっきりと継承されている．続編「完全に任意の関数の，正弦級数と余弦級数による表示について」（1837 年）に移ると，冒頭で変化量 $x$ の**連続関数** $y$ の概念が表明される．次に引くのはディリクレの言葉である．

> 各々の $x$ に対して唯一の有限の $y$ が対応し，しかも $x$ が $a$ から $b$ までの区間を連続的に移り行くとき，$y = f(x)$ もまた同様にゆるやかに変化するなら，そのとき $y$ はこの区間において $x$ の連続関数と呼ばれる．この場合，$y$ がこの区間の全域において同じ規則で $x$ に依存する必要はまったくない．（同上，135 頁）

ここでは $x$ と $y$ の関係は純粋の対応であり，「$y$ がこの区間の全域において同じ規則で $x$ に依存する必要はまったくない」と明記されている．ディリクレはこれを「完全に任意の関数（ganz willkurlicher functionen）」と呼んだが，その実体はオイラーの第 3 の関数そのものである．唯一の限定条件として要請されたのは，$x$ の各々の値に対応する $y$ の値は唯一であることという，「対応の 1 価性」である．「対応」は関数であり，ディリクレの念頭にあったのは完全に任意の関数をフーリエ級数に展開することであり，収束するフーリエ級数の形に表される関数は必然的に 1 価である．ディリクレが関数概念の

表明にあたって1価性の条件を明記した理由がここにある.

フーリエ級数はきわめて特異な形状の無限級数だが，そのようなものをも一種の解析的表示式と見るのは許されるかもしれない．その場合，もし完全に任意の関数をフーリエ級数に展開することができるのであれば，オイラーの第3の関数（ただし，1価であるもの）と第1の関数の間に，両者を連繋する橋が架けられたことになるであろう．それがディリクレのフーリエ級数論の骨子であり，この点において，言い換えると実関数論において，みごとな果実が摘まれたと言えるであろう．だが，ディリクレの関数概念は代数関数を把握するには無力であり，この点ではディリクレはオイラーを完全に凌駕した地点に進出したとは言えない．なぜなら，代数関数はつねに多価性を備えているからである.

ディリクレの2論文は後年のリーマンの論文「三角級数による関数の表示可能性について」(1854年) を誘い，両々相俟って今日の実解析の根底を作る役割を担うことになった.

**関数の連続性をめぐって (1)**

関数の概念規定を語るディリクレの文言にはもうひとつ，注目に値する言葉が現れている．それは「対応の連続性」の概念である．連続関数の概念は連続曲線を語るオイラーの言葉の中にすでに内在していたと考えられるが，ディリクレはそれを抽出し，明示した．$x$ が連続的に移り行くとき，対応する $y$ の値もまた連続的に（ディリクレが選んだ言葉では「ゆるやかに」）変化するという現象が認められるとき，$y$ を $x$ の連続関数と呼ぼうというのがディリクレの提案だが，このような言い回しを見ると，変化量にはさながらそれ自身の内に「変化する力」が備わっているかのようであり，関数 $y$ はオイラーの第3の関数というよりもむしろ第2の関数のような印象が伴うのは否めない.

第3の関数，すなわちディリクレのいう「完全に任意の関数」のように，変化量と変化量の間に純粋な対応関係のみしか認められない場合には，変化量は実際には変化することはないのであるから，「変化量が連続的に変化する」という表現は連続性の概念規定のためには相応しくないのである．ディリクレ以降，「$\varepsilon - \delta$ 論法（イプシロン・デルタ論法）」と呼ばれる今日の語法が提案

された理由がここにある（本書29頁も参照）.

コーシー

### コーシーの関数

　関数概念の変遷を回想するうえで，ディリクレに先立って語られたコーシーの言葉もまた重要である．1821年，コーシーが王立諸工芸学校（エコール・ポリテクニク）における講義のために準備した解析学のテキスト『解析教程』が刊行されたが，この書物の第1章「実関数」の第1節は「関数についての一般的考察」と題されていて，関数の定義から説き起こされている．

　はじめに語られるのは1個の変化量の関数（今日の微積分でいう1変数関数）である.

　いくつかの変化量が互いに関係をもち，これらの変化量の一つの値が与えられると，そこから他のすべての変化量の値を導くことができるとき，通常，いろいろな変化量がそれらの一つを用いて表されている情景が心に描かれる．この場合，その一つの変化量は**独立変化量**と呼ばれる．そして，独立変化量によって表される他の諸量は，この変化量の**関数**と呼ばれるものとなる．（コーシー『解析教程』，12頁）

　コーシーは1個の変化量 $x$ の関数の例として対数関数 $\log x$ や正弦関数 $\sin x$ を挙げた．
　次に語られるのは多くの変化量の関数（今日の微積分でいう多変数関数）である．

　いくつかの変化量が互いに関係をもち，それらのうちいくつかの変化量の値が与えられると，そこから他のすべての変化量の値を導くことができるとき，いろいろな変化量がそれらのうちのいくつかを用い

て表されている情景が心に描かれる．この場合，それらのいくつかの変化量は**独立変化量**と呼ばれる．そして，独立変化量によって表される残る諸量は，これらの変化量の**関数**と呼ばれるものとなる．（同上，1頁）

対数関数 $\log x$ や正弦関数 $\sin x$ などは1個の変化量 $x$ の関数の例である．$x+y$ や $x^y$ は2個の変化量 $x,y$ の関数であり，$xyz$ は3個の変化量 $x,y,z$ の関数である．コーシーの言葉をそのまま読めば即座に明らかなように，コーシーの関数はオイラーの第2の関数と同じものである．

**コーシーの代数関数**

オイラーと同様，コーシーもまた陽関数と陰関数を語っている．

一つまたはいくつかの変化量の関数がこれらの変化量によって直接表されるとき，これらの関数は陽関数と名づけられる．しかし，関数と変化量の関係，すなわち，これらの量が満たすべき方程式だけが与えられるとき，これらの方程式が代数的に解けない限り，関数が変化量によって直接表されることはない．そこでこの場合，関数は陰関数と呼ばれる．（同上，1頁）

コーシーの『解析教程』が刊行された1821年の時点ではアーベルの「不可能の証明」は未発表であり，一般の高次代数方程式の代数的可解性は否定も肯定もされていないが，陰関数を語るコーシーの言葉によれば，コーシーは「不可能かもしれないこと」を正しく認識しているように見える．代数関数の全容を把握するには代数方程式 $f(x,y)=0$ を $y$ に関して，もしくは $x$ に関して代数的に解く必要はなく，アーベルがそうしたように，この方程式そのものから出発すればよいのである．コーシーの関数概念は代数関数をそのように理解するのに十分な広さが備わっているが，いくぶん奇妙なことにコーシーはそのように道を採らなかった．コーシーによる代数関数の概念規定は次のとおりである．

いくつかの演算を使って一つの変化量から導かれる関数は**複合関数**と名づけられる．

複合関数はそれらを生み出す演算の性質によって区別される．代数の演算がもたらすあらゆる関数は**代数関数**と名づけられるべきだと思われる．しかし，この名称は代数学のはじめのほうの演算，すなわち加法と減法，乗法と除法，それに定冪指数の冪を作る演算だけを使って作られる関数のために特別にとっておくことにした．そして，関数が可変冪指数や対数を含むのであれば，この関数は指数関数または対数関数と名づけられる．(同上，14 頁)

ここで語られている代数関数はオイラーのいう代数的表示式と同じものであるから陽関数のみにすぎず，いかにも退嬰的な感じがするのは否めないであろう．他方，コーシーのもうひとつの著作『王立諸工芸学校で行われた無限小計算についての講義の要論　第 1 巻』(1823 年)の第 28 章「代数関数を含む不定積分」を見ると，冒頭で上記の代数関数の定義が再現されている．もともとコーシーは代数的表示式として諒解される代数関数のみを対象にして，その不定積分の算出法を提示しようとしたのであるから，陰関数として認識される代数関数を考える必要はなかったのである．

関数概念は目的に合わせて適切に設定するという観点から見れば，コーシーの姿勢に別段，問題があるわけではない．だが，同時に，コーシーにはアーベルが構築しようとした新しい代数関数論にまったく関心がなかったこともまた明らかである．代数関数の定義を陽関数に限定して平然としている点に，代数関数に寄せるコーシーの心情ははっきりと現れている．

**関数の連続性をめぐって (2)**

ディリクレに先立って，コーシーもまた連続関数を語っている．$x$ は変化量とし，$f(x)$ は $x$ の関数としよう．実数直線上の区間 $(a,b)$ を設定し，この区間内にとどまる $x$ の各々の値に対して，関数 $f(x)$ はつねに**ただひとつの**有限値をとるものとする．区間 $(a,b)$ 内の $x$ のある値から出発して，変化量 $x$

に限りなく小さな増加量 $\alpha$ を与えると，関数 $f(x)$ の増加量 $f(x+\alpha) - f(x)$ は新たな変化量 $\alpha$ と $x$ の値に同時に依存する．そこで，区間 $(a, b)$ 内の $x$ の各々の値に対して，差 $f(x+\alpha) - f(x)$ の数値が $\alpha$ の値とともに際限なく減少するなら，関数 $f(x)$ を変化量 $x$ の連続関数と呼ぼうというのがコーシーの提案である．「限りなく小さな増加量」と，それに対応して「差 $f(x+\alpha) - f(x)$ の数値が際限なく減少する」というところを，二つの正数値 $\delta$（デルタ）と $\varepsilon$（イプシロン）を用いて不等式を書き，

不等式 $|\alpha| < \delta$ を満たすすべての $\alpha$ に対して不等式 $|f(x+\alpha) - f(x)| < \varepsilon$ が成立する．

と言い表せば，$x$ と $y$ が実際には変化しなくても，すなわちオイラーの第3の関数に対してもそのまま適用される．これを関数の連続性の定義として採用する流儀は「イプシロン・デルタ論法」と呼ばれ，今日の微積分でも行われている（関数の連続性の言い表し方については本書，第2章の第3節の小節「関数概念の回想にはじまる」参照）．

今日の微積分との関連でもう少し附言すると，上記のように二つの不等式を書いて関数の連続性を語る際に，$x$ の個々の値は固定されているのか否か，かならずしもはっきりしない．固定されていれば，関数は**その値において連続**であり，固定されていなければ，関数は区間 $(a, b)$ の全域において**一様に連続**である．コーシーの念頭に描かれていたのはどちらなのだろうという疑問が起こるが，不等式の形を見ると一様連続性のように見えるのに対し，「区間 $(a, b)$ 内の $x$ の各々の値に対して」と明記されているところに目を留めると，「個々の値における連続性」のようにも見える．判断の決め手はないが，コーシーに一様連続性の認識があったと解釈するのはやはり考えすぎで，「個々の値における連続性」にとどまっていたと見るのが至当なのではあるまいか．

コーシーは連続性の表現を言い換えて，「**与えられた限界の間で変化量の限りなく小さな増加が関数自身の限りなく小さな増加をつねに生み出すならば，関数 $f(x)$ はこれらの限界の間で $x$ に関して連続となる**」（コーシー『解析教程』，21頁）と日常の言葉で連続性を語った．このように表現するのであれば

ディリクレによる連続性の表現と同じであり，しかもコーシーのいう関数はオイラーの第2の関数なのであるから，日常的なイメージとぴったり重なり合う．ディリクレはオイラーの第3の関数を継承したが，連続性の諒解様式はオイラーの第2の関数に対してのみ適用可能な状況にとどまっていた．コーシーの関数にはオイラーの第2の関数が継承されているが，連続性の表現は第3の関数にも適用可能な姿形を備えていた．いくぶん交錯した状況が見られるが，歴史的な経緯をたどると，関数概念としてはディリクレがそうしたようにオイラーの第3の関数が採用され，連続性の表現様式としてはコーシーの提案が採用されることになった．

**代数関数の連続性とは**

　関数とその連続性に関し，なおもうひとつ，代数関数の連続性をどのように諒解するかという課題が残されている．関数の連続性を語る際に，ディリクレもコーシーも1価性を前提とした．ところが代数関数は必然的に多価関数であり，多価関数の連続性を1価関数の場合のように語ることはできないのである．

　何らかの工夫が要請される場面だが，リーマンは代数関数をリーマン面上の1価関数と見ようとする視点を提案し，これによって代数関数の連続性をディリクレやコーシーと同じ流儀で語ることができるようになった．代数関数の理論においてリーマン面の概念が意味をもちうる理由はいくつか挙げられるが，このような基本的なところに，そのひとつがくっきりと顔をのぞかせている．

# 第2章　カナリアのように歌う
## ——リーマンの「面」の発見

## 1　修業時代

**リーマン点描**

　リーマンの生涯を考えるうえでもっとも基本的な文献は，リーマンと同時代のゲッチンゲンを生きたデデキントの回想録「ベルンハルト・リーマンの生涯」（ハインリッヒ・ウェーバーが編纂したリーマンの最初の全集に収録された）である．最近のものではラウグヴィッツによるリーマンの伝記『リーマン　人と業績』がよい参考になるが，もうひとつ，フェリックス・クラインの著作『クライン：19世紀の数学』はリーマンに続く世代の証言であり，リーマンの数学研究の姿を知るための貴重な文献である．主としてデデキントの回想録に沿い，ラウグヴィッツとクラインの著作を参照しながら，しばらくリーマンの生涯のあらましを摘記したいと思う．

　リーマンの生地はハノーファー王

リーマン

国のダンネンベルクの近郊ブレゼレンツである．生誕日は 1826 年 9 月 17 日だが，3 年後の 1829 年 4 月 6 日にはノルウェーのフローラン・ヴェルクにおいてアーベルが亡くなっている．

　リーマンの父はルター派の牧師で，フリードリッヒ・ベルンハルト・リーマンという名の人である．リーマンのフルネームはゲオルク・フリードリッヒ・ベルンハルト・リーマンであるから，父の名の冒頭に「ゲオルク」とつけるとそのままリーマンの名前になる．父はメクレンブルクのエルベ河畔にあるボイツェンブルクの出身である．メクレンブルクはドイツ北部の地方で，バルト海に面し，1348 年以来，メクレンブルク公の所領であった．リーマンの母はシャルロッテという人で，ハノーファーのエーベル顧問官の娘である．子供が 6 人いて，男の子が 2 人，女の子が 4 人．ベルンハルトは 2 番目で，ヴィルヘルムという弟がいたから，姉がひとり，妹が 3 人いたことになる．家族はみな牧師館に住んだ．農地があり，作物を栽培していたが，日々の生活の分がまかなえる程度のことであった．経済的に裕福というにはほど遠く，弟は郵便局員になった．

　正確な時期はわからないが，リーマンが生れて何年もしないうちに，リーマンの父はクヴィックボルンの牧師職を引き受けることになった．ブレゼレンツから 3 時間ほどの距離の教区である．生地ではないが，10 歳までの日々をすごした場所であり，正しくリーマンの故郷である．

### ハノーファーのギムナジウムとリューネブルクのギムナジウム

　デデキントによると，リーマンを教育したのは父で，10 歳になったときからシュルツという名の教師に手助けをしてもらうようになった．シュルツは算数と幾何を教えたという．

　1840 年の復活祭のとき，リーマンは祖母のいるハノーファーに移り，ギムナジウムの第 3 学年に編入した．第 3 学年は上級と下級がそれぞれ 1 年ずつで，合わせて 2 年間の課程である．祖母といっしょに暮らしたが，1842 年に祖母が亡くなった．それがきっかけになったのかどうか，リーマンは故郷のクヴィックボルンから 60 キロメートルほど離れたリューネブルクに移り，ヨハネウム・ギムナジウムで第 2 学年と第 1 学年の日々をすごした．それぞれ 2

年ずつ，計4年間．第1学年はギムナジウムの最高学年である．

リューネブルクは18世紀のはじめころからヴェントラントと呼ばれていた．「ヴェンデ人の土地」という意味である．ヴェンデ人がリューネブルクに移り住んだのは西暦600年ころのことで，西暦1200年ころになると低地ザクセン系の人たちが移ってきたという．ドイツの北東部はハノーファー王国の領域で，現在は「低地ザクセン」と呼ばれている．「低地ザクセン」というのはニーダーザクセン州のことで，ドイツ連邦共和国を構成する16個の連邦州のひとつである．北と東の境界はエルベ川である．西方はリューネブルク荒地，南方はザクセン．ザクセンはプロイセンの属州であった．リューネブルクに住んでいた人たちをヴェンデ人と呼んだようで，ハノーファー出身のライプニッツがリューネブルクの住民の言語の研究を提起した．それがきっかけになってヴェンデ人に注目が集まり始めたということである．

この時期からすでに数学に特別の興味を示した．ラウグヴィッツによると，ヨハネス・ギムナジウムの校長のシュマールフスは自分の書架の数学書を読むことを許したが，あるときルジャンドルの著作『数の理論』を借り，「この本は，まったく驚異に満ちた本です．私はそらで覚えてしまいました」（『リーマン 人と業績』，11頁）と記入して1週間ほどで返却したというエピソードが残されている．ルジャンドルの『数の理論』は1798年に初版が刊行されたが，第2版，第3版と版を重ね，次第にページ数が増えていった．

リーマンは1830年に刊行された第3版を読んだのであろうと思われるが，それなら全2巻でおよそ900頁にもなる大冊である．よほど心を惹かれて熱中して読みふけったのであろう．ギムナジウムの卒業試験（アビトゥーアと呼ばれている）の口頭試問では，ルジャンドルの本の内容を熟知していることが示されたとラウグヴィッツは書いている．実際に読んだのは1週間だけで，その後は読まなかったにもかかわらず完全に理解していたという趣旨のエピソードである．

リューネブルクのギムナジウム時代にリーマンが読んだ数学書として，ラウグヴィッツは，ユークリッドとその註釈，アルキメデス，アポロニウス，ニュートンの『普遍算術』を挙げた．デデキントの回想録には，オイラーの著作を通じて高等解析の知識を得たと記されている．

ガウスの著作『アリトメチカ研究』についてはどうかというと，ギムナジウムに在籍中に読んだのかどうか，定かではない．後年，1859 年にリーマンが素数分布に関する名高い論文を書いたとき，そこには素数公式への言及が認められる．素数公式はルジャンドルもガウスもめいめい提案したが，リーマンが言及したのはルジャンドルのものではなく，ガウスのものであった．『アリトメチカ研究』のテーマは相互法則であって素数公式ではないが，何らかの道筋を経由してガウスの数論に接し，大きな影響を受けたのであろう．

ルジャンドルとガウスのどちらの影響によるのか，はっきりとした区分けの所在はわからないが，ギムナジウムに在籍中にルジャンドルに親しんだというエピソードは，素数に寄せる関心が相当に早い時期に芽生えたことを示唆している．この関心が持続して，後年の論文「ある与えられた量以下の素数の個数について」（1859 年）に結実した．

## カナリアのように歌う

1846 年，ヨハネス・ギムナジウムを卒業したリーマンはゲッチンゲン大学に入学した．ゲッチンゲン大学の設立は 1734 年にさかのぼり，開学式典が行われたのは 1737 年というのであるから，ベルリン大学よりはるかに古い歴史をもっている．ゲッチンゲン大学というのは通称で，正式な名称は「ゲオルク・アオグスト大学ゲッチンゲン」である．ゲオルク 2 世アオグストにちなむ名前である．この人は 1727 年から 1760 年までハノーファー選帝侯であり，同時にグレートブリテンおよびアイルランドの国王でもあった．ちなみに，ベルリン大学の呼称は「フンボルト大学ベルリン」である．

デデキントによると，リーマンは父の望みに応え，4 月 25 日に文献学と神学の学生として入学の手続きをしたが，数学に寄せる強い関心はやまなかったようで，数学の講義も聴講した．夏学期にシュテルンの方程式の数値解法，ゴルトシュミットの地磁気学を聴き，冬学期にはガウスの最小 2 乗法とシュテルンの定積分の講義を聴いた．ゲッチンゲンにはガウスのほかにも数学者はいたのである．

これもデデキントの言葉だが，ガウスの教育活動は応用数学に属するせまい領域に限定されていたということであり，すでにかなり先まで進んでいたリー

マンにとってはあまりおもしろくなかったようである．ガウスの側から見ても，この時期にガウスがリーマンの天才を認識した形跡は見られない．シュテルンはガウスのような偉大な数学者というわけではないが，後年のフェリックス・クラインの証言によると，「リーマンは当時からすでにカナリアのように歌っていた」（『クライン：19世紀の数学』，254頁）とクラインに語ったという．数学に寄せるリーマンの情熱がカナリアの歌声になり，シュテルンの耳に美しく響いたのであろう．

シュテルンは1851年，ゲッチンゲン大学でガウスのもとで学位を取得し，1854年，同じくゲッチンゲン大学で教授資格を取得した人物である．

## 2　ベルリンの数学者たち

**ルジューヌ・ディリクレ**

ゲッチンゲン大学に1年間在籍したリーマンは，1847年の夏学期からベルリン大学に移り，ベルリンで2年間をすごした．ベルリン大学にはヤコビ，ディリクレ，シュタイナー，それにアイゼンシュタインがいた．リーマンはディリクレの数論，定積分，偏微分方程式の講義，ヤコビの解析力学と高等代数の講義，アイゼンシュタインの楕円関数論の講義を聴講した．

ベルリンのリーマンがもっとも深い影響を受けたのはディリクレである．ディリクレはプロイセン王国のアーヘン近郊の都市デューレンに生れた人で，ボンのギムナジウムに入学したが，ドイツの大学には進まずにパリで数学の勉強を続けることにな

ディリクレ

った．パリにはラクロア，フーリエ，ポアソン，ラプラス，ビオ，アシェット，ルジャンドル，フランクールなどがいて，ディリクレの目にはさながら数学と数学者の花園のように映じたのであろう．パリに比べるとドイツの数学は全般にレベルが低く，数学者はいないも同然だったが，ガウスのみは例外であり，ディリクレもまたガウスに無関心ではありえなかった．実際，1822年，17歳のディリクレはガウスの著作『アリトメチカ研究』とともにパリに向ったのである．『アリトメチカ研究』はディリクレの「終生の伴侶」（高木貞治『近世数学史談』，152頁）であり，「家にあっては断えず机の上に，旅に出れば必ず行李の中にあった」（同上，152頁）というほどであった．

　ディリクレはパリでアーベルに会ったことがある．1825年9月はじめ，アーベルはノルウェー政府の給付を受けてパリに向けて出発し，およそ10箇月後の1826年7月10日にパリに到着した．パリ滞在はこの年の末まで続いたが，この間，ディリクレはアーベルを同国人（compatriote）と思って訪ねたのである．アーベルが1826年10月24日付で故国の友ホルンボエに宛てて書いた長文の手紙に，ディリクレの訪問を受けたことが記されている．アーベルはディリクレの聡明さを賞賛し，ディリクレが「フェルマの大定理」の特別の場合，すなわち不定方程式 $x^5 + y^5 = z^5$ は自明な解を除いて整数解をもたないことの証明に成功したことを報告した．満年齢で数えると，この時点でディリクレはまだ21歳という若さである．

　ディリクレはアーベルを訪問した1826年ころからドイツにもどることを考えるようになり，11月末，パリを離れて故郷デューレンに向った．1827年春，ブレスラウ大学の私講師になり，翌1828年4月，員外教授（auserordentlicher Professor．助教授に相当）に昇進した．1828年10月，ブレスラウを離れてベルリンに向かい，陸軍大学（Allgemeine Kriegsschule．陸軍の幹部養成学校）の教官になった．同時にベルリン大学でも教えることになり，私講師（1829年），員外教授（1831年），正教授（1839年）と昇進した．1855年，ガウスの後任としてゲッチンゲン大学の教授に就任した．

### アイゼンシュタイン

　ガウス以前のドイツの数学を回想すると，数学者の名がほとんど念頭に浮か

ばないことに気づいてはっとすることがある.皆無というわけではなく,微積分を創造したライプニッツはライプチヒの人であり,ベルリンの科学アカデミーにははじめオイラーがいて,次にラグランジュがいた.だが,ラグランジュがパリに去った後のドイツの数学はどのようになったのであろうか.数学者がいなかったはずはなく,ガウスが学位を取得したヘルムシュテット大学にはパフという数学者もいたが,総じて数学者の影が薄く,何もないところガウスひとりが突然出現したかのような印象を受けるのである.

アイゼンシュタイン

アイゼンシュタインはリーマンよりほんの少しだけ年長で,1847年5月15日付で教授資格を得たばかりだったが,この年の夏学期には楕円関数論の講義を行った.聴講者は7人.そのなかにベルリンに移ったばかりのリーマンがいた.関数の理論に複素量を導入することをめぐってアイゼンシュタインと論じ合うことがあったが,意見はかみ合わず,双方の考えはまったく相容れるところがなかった.後日,アイゼンシュタインはそんなふうにデデキントに語ったという.デデキントによると,リーマンは「アイゼンシュタインは式の計算を基礎とする立場にとどまった」と証言したというが,「コーシー＝リーマンの微分方程式」を通じて複素関数の解析性を規定しようとするのがリーマンの立場であるから,確かにアイゼンシュタインとはまったく異なっている.親しい交流が生れるということはなかったようだが,それでも楕円関数論において複素変数を使うという視点は共有されていた.

アイゼンシュタインはガウスが過剰なほど高く評価した人で,ガウスは世紀にひとりの天才とさえ見ていた模様である.すぐれた数学者であったことはまちがいなく,その点はヤコビも認めていたが,同時にヤコビはアイゼンシュタインのことを「私的にも公的にも,剽窃者と名指さなければならなかった」(ラウグヴィッツ『リーマン 人と業績』,27頁)と見ていたという.他人の

口頭の報告や，未公刊の講義ノートから基本的アイデアを借用したというのがヤコビの指摘であり，ヤコビ自身の書きものもまた無断で使われたことがあったのかもしれないが，具体的な検証を要する指摘である．

1852年4月24日，アイゼンシュタインはディリクレの提議により，前年1851年2月18日に亡くなったヤコビの後任としてアカデミーの正会員になったが，それから半年後の10月11日に病気で亡くなった．アイゼンシュタインはゲッチンゲンのシュテルンに宛てた手紙でリーマンに言及し，リーマンにずっと関心をもっていたことを伝え，自分のほうからリーマンを避けていたことを残念がっていたという．人と交流することに困難を覚える人だったのであろう．

**ヤコビの逆問題との出会い**

複素関数論の形成にあたり，主な担い手はだれなのだろうかということを考えるとき，真っ先に念頭に浮かぶのはコーシーとリーマンである．この二人のほかに，たとえばガウスはすでに複素関数論の根幹を手にしていたかのような印象があり，アイゼンシュタインやヴァイエルシュトラスの名前も忘れられないが，「コーシーの定理」のコーシーと「リーマン面」のリーマンの占める位置はまた格別である．

コーシーはリーマンに先行する人物であるから，リーマンに及ぼされたコーシーの影響について考察を加えたい心情に駆られるのは自然な成り行きである．コーシーの複素関数論をめぐってしばしば語られるのは，計算のむずかしい実定積分の数値算出の工夫ということである．リーマンの場合はといえば，リーマンには「ヤコビの逆問題」の解決という大きな目標があった．この点はヴァイエルシュトラスも同じで，ヴァイエルシュトラスとリーマンはそれぞれの流儀でヤコビの逆問題に立ち向かい，そのための基礎理論として複素変数関数の一般理論の確立をめざしたのである．ところがコーシーにはヤコビの逆問題への関心はまったく見られない．コーシーとリーマンの関係を考えるうえで，もっとも肝心な論点がここに現れている．

ヤコビの逆問題というのはドイツの19世紀の数学史の大問題であり，アーベルが端緒を開き，ヤコビの手にわたって提示された．そのヤコビがベルリン

大学にいて，リーマンはヤコビの講義を聴いているのであるから，問題の継承はきわめて直接的である．ヤコビが提示したヤコビの逆問題は完全に一般的な形ではなく，超楕円積分を対象にする「種数2」の場合の逆問題だったのだが，それならリーマンとヴァイエルシュトラスに先立ってローゼンハインとゲーペルの手ですでに解決され，その様子を報告するローゼンハインの論文は1851年にパリのアカデミーからグランプリ（大賞）を受けている．公表されたのは1851年だが，実際には1846年の時点で書き上げられていた模様である．ゲーペルは同じヤコビの逆問題を独自の仕方で解決した．ゲーペルの論文は1847年の『クレルレの数学誌』に掲載されたが，1847年といえばリーマンがベルリンに移った年であり，リーマンに影響を及ぼしたのはコーシーよりもむしろヤコビの逆問題をめぐるこの一連の動きだったと見るべきではないかと思う．この数学的体験がリーマンの複素関数論形成をうながしたのである．

ヤコビ

20歳をわずかに越えたばかりの若いリーマンにとって，ベルリンの2年間は代数関数論建設のための揺籃期であった．ベルリンのリーマンはヤコビに会って「ヤコビの逆問題」の数学的意義をめぐって思いを新たにし（テーマの自覚），ディリクレの講義に耳を傾けて「ディリクレの原理」に秘められた力を理解し（手法の把握），アイゼンシュタインと語り合うことにより独自の複素関数論のアイデア（基礎理論の構築）に明確な輪郭を与えることができたであろう．ヤコビの逆問題の解決を主題とするリーマンの代数関数論の種子がこうして播かれ，ゲッチンゲンにおいて発芽する日の訪れを待つことになった．

## 3 学位論文まで

**ゲッチンゲンにもどって**

　1849 年，リーマンは 2 年間のベルリン滞在を終えてゲッチンゲンにもどった．科学や哲学の講義に出席し，ウェーバーの実験物理学の講義に強く心を惹かれ，ウェーバー，ウルリッヒ，シュテルン，リスティングの数学物理ゼミナールに入り，物理の実験演習に参加した．

　数学の方面を見ると，この時期のリーマンが歌っていたカナリアの歌ということであれば，真っ先に想起されるのは関数の微積分に複素変数を導入すること，すなわち複素変数関数論の基礎を歌う歌である．ベルリンでアイゼンシュタインと語り合ったことも，独自の思索を深めていくうえで大きな役割を果たしたことであろう．1851 年 11 月，リーマンは学位取得のための論文「1 個の複素変化量の関数の一般理論の基礎」を大学に提出した．デデキントの回想録によると，試験は 12 月 3 日．公開討論と学位授与は 12 月 16 日に行われたという．リーマンは父に宛てて「このたび仕上げた学位論文により，私の将来の見通しは一段と明るくなったと思います」（リーマン『全数学著作集』，513 頁）と報告した．

**関数概念の回想にはじまる**

　リーマンの複素関数論は，そもそも「関数とは何か」という，根源的な問い掛けから説き起こされるが，冒頭に書かれた関数の定義を見ると，リーマンはディリクレの関数概念を採用したことが諒解される．次に引くのはリーマンの言葉である．

　　　$z$ はあらゆる可能な実数を次々と取りうる変化量としよう．それらの
　　　値の各々に対して不定量 $w$ のただひとつの値が対応するなら，$w$ は
　　　$z$ の関数と呼ばれる．（同上，3 頁）

　関数概念を規定して足場を固めるというよりもむしろ，何をもって関数と

見るかという考察の軌跡が語られていて，随所に歴史を見る目が光っている．リーマンのねらいは複素変化量の関数というものの姿形を明瞭に把握し，描写するところにあるが，まずはじめに取り上げられたのは実変化量の関数である．歴史の積み重ねを重く見たのである．

$z$ は実変化量，すなわちあらゆる実数値を取り得る変化量とし，その $z$ の各々の値に対して，もうひとつの変化量 $w$ の「ただひとつの値」が対応するという状勢が認められるなら，そのとき $w$ を $z$ の関数というのだと，リーマンは最初の一文を書いた．$z$ と $w$ の関係は「対応関係の存在」というだけのことにすぎない．対応の1価性といい，対応の仕方に何らの規則性も要請されていないことといい，ここに表明された関数の概念はディリクレが1837年の論文で提示した「完全に任意の関数」とまったく同じである．

関数の一般概念の提示に続いて連続関数が語られる．

> そうして $z$ が二つの定まった値の間にあるすべての値にわたって連続的に移動するとき，$w$ もまた同様に連続的に変化するならば，この関数 $w$ はこの区間において連続であるという．

> この定義は明らかにこの関数 $w$ の個々の値の相互の間にいかなる法則も全然規定していない．というのは，この関数がある定まった区間において定められたとき，この関数の，その区間の外部への延長はまったく任意だからである．（同上，3頁）

連続性の表現様式もディリクレと同じだが，ハインリッヒ・ウェーバーとデデキントが編纂したリーマンの全集によると，リーマンの論文には関数の連続性に関して次のような言葉が書き添えられているという．

> 量 $w$ が $z$ とともに限界 $z = a$ と $z = b$ の間で連続的に変化するという言い回しのもとで，われわれが諒解するのは次の事柄である．すなわち，この区間において，$z$ の任意の無限小変分に対して $w$ の無限小変分が対応する．あるいは，これをいっそう具体的に言い表すと次

のようになる．すなわち，任意の与えられた量 $\varepsilon$ に対し，つねに量 $\alpha$ を適切に定めることにより，$\alpha$ より幅の小さい $z$ の区間の内部において，$w$ の二つの値の差が決して $\varepsilon$ より大きくならないようにすることができる．（同上，46頁）

用いられた文字は $\varepsilon$ と $\alpha$ ではあるが，ここに表明された連続性の表現様式は今日の「イプシロン・デルタ論法」によるものと同じであり，ディリクレのいう「完全に任意の関数」の連続性を語るために真に相応しい姿形を備えている．

続いてリーマンは「オイラーの連続関数」に言及した．

量 $w$ の $z$ への依存性は，数学的法則により与えることができる．したがって，$z$ の各々の値に対する定まった量演算により，それに対応する $w$ が見出される．ある与えられた区間内の $z$ のすべての値に対して，$w$ の対応する値がこのような依存法則によって定められるという可能性は，かつてはある種の関数（オイラーの用語での**連続関数**）にのみ与えられていた．（同上，3頁）

リーマンのいう「量 $w$ の $z$ への依存性を与える数学的法則」とはどのようなものなのであろうか．この法則は「定まった量演算」により規定され，しかもオイラーのいう連続関数に対してのみ適用されるとも言われている．オイラーは連続関数という言葉を語ったことはないが，連続曲線についてなら語ったことがある．『無限解析序説』の文脈に沿ってオイラーの思索の姿を再現すると，オイラーは解析的表示式を関数と呼び，「ある一定の規則にしたがう一様な機械的運動によって描かれる曲線」において連続性を感知し，曲線の「解析的源泉」（オイラーの言葉）を関数と見て，関数のグラフを連続曲線と呼んだ．解析的表示式のグラフはみな連続曲線であり，解析的表示式は連続曲線の解析的源泉である．そこでリーマンは解析的表示式を指して，「オイラーの用語での連続関数」と呼んだのであろう．

ディリクレのいう「完全に任意の関数」は解析的表示式よりも一般的な概念

であり，連続性の概念の抽象性の度合いもはるかに高まっている．ところが両者は実質的に同一であり，区別する必要はないとリーマンは言う．

> ところが，最近の研究により，ある与えられた区間における任意の連続関数を表現することのできる解析的表示式が存在することが示された．それゆえ，量 $w$ の $z$ への依存性を任意に与えられたものとして定義するか，あるいは定まった量演算によって規定されたものとして定義するかということは，どちらでもかまわないことである．これら二つの概念は，先ほど言及がなされた諸定理により同等である．（同上，3-4頁）

ここで言及されている「最近の研究」はフーリエの研究を指し，「ある与えられた区間における任意の連続関数を表現することのできる解析的表示式」とはフーリエ級数のことと見てよいであろう．フーリエは1822年の著作『熱の解析的理論』においてオイラーの第3の関数を継承して「完全に任意の関数」を語り，「関数はみなフーリエ級数に展開可能である」と宣言してディリクレの（それにリーマンの）研究を誘ったのである．

ここまでが実関数，すなわち対応する二つの変化量 $z, w$ の取る値がつねに実数値と限定した場合における関数概念の回想である．

### リーマンの関数とは

リーマンの叙述は実関数から複素関数へと移行する．リーマンは，

> だが，量 $z$ の変化しうる範囲が実数値に限定されず，$x + yi$（ここで $i = \sqrt{-1}$）という形の複素数値をも許容するときには，状勢は一変する．（同上，4頁）

と真っ先に指摘し，実関数と複素関数の差異を明らかにした．次に引くのはリーマンの言葉である．

$x+yi$ と $x+yi+dx+dyi$ は相互に無限小だけ食い違う，量 $z$ の二つの値としよう．そうしてそれらに対して量 $w$ の値 $u+vi$ と $u+vi+du+dvi$ が対応するとしよう．このとき，もし量 $w$ の $z$ への依存性が任意であれば，比 $\dfrac{du+dvi}{dx+dyi}$ は，一般的に言って，$dx$ と $dy$ の値とともに変化する．というのは，$dx+dyi=\varepsilon e^{\varphi i}$ と置けば，

$$\begin{aligned}\frac{du+dvi}{dx+dyi} &= \frac{1}{2}\left(\frac{\partial u}{\partial x}+\frac{\partial v}{\partial y}\right)+\frac{1}{2}\left(\frac{\partial v}{\partial x}-\frac{\partial u}{\partial y}\right)i \\ &\quad +\frac{1}{2}\left[\frac{\partial u}{\partial x}-\frac{\partial v}{\partial y}+\left(\frac{\partial v}{\partial x}+\frac{\partial u}{\partial y}\right)i\right]\frac{dx-dyi}{dx+dyi} \\ &= \frac{1}{2}\left(\frac{\partial u}{\partial x}+\frac{\partial v}{\partial y}\right)+\frac{1}{2}\left(\frac{\partial v}{\partial x}-\frac{\partial u}{\partial y}\right)i \\ &\quad +\frac{1}{2}\left[\frac{\partial u}{\partial x}-\frac{\partial v}{\partial y}+\left(\frac{\partial v}{\partial x}+\frac{\partial u}{\partial y}\right)i\right]e^{-2\varphi i}\end{aligned}$$

となるからである．

 だが，$w$ が $z$ の関数として単純な量演算を組み合せて定められるとすれば，その定め方がどのようであろうとも，微分商 $\dfrac{dw}{dz}$ の値はいつでも微分 $dz$ の個々の値に依存しない．それゆえ，明らかに，このような仕方では（註．単純な量演算の組み合せでは，の意）複素量 $w$ の複素量 $z$ への任意の依存性を表すことはできないのである．（同上，4頁）

 このような叙述を見れば明らかなように，リーマンが把握しようと望んでいるのは，複素変化量 $z=x+yi$ に対応する複素変化量 $w=u+vi$（対応の1価性はつねに前提されている）の中でも，微分 $dz$ と微分 $dw$ の比 $\dfrac{dw}{dz}$ が $dz$ に依存せず確定するような関数である．二つの微分 $dz$ と $dw$ の存在の有無は $z$ と $w$ の実部と虚部，すなわち実変化量 $x,y$ と $u,v$ の微分 $dx,dy,du,dv$ の存在に支えられているが，これを前提にしたうえで比 $\dfrac{dw}{dz}$ の計算を実行すると，この比は微分 $dz=\varepsilon e^{\varphi i}$ の偏角 $\varphi$ に依存することが判明する．
 これに対し，単純な量演算を組み合せて表示される関数についてはそうではないと，リーマンは指摘した．単純な量演算というものの実際の姿は明記されていないが，たとえば加減乗除の4演算を採用すれば $w$ は $z$ の有理式の形に

表される．この場合，計算を実行すれば即座に明らかになるように，比 $\dfrac{dw}{dz}$ もまた $z$ の有理式であり，微分 $dz$ に依存せずに確定する．リーマンはここに脚註を附し，

> この主張は明らかに，$w$ の $z$ による表示から微分の規則を用いて $\dfrac{dw}{dz}$ の $z$ による表示が見出だされるような，あらゆる場合に正しいことが認められる．（同上，4頁）

と書いた．リーマンの目にありありと映じたのは，複素変化量の関数の場合には，簡単な表示式で表された関数と一般の対応としての関数の間には大きな相違が認められるという事実である．

比 $\dfrac{dw}{dz}$ が微分 $dz$ に依存せずに確定するという性質は，量演算により何らかの仕方で定められたあらゆる関数に共通に観察される．そこでリーマンはこの性質を研究の基礎にするという姿勢を明らかにして，複素関数論の対象とする関数の定義を書き下した．

> 変化する複素量 $w$ は，もうひとつの変化する複素量 $z$ とともに，微分商 $\dfrac{dw}{dz}$ の値が微分 $dz$ の値に依存しないように変化するとしよう．このとき，$w$ は $z$ の関数と呼ばれる．（同上，5頁）

実関数の概念形成史の回想を経て複素関数の考察に移り，こうしてようやく複素関数論の対象とするのに相応しい「関数」に到達した．今日の解析関数もしくは正則関数と同一の概念である．微分商 $\dfrac{dw}{dz}$ の値が微分 $dz$ の値に依存しないという代りに，上記の微分商 $\dfrac{du+dvi}{dx+dyi}$ の計算結果において，$e^{-2\varphi i}$ の係数

$$\frac{\partial u}{\partial x} - \frac{\partial v}{\partial y} + \left(\frac{\partial v}{\partial x} + \frac{\partial u}{\partial y}\right)i$$

が消失すること，すなわちコーシー゠リーマンの方程式と呼ばれる連立偏微分方程式

$$\frac{\partial u}{\partial x} = \frac{\partial v}{\partial y}, \quad \frac{\partial v}{\partial x} = -\frac{\partial u}{\partial y}$$

が成立することを要請しても同じことになる．

**関数論講義**

　西欧近代の数学史を回想すると，ヨハン・ベルヌーイの「美しい等式」(オイラーの言葉) $\frac{\log\sqrt{-1}}{\sqrt{-1}} = \frac{\pi}{2}$ の発見，負数と虚数の対数をめぐるヨハン・ベルヌーイとライプニッツの論争，オイラーによる対数の無限多価性の発見，コーシーの留数解析など，複素関数論の形成へと向かう契機はリーマン以前にもすでにいくつか現れていたことが諒解される．この領域においてリーマンに先行する人物として真っ先に念頭に浮かぶのはコーシーだが，コーシーは論文を書いたのみにとどまり，体系的な著作は残さなかった．コーシーに代ってコーシーの複素関数論を叙述したのはコーシーの弟子のブリオとブーケで，この二人の共著の著作『1個の虚変化量の関数の研究』が刊行されたのは 1856 年であるから，リーマンの 1851 年の学位論文よりも後のことである．リーマンはブリオとブーケの本が出版される前からゲッチンゲン大学で複素関数論の講義を繰り返したが，後年の講義でこの本に言及したこともあった．

　1854 年 6 月 10 日，リーマンはゲッチンゲン大学で教授資格取得のために試験講演を行うことになり，

　　「三角級数による関数の表示可能性に関する問題の歴史」
　　「二つの未知量をもつ二つの 2 次方程式の解法について」
　　「幾何学の根底に横たわる仮説について」

という三つの講演題目を提出したところ，ガウスは第 3 のテーマを選定した．リーマンはガウスの曲面論の影響のもとで「多重延長量」について詳述し，多様体の概念を提案した．これにより今日のリーマン幾何学への道が開かれたが，リーマンは，

　　このような研究は数学の多くの領域，わけても多価解析関数の取り扱

いのために必要になった．これが欠けていたことが，有名なアーベルの定理や，微分方程式の一般理論に対するラグランジュ，パフ，ヤコビの仕事が長い間，実を結ばないままの状態になっていた主な原因なのである．（リーマン『全数学著作集』，256 頁）

と語っている．リーマンにとって，多様体の概念が数学の多くの領域の結節点に位置を占めていたことを明示する言葉である．

　教授資格取得試験のために提出した講演題目「三角級数による関数の表示可能性に関する問題の歴史」はガウスの採択するところとならなかったが，リーマンの没後，デデキントとハインリッヒ・ウェーバーが編纂した全集に「三角級数による関数の表示可能性について」という論文が収録された．フーリエ解析が論じられ，先行するディリクレの諸論文とともに，今日の実解析の礎石となった作品である．冒頭に「三角級数による関数の表示可能性に関する問題の歴史」という標題をもつ長大な序文が配置され，この理論の歴史的経緯が詳細に回想されている．リーマンはこれを教授資格取得講演の候補のひとつとしたのであろう．

　教授資格を取得したリーマンはゲッチンゲン大学の私講師になった．私講師は講義をする資格を与えられるが，大学から俸給が出るわけではなく，講師は聴講者から直接，聴講料を徴収する．したがって聴講者が多ければ多いほど収入が増えることになるが，多額の収入は見込めなかった．リーマンが29歳のとき父が亡くなり，2年後の1857年の秋，弟のヴィルヘルムがブレーメンで亡くなった．そのため31歳のリーマンは3人の姉妹を扶養しなければならなくなったが，幸いなことに「員外教授」に任命されて300ターラーの年俸が得られるようになった．リーマンの関数論講義は1855年から1861年まで継続した．

　ゲッチンゲン大学に入学したのは1846年で，リーマンは20歳．学位論文が成立したのは1851年のことであるから，わずかに5年後のことである．あまりにも短いが，ノイエンシュヴァンダーの調査によると，リーマンは大学に入学して1年目にすでにコーシーの『解析教程』と『数学演習』，ルジャンドルの『楕円関数論』，モワーニョの『微分計算』などを図書館から借りて読ん

でいたという．

　ゲッチンゲンに1年在籍し，それからベルリンに移って2年間をすごしたのは既述のとおりである．ベルリン時代のリーマンについて，E. T. ベルの『数学をつくった人びと』という本に有名なエピソードが記録されている．シルベスターがニュルンベルクの川縁のホテルに滞在していたときのことである．あるときベルリンで書籍商をしているという人と戸外で会話をする機会があった．その人はかつて大学でリーマンと同級だったことがあるというが，ある年のある日のこと，リーマンはパリの学術誌『コントランデュ』（学術論文の速報集）を受け取り，何週間か閉じ籠った．その後，再び人びとの前に出てきたとき，最近発表されたコーシーの論文を指して，「これこそが新しい数学だ」と言ったというのである．数学に複素量を導入することをめぐって思索を重ねてきたリーマンの目には，コーシーの論文はさまざまな示唆の宝庫のように映じたのであろう．

　複素変数関数の一般理論というと，出発点においてまずはじめに確立しなければならないのは「解析関数」もしくは「正則関数」というものの概念規定である．関数の解析性を規定して，そのような性質を備えた関数の諸性質を配列していくのが複素関数論であり，二通りの流儀が行われている．リーマンが「コーシー＝リーマンの偏微分方程式系を満たすこと」をもって定義としたことは既述のとおりだが，ヴァイエルシュトラスは「冪級数に展開可能であること」をもって定義とした．両者は論理的に同等で，一方を前提とすると，そこから出発して論理の連鎖をたどることにより他方が導出される．それゆえ，どちらを出発点にしても同じ理論が展開されることになるが，二通りの概念規定の根底には異質の数学思想が横たわっているのであるから，論理的に見て同等というだけではやはり不十分であり，どうして二通りの定義が出てきたのだろうという問いを立てたいところである．

　解析関数の場合には「解析接続」という特有の現象が伴うため，単に冪級数を考えるだけでは足らず，可能な解析接続を目一杯遂行して，いわば最大解析接続領域のような場所を作らなければならない．冪級数は解析関数の断片にすぎず，それをその断片とするところの解析関数の全容を把握する意志を持ち続けなければならないが，このあたりの消息をどのように理解したらよいのであ

ろうか．

　リーマンのアイデアはヴァイエルシュトラスとは歩みの方向が正反対で，ヴァイエルシュトラスの場合の最大接続領域に相当する観念が真っ先に提示された．それが「リーマン面」である．解析関数はリーマン面上に存在する「解析的な関数」として把握されるが，リーマンのいう「解析的」という属性はコーシー=リーマンの微分方程式を満たすという性質を指すのであるから，ヴァイエルシュトラスとはまったく異なっている．いかにも不思議で，神秘的な印象さえ伴う流儀である．

**複素関数論の成立**

　リーマンの複素関数論が成立するまでの年月を顧みると，あまりにも短期間であったことに驚かされることがある．学位論文まで，わずかに5年にすぎず，しかもラウグヴィッツの『リーマン 人と業績』によると，学位論文はベルリンに滞在した2年間の間にすでに実質的に完成していたというのであるから，驚きは増すばかりである．

　解析関数の定義はだれが試みても同じになるという見方も可能だが，解析性の概念を把握して，そこから出発して複素関数論の構築を試みた人はヴァイエルシュトラスとリーマンの二人のみであった．コーシーは関数の解析性の理解を欠いた状態で「コーシーの定理」を認識し，従来の無限解析の手法では計算がむずかしい実定積分の数値の算出に応用して成功をおさめたが，コーシーの定理の根底に横たわる解析性の概念に到達したのははるかに後年のことであった．

## 4　コーシーの複素関数論

**高木貞治『近世数学史談』より**

　高木貞治の著作『近世数学史談』の第14節「函数論縁起」はわずか7頁の短篇だが，複素関数論の形成に関連して印象的な指摘が目白押しである．高木は真っ先に「コーシーは初めから今日の所謂函数論を建設することを意識していたのではなくて」（『近世数学史談』，88頁）と語り始め，「研究の動因は定

積分の計算にあったのである」(同上, 88 頁) と続けていく. これ自体はよく言われている所見である. ラプラス, ルジャンドル, ポアソンたちは天文学や物理学の問題に関連していろいろな定積分に遭遇した. それらを計算するために彼らが好んで用いたひとつの方法は, 適当な二重積分を探り当てて, その二重積分の順序を交換することにより単積分の間に成り立つ関係を獲得するというものであった. 高木は原典に目を通して知っていたのであろう.

高木によると, コーシーは 1825 年に「虚数限界間の定積分の論」(高木貞治による訳語. 同上, 88 頁) という論文を出したという. コーシーは複素変数を用いることにより, いろいろな定積分が統一的な手法により算出されることを洞察したが, その方法というのは, 今日の複素関数論でいうところの「極点 (pole) に関する留数の定理」(同上, 88 頁) にほかならない. コーシーにとって留数の定理は目的のための手段にすぎず,「当時『知られている殆ど凡ての定積分及びその他の多く』を, 複素積分の手段により手際よく計算してみせることになった」(同上, 88 頁). 高木はこんなふうに説き起こし, コーシーの複素関数論を語っていく.

複素平面上に長方形を描き, その辺の上を一周する路に沿って複素関数 $f(x)$ を積分すると, その結果は, 長方形内に存在する関数の留数の和と $2\pi i$ との積に等しい. この定理を駆使してラプラス, ルジャンドル, ポアソンたちが遭遇したむずかしい定積分をことごとくみな計算してしまおうというのが, コーシーの企図であった. ここに提示されたのは今日の複素関数論にいう留数定理の原型にほかならないが, いくつか基礎的な問題点も目に留まる.

何よりも先に気に掛かるのは積分される関数のことである. 留数定理は任意の関数に対して成立するわけではなく,「解析関数」でなければならないが, コーシーはただ「函数 $f$ に関しては『$f(x)$ は変数 $x$ の実又は虚の函数を表わす』」(同上, 89 頁) というだけである. 後になって,「『計算が不確定にならない為には $f(x+yi)$ なる式 [sic] が積分の限界内に於ける $x,y$ の凡ての値に対して唯一の全く確定せる値を有することを追加せねばならない』」(同上, 89-90 頁) と言うようになるが, これは関数に対して 1 価性を要求しているのである. これだけでは不十分なのではあるが, コーシーが実際に取り扱った実例は有理関数, 指数関数, 対数関数の組み合せだったから, さしつかえは生じ

なかったのだと高木は附言した．

## ヴァルソンのコーシー伝

　コーシーは「コーシーの定理」をもっていたことと，その目的は実定積分の統一的な計算法を確立することであったところまで話が進んだが，このあたりはよく知られている事柄であり，おおむね諒解されると思う．コーシーが発見した新たな計算法の秘密は被積分関数の解析性に秘められている．この認識は，少なくとも初期のコーシーには欠如しているように見えるが，計算しようとした定積分は初等関数を組み合せてできる関数の積分ばかりであったから，一般的な状況のもとでコーシーの定理を提示する必要はなかったと，高木は説明した．初等関数として，高木は有理関数，指数関数，対数関数を挙げているが，三角関数をこの仲間に加えてもよいであろう．もっとも複素関数の世界で考えるのであれば，指数関数と三角関数は連繋し，三角関数は指数関数を用いて組み立てられるのであるから除外してもさしつかえない．

　コーシーが1825年の論文で提示したコーシーの定理では，複素平面上に描かれた長方形の辺に沿って関数を積分しているが，辺の上に関数の「不連続点」が存在したらどうするのであろうか．不連続点とはいえ，孤立特異点がいくつか並んでいるという程度の状況が考えられている程度のことではあるが，コーシーは「積分の主値」というアイデアを導入して，不連続点に起因する困難を避けようとした．

　「積分の主値」というアイデアは，実積分の計算を「実の世界」において遂行しようとする試みから生れたと思われるが，コーシーはここからなお一歩を踏み出して「虚の世界」に移り，「コーシーの定理」を発見したという道筋が見えてくるような思いがする．高木は「今から見れば1825年の論文は函数論の起原である」（同上，90頁）と批評して，コーシー伝の著者ヴァルソンの言葉を引いた．それは，「コーシーの最大の業績で学問界に於ける人間の智力の最高の発露」（同上，90頁）という讃辞である．

　ヴァルソンのコーシー伝というのは『コーシーの生涯と業績』という全2巻の作品で，1868年に刊行された．コーシーが亡くなったのは1857年5月23日であるから，およそ10年後のことである．全2巻を合わせて軽く500

頁を超えるという長大な作品である．

## 二つの積分路と閉曲線

ヴァルソンが関数論の起源と見て感嘆したコーシーの 1825 年の論文についてもう少し言い添えると，当のコーシーはそうも思っていなかったようだと高木は註記した．すべての定積分ができてしまって目的が達成されたので，その手段などもはや不用と思ったのであろうというのが高木の所見だが，高木はこれに続いて「（コーシーが）再び虚数積分を取り上げて，同じ二点間の二つの積分路を一つの閉曲線にしたのは二十年後の 1846 年であった」（同上，90 頁）と附言した．

1825 年のコーシーの論文に立ち返り，コーシーの定理を再現してみたいと思う．複素関数 $f(x)$ が与えられたとして，複素平面上に 2 点 $P = (a,b)$ と $Q = (X,Y)$ を取り，関数 $f(x)$ を $P$ から $Q$ まで積分することを考えるのだが，その際，積分路として $P$ を出発して $Q$ に到達するまでの路を描くことになる．今日の言葉でいう線積分である．アイデアは素朴であり，それ自体は何事でもありえないが，平面上に路を描くということ，それ自体に起因して状況はどれほどでも複雑さを増していく．実にさまざまな路が想定されるために路の描き方が簡明に定まらないのである．だが，コーシーはさすがに一番はじめの人らしく，目先の複雑さに拘泥するようなことはせず，長方形の辺だけを考えた．

ここのところをもう少し詳しく記述すると，2 点 $P, Q$ のほかに点 $R = (X,b)$ と点 $S = (a,Y)$ を定め，$P$ と $Q$ を結ぶ 2 本の路を描く．ひとつの路は $P$ から $R$ までまっすぐに進み，続いて $R$ から $Q$ までやはりまっすぐに進む路である．これは長方形の二つの辺をつないでできる路だが，もうひとつの路も同様で，$P$ から $S$ を通って $Q$ に到達する．前者の路を $m$，後者の路を $n$ と名前をつけておくことにして，さて問題になるのは，関数 $f(x)$ の $m$ に沿う積分と $n$ に沿う積分は必ずしも値が一致しないという現象である．平面上の線に沿う積分に特有の現象だが，コーシーはまさしくそこのところに目を留めて，コーシーの定理，すなわち留数定理を獲得したのであった．考えられている積分路はあまりにも単純素朴だが，アイデアの本質はかえってありのまま

の姿で現れている．

コーシーは2点を結ぶ線は無数にありうることにまず注目し，路の選び方によって積分値がどのように変化するのかというところを観察する決心を固め，これを仔細に遂行したのであろう．

2本の路 $m$ と $n$ を連結すると $P$ から出発して $P$ にもどる閉曲線が描かれる．まず $m$ に沿って $Q$ まで行き，続いて $n$ を逆向きにたどって $P$ にもどるのだが，これを言い換えると長方形 $PRQS$ を時計と反対向きにひとまわりすることになる．この閉曲線に沿って関数 $f(x)$ を積分するときに出てくる数値を与えるのがコーシーの定理である．コーシーの1825年の論文に見られるものと同一とみなしてよさように思われるが，コーシーの心情をあらためて忖度すると，「2本の路に沿って積分する」ことと「閉曲線に沿って積分する」こととの間にはたいへんな距離がある模様である．ここのところを高木は「同じ二点間の二つの積分路を一つの閉曲線にしたのは二十年後の1846年であった」と指摘したのである．閉曲線に沿って積分を計算しようとする直接のきっかけは思えばどこにも存在せず，それ自体がすでにひとつの数学的発見なのであった．

コーシーが「留数」の概念を提示したのは1826年のことで，この年に刊行された『数学演習』(全4巻)の第1巻に収録された論文「無限小計算と類似の新しい種類の計算について」にこの言葉が現れている（コーシー『全著作集』，第2系列，第6巻，23頁）．

**コーシーの1825年の論文の印象**

高木が挙げたコーシーの1825年の論文「虚数限界間の定積分の論」の主題は複素関数論というよりもむしろ積分論と見るほうが適切で，コーシーの目は定積分の統一的な計算法を提示することに注がれている．論文の冒頭に長方形に対する「コーシーの定理」が提示され，以下，この唯一の基本定理を駆使して，さまざまな定積分の計算がどこまでも続いていく．オイラーが計算した積分もあれば，ラプラスが与えた積分もあるというふうで，どの積分も形がおもしろく，魅力的である．簡単な変数変換や部分積分を繰り返すだけではコーシーが取り上げた複雑な形の積分を計算することはできない．コーシーの目の

前にはそのような定積分が山をなしていたのであろう．

　コーシーは複素積分に活路を見出だして，めざましい成果をおさめることになったが，コーシーの意識はあくまでも定積分の計算にあり，複素関数論を創始したという自覚はなかったのではあるまいか．高木は「当のコーシーはそうも思うていなかったようである」（『近世数学史談』，90頁）とはっきりと書いているが，このあたりの指摘は正鵠を射ていると思う．

### 複素変数の複素関数

　コーシーの1826年の論文「無限小計算と類似の新しい種類の計算について」を参照すると，コーシーは関数 $f(x)$ を特異点 $x=a$ の回りでローランの級数に展開するときの $\dfrac{1}{x-a}$ の係数に着目し，それを留数という名で呼んでいる．今日の定義と同じだが，留数の数値がわかれば定積分が計算されるという一事を認識したところに，コーシーの卓抜な洞察力が現れている．優に発見の名に値するアイデアであり，コーシー以前には思いもよらない簡明な計算法であった．コーシーは複素関数の一般理論を構築したわけではなく，解析関数の定義さえもっていなかった．一般的な立場から見れば，テイラー展開やローラン展開はつねに可能なわけではないのであるから，展開が許される条件を精密に追究したりすることになるが，具体的な定積分が指定されて，その計算が要請される場合にはまず例外なしに留数解析の適用が可能である．

　関数の概念をどのように規定したらよいのか，コーシーも苦心を重ねたようで，複素変数の複素関数の定義がはじめて登場したのは1829年の著作『微分計算講義』においてのことであった．実変数の実数値関数の微積分であれば，1823年の著作『要論』に叙述されているが，複素変数の複素数値関数を対象にして同じ流儀で微分，積分の定義を書こうとするのはやはりむずかしく，一足飛びにはいかなかったのであろう．

### テイラー展開の収束円

　高木の「函数論縁起」にはコーシーの1846年の論文への言及があり，コーシーはそこで「同じ二点間の二つの積分路を一つの閉曲線にした」（同上，90頁）という説明がなされている．複素平面上に閉曲線を描き，それに沿って関

数を積分するというのであれば，これは確かに今日の複素関数論の「コーシーの定理」そのものである．試みにコーシーの全集を参照すると，2篇の論文が目に留まる．ひとつは「閉曲線のすべての点にわたる積分について」という論文であり，もうひとつは「閉曲線のすべての点にわたる定積分，および虚の限界の間で取られる定積分に関する新しい考察」という論文である．どちらの論文のタイトルもいかにも「コーシーの定理」に相応しい感じがする．

コーシーが「コーシーの定理」へと歩を進めていく経緯は以上の通りだが，高木はコーシーのもうひとつの発見を書き留めている．1846年の「コーシーの定理」よりも前のことになるが，1825年の論文の後，1830年7月にフランスで7月革命が起った．「王朝党の熱心なる支持者」（同上，81頁）であったコーシーは「新政府に忠誠の宣誓を拒んで」（同上，81頁），1830年9月，パリを離れた．1831年，トリノ着．1833年までトリノ大学の物理学講座を担当し，1838年10月になってパリにもどった．

高木は，フランス脱出後，1832年トリノ在留中のこととして，「テーロル展開に関する定理が発見せられ，1837年パリ科学院記事に載せられて世に知らるるに至った」（同上，90頁）と書いた．そのコーシーの発見というのは，「現今の言葉で言えば，解析的函数のテーロル展開の収斂円が中心から最近の特異点にまで達することの認識（の曙光？）である」（同上，90頁）と高木は解説し，さらに言葉を重ねて，「この定理はコーシーに於ては虚数積分などとは全く別の思想系統に属している」（同上，90頁）と指摘した．パリ科学院はパリの科学アカデミーのことで，パリ科学院記事というのは科学アカデミーの議事録『コントランデュ』を指している．テーロルはテイラーと同じ．収斂は収束と同じである．

**一番近い特異点までの距離の測定**

コーシーの『全著作集』に「コリオリ宛書簡の抜粋」という記事が収録されている．書簡の日付は1837年1月29日．『コントランデュ』，第4巻（1837年）に掲載された．コリオリは「コリオリの力」で知られる物理学者である．

この手紙には，高木の指摘の裏付けと見られる事柄が記されている．逐語訳ではなく，少々言葉を補って紹介すると次のようである．

$x$ は実または虚の変数を表すとすると，$x$ の実または虚の関数 $y$ は $x$ の昇冪の順に配列される級数に展開される．その級数は，$x$ のモジュールがある一定の数値よりも小さい値にとどまる限り，収束する．その一定の数値というのは，関数が有限でしかも連続であることをやめることになる値である．（コーシー『全著作集』，第 1 系列，第 4 巻，39 頁）

複素変数の複素関数はすでに 1829 年の著作『微分計算講義』に登場するが，上記の引用文に見られる「関数」というのは複素変数の複素関数のことと見てよいと思う．複素変数の複素関数というものを考えるのはコーシーにとってもむずかしいことだったようで，踏み切るまでには長い時間を要した模様である．このあたりの消息は今ではなかなか理解しにくいが，複素数というものの取り扱いにあたって確信がもてなかったためではないかと思う．実定積分の計算のために虚数積分を考えてはみたものの，どうしてもそうしなければならないという必然性が感知されていたわけではなく，あくまでも積分の計算のための技術上の工夫だったのであろう．

その種の工夫ならアーベルもヤコビもすでに実行し，楕円関数の定義域を複素数の世界に拡大して複素変数の楕円積分を考察した．だが，自覚的に複素変数の複素関数を取り上げて，解析的な関数という概念を提示して一般理論を構築し，その山頂から平地に向って降りて来るように楕円関数や代数関数を論じるという構えを取るのは尋常一様になしうることではなく，ヴァイエルシュトラスとリーマンを俟たなければならなかった．

コーシーの書簡に立ち返ると，複素変数 $x$ の関数 $y$ は $x$ の昇冪の順に展開されると言われているが，ここでは「展開」はテイラー展開を意味している．関数がテイラー展開を許すのは解析関数の場合だけであるから，コーシーの念頭にあったのは解析関数であることになるが，コーシーが関心を寄せたのは解析性の認識ということよりも，収束半径の大きさの測定である．

コーシーは「$x$ のモジュールがある一定の数値よりも小さい値にとどまる限り，収束する．その一定の数値というのは，関数が有限でしかも連続であることをやめることになる値である」と言う．モジュールというのは「尺度」「物

差し」というほどの意味の言葉だが、変数 $x$ のモジュールといえば、$x$ の大きさというか、絶対値のような感じで使われている。展開の中心は原点、すなわち $x = 0$ と設定されているから、収束半径は $x$ のモジュールで測定される。そのモジュールは、$x = 0$ から「関数が有限でしかも連続であることをやめる点」までの距離であるとコーシーは言うのである。

「関数が有限でしかも連続であることをやめる点」というのもあいまいといえばあいまいな感じは確かにあるが、それは今日の目で見るとあいまいに見えるというだけのことであり、ここで指し示されているのは解析関数の特異点にほかならない。展開の中心から、一番近い特異点までの距離が収束半径である。コーシーには、収束円内には特異点がなく、収束円の周上には特異点が存在するという情景がはっきりと見えていたのであろう。このあたりの消息は高木の指摘のとおりである。

**代数関数のテイラー展開**

コーシーのコリオリ宛の書簡の続きを見ると、次のような発言が目に留まる。

> 代数方程式の根はどれも、パラメータの昇冪の順に展開される。ただしこの展開が行われるのは、パラメータのモジュールがそのパラメータのすべての主値のモジュールよりも小さい限りにおいてのことである。（コーシー『全著作集』、第1系列、第4巻、40頁）

前回の発言からも感知されることだが、コーシーは確かに無限級数の収束性に関連して何かしら重大な事実に気づいたのである。ここに引いた言葉は数学の命題の形になっているのであるから、コーシーは証明も試みたのかもしれない。実際、コーシーはこの命題をすでにトリノのアカデミーに提出した論文において与えたと書いていて、そこには1832年9月10日という提出日さえ、書き留められている。提出後まもなく、1832年9月22日の「ピエモンテの雑誌」に掲載されたという。現在の地名表記ではピエモンテはイタリア北部の州で、その州都はトリノである。

上に引用した命題に立ち返ると,「代数方程式の根はどれも,パラメータの昇冪の順に展開される」という冒頭の一文が,いかにも謎めいた印象をかもしている.「パラメータの主値」という言葉も不明瞭であり,このあたりは検討を要するが,ともあれコーシーは代数関数のテイラー展開を考えていたらしいということと,それはトリノ時代の考察であったということはまちがいのないところである.

**代数方程式のパラメータつきの根と代数関数**

　コーシーは「代数方程式の根」ということを言うが,コーシーの念頭にある代数方程式にはパラメータというものが附随している模様である.コーシーのいうパラメータというのは何を指しているのであろうか.

　代数方程式の根がパラメータの冪級数に展開される状勢が語られているのであるから,$P(x,y)$ は二つの変数 $x$ と $y$ の間の多項式として,

$$P(x,y) = 0$$

という形の方程式が考えられているのではないかと思う.これを $y$ に関する方程式と見ると代数方程式であることはまちがいなく,しかも係数には $x$ の多項式が並んでいる.この場合,$x$ はこの方程式のパラメータであり,根は $x$ の関数と見ることができそうである.この種の関数であれば,代数的な関数,つづめて代数関数と呼ぶのがもっとも相応しく,今ではこの呼称が定着しているが,コーシーは「代数方程式の根」というばかりである.代数方程式の根にパラメータが附随して,根はそのパラメータの冪級数の形に表示されるという状勢が考えられているのであるから,「パラメータ $x$ の関数」と呼べばよさそうであるにもかかわらず,そうしないのはなぜなのであろうか.

　この点について,そもそも関数の概念があいまいだったというのが高木の所見である.高木はこう言っている.

　　留数にしても,テーロル展開にしても,或る函数に関して言うのであるが,そもそもその函数なるものは何を意味するか.それが曖昧であったのである.唯々漠然として従来取扱われた有理函数,指数函数,

対数函数等々の組合せが考察されたのであった．(『近世数学史談』，91 頁)

そのような立場に於て，代数函数又は更に一般なる陰伏函数の冪級数への展開が何処まで収斂するかを知ろうというのであるから，暗中模索である．1832 年の論文に於て，収斂の限界は函数が無限大になる所としてよりも，むしろそれが分岐する所として探り当てられたのであった．(同上，91 頁)

　代数方程式の根にパラメータが伴っているということは，パラメータがさまざまな値を取るのに応じて根もまた変動するという状勢が考えられていることになる．パラメータの値の中には，その値に対応する根が重根になるというものも存在する．そのような値を指して，コーシーは「パラメータの主値」と呼んだ．これを代数関数の言葉に翻案すると，パラメータの主値とは「代数関数の変数の値のうち，代数関数がそこにおいて分岐する値」のことにほかならない．コーシーの念頭にあった関数概念の守備範囲はまだ狭く，代数関数を関数の仲間に包摂することができなかったのだというのが，高木の見解である．

**コーシーの関数論研究の波瀾曲折の 30 年**
　ヴァイエルシュトラスとリーマンはヤコビの逆問題という課題を共有していたが，コーシーにはヤコビの逆問題に関心を寄せていた様子は見られない．他方，コーシーには実定積分の計算への情熱があったのに対し，ヴァイエルシュトラスとリーマンの複素関数論にはそのような動機はない．複素関数論の理論形成には異なる動機を内包する二つの泉が存在したのである．
　『近世数学史談』の記述の紹介をもう少し続けると，コーシーは閉曲線に沿う関数の積分の考察と冪級数の収束限界の探索という異なる 2 方向から複素関数論に近づいていったという所見に加えて，高木はさらにこんなふうに言葉を続けている．

　　最も幸福なることは 1832 年の論文に於て円周に沿うての積分が応用

せられたことである．ここに至ってコーシーに於ける二つの思想系統が合流する機運が生じたのであるが，それから更に二十年を経て 1851 年に至って，今日の解析的函数が monogène なる名称の下に函数論の対象として確認せられたのである．1821 年の「教程」で複素変数が論ぜられてから三十年の歳月を経てコーシーの函数論に目鼻がついたのである．（同上，91 頁）

コーシーの「教程」というのは『解析教程』（1821 年）のことで，実解析の基礎を論じた作品だが，複素変数もまた顔を出している．1821 年から 1851 年まで，コーシーの複素関数論が形をなすまでに要した 30 年の歳月に高木は注目し，「コーシーの函数論研究の波瀾曲折の跡」と言い表したが，1851 年といえばリーマンの学位論文が出現した年でもある．コーシーとリーマンを連繋する通路の存在を予感させる事実である．

高木の示唆にしたがって 1851 年のコーシーの論文を参照すると，この年の『コントランデュ』に「虚変化量の関数について」と「単型な単性関数について」という表題の 2 篇の論文が掲載されている．「単型」の原語は monotypique，「単性」の原語は monogène である．

「虚変化量の関数について」において，虚変数の関数の理論には解決しなければならない重要な諸問題が存在し，そのために数学者たちはしばしば困惑させられるという状況をコーシーは指摘した．コーシーのいう諸問題というのは複素変数の関数の定義と微分可能性に関することで，これらの概念をどのように定義するべきかというところにデリケートな困難が横たわっているというのである．これに対し，実変数関数に対して一般に採用されている諸定義をそのまま虚変数関数に移していけば，あらゆる困難はたちまち消失するというのがコーシーの所見である．

実関数の場合には，二つの実変数が相互に依存し合いながら変化するという状勢が認められるとき，一方の変数を他方の変数の関数と呼ぶのであった．この状況をそのまま複素変数に及ぼすと，複素変数関数の概念が得られる．すなわち，複素変数 $z = x + yi$（$x, y$ は実数）の値がもうひとつの複素変数 $u = v + wi$（$v, w$ は実数．この表記はコーシーによる．リーマンは $w = u + vi$

と表記した）の値を決定するという状況が現れているとき，$u$ を $z$ の関数ということにするのである．

　コーシーはこのように複素変数関数を語り，続いて微分可能性に言及した．$u$ は $z$ の関数とするとき，$u$ の微分 $du$ と $z$ の微分 $dz$ の比 $\dfrac{du}{dz}$ は一般に実変数 $x, y$ のみに依存して定まるのではない．あるいは，同じことになるが，$z$ で表される複素平面上の動点 $Z$ の位置のみによって定まるのではなく，もうひとつの要因が存在することをコーシーは指摘した．それは，「動点 $Z$ が描く曲線の接線の方向」（コーシー『全著作集』，第 1 系列，第 11 巻，303 頁）である．いくぶんわかりにくい言い回しだが，たとえば動点 $Z$ が $x$ 軸に平行に移動するなら，$y$ は変化しないから $dy = 0$ となり，等式 $dz = dx$ が成立する．それゆえ，

$$\frac{du}{dz} = \frac{dv + idw}{dx} = \frac{\partial v}{\partial x} + i\frac{\partial w}{\partial x}$$

となる．同様に，動点 $Z$ が $y$ 軸に平行に移動する場合には $x$ は変化しないから $dx = 0$．それゆえ等式 $dz = idy$ が成立し，ここから等式

$$\frac{du}{dz} = \frac{dv + idw}{idy} = \frac{\partial w}{\partial y} - i\frac{\partial v}{\partial y}$$

が導かれる．

　このようにして微分の比 $\dfrac{du}{dz}$ の二通りの表示が得られたが，もしこれらが等しいなら，等式

$$\frac{\partial v}{\partial x} + i\frac{\partial w}{\partial x} = \frac{\partial w}{\partial y} - i\frac{\partial v}{\partial y}$$

の両辺の実部と虚部をそれぞれ等値することにより，コーシー゠リーマンの方程式

$$\frac{\partial u}{\partial x} = \frac{\partial v}{\partial y}, \quad \frac{\partial v}{\partial x} = -\frac{\partial u}{\partial y}$$

が取り出される．コーシーはこのような状況を観察し，そのうえで，もしコーシー゠リーマンの方程式が満たされるなら，比 $\dfrac{du}{dz}$ は動点 $Z$ の動く方向に依存せずに確定すると言明した．この場合，$z$ の関数 $u\dfrac{du}{dz}$ には dérivée という呼称が相応しい．日本語の文献では微分商もしくは微分係数などと呼ばれてい

る.

　「虚変化量の関数について」には 1851 年 2 月 10 日という日付が記入されている. 続篇「単型な単性関数について」に記入された日付は 1851 年 4 月 7 日である.「単型な関数」は 1 価関数を意味するが, コーシーはこの続篇で単型関数を取り上げて, 各点において dérivée をもつ単型関数を「単性な関数」と呼んだ. リーマンのいう「関数」と同じものである. この年の 11 月に提出されたリーマンの学位論文にはコーシーの名は見られないが, リーマンはコーシーの 2 論文を承知していたと見てさしつかえないであろう.

## 「コーシーの定理」と解析関数

　高木貞治はリーマンの学位論文に言及して,「そこで青年リーマンは『微分商 $\frac{dw}{dz}$ が微分 $dz$ に関係なき一定の値を有するときに, $w$ を複素変数 $z$ の函数という』と言い放って考察を始める」(同上, 92 頁) と指摘した. そうして「コーシーが三十年の歳月を経て辛くも達し得た立脚点を, 何事もなかったかの如く平気で占有するのである」(同上, 92 頁) と言葉を続けていったが, 実におもしろく的確な批評である. 高木の言葉のとおり, リーマンは解析関数の定義から出発した. コーシーの影響がリーマンに及ぼされ, コーシーの到達点がリーマンの出発点になったのである.

　リーマンのいう「関数」は今日の複素関数論で「正則関数」とか「解析関数」などと呼ばれているものであり, リーマンの複素関数論は解析関数の定義から出発しているところに際立った特徴が認められる. 今日の目にはごく当然のことのように映じるが, コーシーにとってはあたりまえではありえない. コーシーの 1825 年の論文には解析関数の定義はなく, そこに見られるのはただ「コーシーの定理」のアイデアのみであった. 代数関数の概念さえ, 明確さを欠いているような印象があるほどだったが,「コーシーの定理」のアイデアは一貫して生き続け, 解析関数の概念はこの定理が成立するような関数として把握されたのであった.

　このような状況は数学者としてのコーシーの欠陥を意味するわけではなく, かえって偉大さのあかしである. 数学で本質的なのはアイデアであり, 大きな理論の形成を誘うアイデアを提示することのできた人だけが, 大数学者の名に

値するのではないかと思う．

　複素関数論のことではないが，たとえばフーリエ解析のフーリエは『熱の解析的理論』という長大な著作を刊行し，今日のいわゆるフーリエ解析の構想を提示した．フーリエの理論の根幹をなすのは「どのような関数も sin（正弦）や cos（余弦）で組み立てられる無限三角級数に展開される」というアイデアであった．フーリエはこのアイデアを明示し，いくつもの例を挙げるとともに，完全に一般の場合において展開の可能性の証明さえ試みたのである．だが，フーリエの場合には関数の概念も定かとは言えず，無限級数の収束性の吟味もなされていないのであるから，今日の目にはあまりにも不可解である．それにもかかわらず，「どのような関数も三角級数に展開される」というフーリエの確信には言いがたい魅力があり，フーリエのアイデアは継承され続けて今日にいたっている．

**関数の解析性をめぐって**

　複素関数論のはじまりということの再考に立ち返るなら，出発点はやはり関数の解析性の自覚に求めるべきであろう．これを言い換えると，「解析的な関数」というものの概念規定は，いつ，だれの手で，どのように出現したのかという問いに答えなければならないことになる．これらの問いに先立って解析性の本質を表す現象に立ち返ると，その本質は二つの様相において観察される．ひとつはいわば局所的な現象で，リーマンがそうしたように「微分商 $\dfrac{dw}{dz}$ が微分 $dz$ に依存しないで確定すること（コーシー＝リーマンの方程式が成立することといっても同じである）」と言い表してもよいし，ほかにも「冪級数展開が可能であること」，「コーシーの定理が成立すること」等々，いろいろな形で表明される．もうひとつは「解析接続」という大域的な現象である．

　「だれの手で」という点についてであれば，二つの現象を把握したヴァイエルシュトラスとリーマンを挙げるほかはない．コーシーは「コーシーの定理」を手にしていたが，解析接続への関心が認められないように思う．

　次に，「いつ」という問いを取り上げると，ヴァイエルシュトラスについては正確な時期を特定するのは困難だが，リーマンについては1851年の学位論文という，成立期が明示された典拠が存在する．しかも執筆に先立って，

1847年から1849年にかけてのベルリン滞在中に，リーマンはすでに学位論文の基礎を手にしていたことであろう．

　リーマンが本格的に数学的思索に向ったのは1846年にゲッチンゲン大学に入学してからであろうと思われるが，ギムナジウム時代にもルジャンドルの著作『数の理論』を読んだというエピソードが伝えられていることでもあり，数学への関心が早くから芽生えていたと見てよいと思う．それでも複素関数論の基礎の確立という大掛かりな仕事に早々に取り組み始めたというのも考えにくく，やはりベルリンに移ってヤコビの逆問題に触れ，アイゼンシュタインと語り合ったことが契機になったのではないかと思う．大きな目標として完全に一般化された形での「ヤコビの逆問題」を設定し，その解決をめざして複素関数の一般理論の構築に向ったということであろう．解析関数の定義の様式は異なるが，ヴァイエルシュトラスもまた長い時間をかけて同じ方向に向けて歩みを進めていた．

## 5　リーマン面のアイデアを語る

**ガウスの所見**

　ラウグヴィッツはリーマンの学位論文に寄せるガウスの所見を伝えている．次に引くのはリーマンが弟に宛てた手紙に見られる言葉である．シェリングが1866年にリーマンを回想して行った講演の中で引用したということである．

> ガウス先生と会ったとき，彼はまだ私の論文を読んでおられなかったが，私の研究対象と一致する，あるいは部分的に重なる対象を扱った論文を，何年も前から準備してきた（そして今もそれに携わっている）と述べられた．（ラウグヴィッツ『リーマン　人と業績』，141頁）

　このようなガウスの所見によると，ガウスはすでに複素関数論の一般基礎理論を手中にしていたかのような印象を受ける．曲面論を展開したガウスのことでもあり，リーマン面のアイデアならすでにもっていたと言いたかったのかもしれない．

ガウスはリーマンにこんなことも言ったという.

> 私は似たようなことについて書くけれど,君の研究は私にはそれほど面白くなかった.だから,自分のテーマに,即座に全力でとり掛かりたい.(同上,141頁)

リーマンの学位論文に関心を払った様子がまったく見られない.ガウスは人を賞賛することの少ない人で,アーベルも「不可能の証明」に成功したという確信を得て証明を書き綴った小冊子を作り,ガウスのもとに送付して批評を求めたところ,無視されたことがあった.ガウスがリーマンの複素関数論を理解したのはまちがいないが,ガウスはほめなかった.それどころか,そんなことは自分はもうとっくにわかっているという口ぶりだったというのであるから,リーマンも落胆したことであろう.

ガウス

### ガウスの手紙

コーシーの到達点がそのままリーマンの出発点だったという指摘に続き,高木貞治はガウスの手紙を紹介した.ガウスは複素関数論についてまとまった論文を出しているわけではないが,この方面に独自の考えがないはずはなく,だからこそリーマンの学位論文に接したとき,そんなことはもう知っているという態度に出て,感銘を受けた様子を見せなかったのであった.

ガウスの複素関数論の消息を具体的に語っているものは何だろうという疑問に駆られるが,ここで高木が引いているのはベッセルに宛てたガウスの手紙である.ベッセルはガウスと同時代のドイツの天文学者である.手紙の日付は1811年12月18日.コーシーの1825年の論文よりも14年も前のことになる.長文の手紙だが,高木はほぼ全文を訳出した(以下,『近世数学史談』所

収の訳文に基づいて引用する．原文はガウス『全著作集』，第 8 巻，90 頁．または『ガウスとベッセルの往復書簡』，156 頁）．

この当時，ベッセルは

$$\mathrm{li}(x) = \int \frac{dx}{\log x}$$

というむずかしい積分を論じた論文を書き，その解題をガウスに依頼した．ベッセルは『学芸報知』（高木貞治の訳語．『近世数学史談』，92 頁．原語は Gelehrter Anzeiger）という学術誌に紹介してもらいたいという主旨の手紙をガウスに送り，ガウスはこれに返信した．「ある人が解析学に新しい関数を導入しようとしたとしたなら」とガウスは自問して，「その人に対してまずはじめに問うことがある」と自答した．その問いというのは，「その関数の変数は実数に限定して，虚数などは蛇足とみなすのか，あるいはまた数の世界において虚数 $a+b\sqrt{-1}=a+bi$ にも実数と平等の権利を与えるのか」というのである．真に恐るべき問い掛けと言わなければならない．

### ガウスの複素積分

高木の訳文に沿ってガウスの手紙の紹介を続けたいと思う．ガウスは数の世界において実数も複素数も対等に扱うと宣言し，そのうえで「ここでは実用上の利益を云々するのではない」と付言した．ガウスの見るところ，解析は独立の一科学である．もしあの「仮説の数」すなわち虚数を解析から除外したとしたなら，美観と円滑の両面において多くのものが失われてしまい，一般に通用するはずの真理に対して絶えずめんどうな制限を加えなければならなくなってしまう．ガウスはこんなふうに所見を語り，それから，この点については「貴下も概略は御同感と信ずる」（同上，93 頁）とベッセルに同意を求めた．ベッセルはガウスの所見に同意すると信じたのだが，なぜかといえば，ベッセルはすでに $\mathrm{li}(a+bi)$ という複素積分を考察しているからだというのである．

そこでガウスは $x=a+bi$ のときの積分 $\int \varphi(x)dx$ は何を意味するのであろうという問いを提出し，独自の考察を繰り広げた．明白な概念に基づいて論じるならば，とガウスは説き起こし，$x$ に無限小の増加を与えて $x=a+bi$ に達するまでこれを継続し，対応する変分 $\varphi(x)dx$ の総和を作るべきであると説

明を加えた．この考え方はそれ自体としては実積分の場合と同じだが，今度は変数 $x$ は複素平面上で変動するのであるから，$x$ の無限小の増分はそれ自身もまた $\alpha+\beta i$ という形の複素数になる．そのうえ，複素積分には実積分の場合には見られない固有の状勢が出現する．というのは，変数 $x$ は無限小の増分を積み重ねていって，やがて $x=a+bi$ に達するとはいうものの，平面上のことであるから道筋はひとつではなく，無数の路が存在するのである．

それゆえ，観念的に考える限り，複素積分の値は路に依存することになる．ところが，積分 $\int \varphi(x)dx$ は二つの相異なる路に応じてつねに同一の値を取るとガウスはひとまず言明し，ただし，と言葉を続けていく．実はつねに同じ値を取るわけではなく，同一の値を取るためには一定の条件が満たされていなければならない．それは，それらの二つの路の間に挟まれる領域のどこにおいても関数 $\varphi(x)$ の値が無限大になることはない，という条件である．

この状況はコーシーの 1825 年の論文とよく似ているが，異なるところもある．たとえば，コーシーの場合には積分路は長方形の 2 辺だが，ガウスは任意の積分路を取り上げた．また，コーシーの複素積分にはどことなく便宜的なにおいがただようが，ガウスはそうではなく，はじめから堂々と複素関数の積分を考察した．ただし，ガウスといえども関数の解析性を正面から論じているわけではない．

### ガウスと「コーシーの定理」

ガウスは複素平面上の 2 点を結ぶ路に沿う積分 $\int \varphi(x)dx$ を考えて，ベッセル宛の手紙でこんなふうに書いている．すなわち，それらの二つの路の間にはさまれる領域上で関数 $\varphi(x)$ はどこでも無限大になることはないとし，しかも 1 価関数であるか，あるいは，たとえ 1 価ではないとしても，少なくともその面上で連続性を保ちつつ取りうる値はただひとつとするならば，二つの路に沿う積分の値は同一であるというのである．これはコーシーの 1825 年の論文に出ている「コーシーの定理」そのものにほかならないが，ガウスの手紙の日付は 1811 年 12 月 18 日であったことにくれぐれも留意したいと思う．ガウス自身，これを「美麗なる定理」と呼び，証明もむずかしくないから，適当な機会に発表するだろうとも言っているが，これは実現しなかった．

このような記述を通じて明らかになるのは，ガウスはまちがいなく「コーシーの定理」を知っていたという事実だが，ここで素朴な疑問に出会う．コーシーには実定積分を計算したいという要求があり，ヴァイエルシュトラスとリーマンにはヤコビの逆問題を解決したいという目標があった．では，ガウスは複素関数論の場で何をねらっていたのであろうか．容易に諒解しがたい疑問だが，この論点の鍵をにぎっているのはおそらく楕円関数論であろう．

**対数関数の無限多価性**

　ベッセルに宛てたガウスの手紙をもう少し続けよう．ガウスは積分 $\int \varphi(x)dx$ を考える際に，始点から終点にいたる路を描き，その路に沿って微分 $\varphi(x)dx$ の総和を作ると言っているが，路の選択はまったく任意というわけではない．実際，ガウスは，その路の途中に $\varphi(x) = \infty$ となる点は避けることを要請した．その理由は何かというと，そのような路に沿って積分を考えようとすると，積分 $\int \varphi(x)dx$ の基礎概念が不明瞭になって矛盾が生じやすいから，というのである．

　ガウスの念頭にどのような矛盾が浮かんでいたのか，明確な情景は不明だが，積分路の途中で関数値が発散したりするようであれば積分の意味は確定しそうにない．複素平面上に任意に2点を定め，両点を結ぶ曲線を引く際に，関数の値が定まらない点を避けるのはつねに可能であるから，いつもそのようにすればよいというのがガウスの言葉の意味するところであろう．ところが，そのような経路は無数に存在し，そのために積分 $\int \varphi(x)dx$ の値は必ずしもひとつに定まらない．しかもそれは関数 $\varphi(x)$ の値が無限大になる点の存在と無関係ではありえない．

　ガウスはこんなふうに前置きし，そのうえで

$$\int_1 \frac{1}{x}dx$$

という積分を例示した．これは関数 $\varphi(x) = \frac{1}{x}$ の積分だが，この関数は複素平面の原点 $x = 0$ において無限大になる．そこで積分の始点を $x = 1$ と定め，始点 $x = 1$ と原点以外の点 $x$ を原点を通らない曲線で結び，その曲線に沿って積分を遂行してみよう．この積分は対数関数 $\log x$ にほかならないが，その

値は積分路に依存してさまざまであり，唯一に定まることがない．

積分路は原点のまわりを回ることもあり，回らないこともある．回る場合には左回りのこともあり，右回りのこともある．回る回数も1回とは限らず，何回でも自由に回りうる．左回りに1回転すると，そのつど積分の値は$2\pi i$だけ増加し，右回りに1回転すると，そのつど$2\pi i$だけ値が減少する．これによって対数函数$\log x$の多価性が明晰判明に諒解されるというのがガウスの所見である．原点のまわりを何回でも回る積分路を自由に選べるのであるから，対数関数は無限多価である．

対数関数の無限多価性であれば，ガウスに先立ってすでにオイラーが解明したが，ガウスの認識の仕方はあまりにも簡明であり，しかも解析関数に特有の「解析接続」という現象が正確に把握されているありさまを見れば驚くほかはない．ガウスは解析関数というものの概念を一般的に表明したわけではないが，解析接続に着目した以上，関数に伴う何かしら特定の属性を見ていたのはまちがいないと思う．コーシーはコーシーで，留数計算を許容する関数というものに目をつけていた．ガウスとコーシーが関心を寄せた現象は異なるが，根底にあるものは共通であり，それを抽出すれば解析関数の概念が手に入りそうである．コーシーとガウスの次の世代のヴァイエルシュトラスとリーマンがこれを実行し，こうして複素関数論の一般理論の出発点が確立した．

## ヴァイエルシュトラスの解析的形成体と代数的形成体

解析的形成体という不思議な言葉をはじめて目にしたのはヘルマン・ワイルの著作『リーマン面のイデー』（1913年）においてのことであった．原語はドイツ語のanalytische Gebildeで，ワイルの著作の邦訳書『リーマン面』では「解析形体」という訳語が採られている．今日の関数概念には定義域と値域が伴っているのが通常の姿だが，解析関数の場合には解析接続の現象に起因して，個々の関数に固有の定義域（自然存在域という呼称が相応しい）がおのずと確定する．解析関

ヴァイエルシュトラス

数を考察する場を前もって人為的に指定するという方式で臨むと，目に映じるのは関数の局所的な諸性質ばかりであり，全容を観察することはできないのである．複素平面内に領域 $D$ を指定して，そこで解析関数 $f(z)$ を考えると宣言しても，一般に $f(z)$ の自然存在域は $D$ を包摂して広がっていて，複素平面内にとどまらないこともある．最初に領域を指定することに意味はなく，解析的ではない関数との本質的な相違がそこに現れている．

解析接続の現象を語るために，ワイルはヴァイエルシュトラスとともに，正の収束半径をもち，正整数冪指数をもつ冪級数

$$\mathfrak{P}(z-a) = A_0 + A_1(z-a) + A_2(z-a)^2 + \cdots$$

から出発し，これを **$a$ を中心とする関数要素** (Funktionselement) と呼んだ．ワイルは多少言葉を補ったようで，ヴァイエルシュトラスの『全数学著作集』，第2巻に収録されている論攷「関数論に寄せて」を参照すると，そこに見られるのは「要素 (Elemente)」という簡潔な一語である．1個の関数要素から出発し，可能な限り目いっぱいに解析接続を続けると関数要素の集合体が形成されるが，ワイルはそれを**解析関数**と呼び，G で表した．ヴァイエルシュトラスの「関数論に寄せて」には einer monogenen analytischen Function という言葉が見える（ヴァイエルシュトラス『全数学著作集』，第2巻，210頁）．高木貞治は著作『解析概論』においてこれに**単性解析関数**という訳語をあてた（同書，246頁）．monogenen を「単性」と訳出したのである．ヴァイエルシュトラスのいう単性解析関数はワイルの解析関数と同じものである．ワイルは少し簡略にして引用したのであろう．

G に所属する関数要素の各々は G の他の関数要素を解析接続することにより得られる．また，二つの解析関数 $G_1, G_2$ が関数要素をひとつでも共有するなら，$G_1$ と $G_2$ は同じ解析関数である．

関数要素

$$\mathfrak{P}(z-a) = A_0 + A_1(z-a) + A_2(z-a)^2 + \cdots$$

が G に属するとき，数 $A_0$ を点 $z = a$ における解析関数 G のひとつの値という．

ワイルの著作に沿ってヴァイエルシュトラスの解析関数の姿を叙述したが，その全容を観察すると，解析関数とは「関数の定義域の名に相応しい場所 $R$」と「その場所を定義域とする（ディリクレの意味での）関数 $f(z)$ で，しかもコーシーやリーマンの意味での解析性（微分可能性）を備えているもの」が統合された複合物 $G = (R, f(z))$ である．リーマンの語法を流用するなら，場所 $R$ はさながら複素 $z$ 平面上に幾重にも重なり合って広がっている曲面のようであり，関数 $f(z)$ の自然存在域と見ることが許されるであろう．

ワイルは解析関数を構成する関数要素を**正則な関数要素**と呼んだ．正則な関数要素の解析接続を妨げる点は解析関数の特異点であり，特異点は特異性の現れ方に応じて分岐点，非本質的特異点（別名は極），本質的特異点（別名は真性特異点）に区分けされる．分岐点の分岐位数は有限であることもあり無限であることもあり，無限位数の分岐点は必然的に本質的特異点である．分岐点が同時に非本質的特異点であることも起りうる．代数関数は定数でない限り必ず分岐するが，その位数は有限である．また，代数関数は本質的特異点をもたないが，非本質的特異点をもつ．そこで有限位数の分岐点と非本質的特異点を**代数的特異点**と総称することにする．

代数関数の考察を念頭に置いて代数的特異点における解析接続をも考慮しなければならないから，いわば「広義の解析接続」を考えて，「広義の関数要素」を作る必要がある．代数関数は必ず分岐し，しかも極をもつからである．また，代数関数の全体像を描き出すためには，解析接続を遂行する場所を複素平面に限定するのでは不十分である．複素平面に無限遠点という名の理念的な一点を付け加えて**リーマン球面**と呼ばれる「拡大された複素平面」を作り，無限遠点をもその内点とみなして，無限遠点をも込めて解析接続を行わなければならない．

ワイルは「ワイヤストラスとともに，解析関数の概念を解析形体の概念まで拡張しなければならない」（『リーマン面』，5頁）と宣言し，第1章の第2節（同上，5-13頁）で「解析形体の概念」という節題を立てた．そうして「この関数が正則に振舞うようなところだけでこの関数を考えるのではなく，それが有限位数の分岐点または極を（あるいは同時に両者を）もつようなところをもつけ加えるのである」（同上，5頁）という方針を明示し，解析接続の概念を

適切に拡張する手順を語り始めようとしたが，ここに脚註が附され，ヴァイエルシュトラスの『全数学著作集』，第4巻の16頁から19頁までを参照するようにと指示されている．ところがそこに実際に見られるのは解析的形成体ではなく**代数的形成体**（algebraische Gebilde）の概念である．

　ヴァイエルシュトラスの『全著作集』，第4巻に収録されたのは，ベルリン大学でのアーベル関数論の講義録である．解析的形成体を語るワイルの言葉遣いに沿って代数的形成体の説明を続けると，出発点に位置するのは二つの変数 $z, w$ を連繋する既約な代数方程式

$$f(z, w) = 0$$

である．$w$ は $z$ の代数関数であり，$z$ は $w$ の代数関数である．どちらの視点を採っても同じことになるが，試みに前者を採用して $w$ を $z$ の代数関数と見ることにする．分岐点と非本質的特異点を除外すると，各点 $z = a$ を中心とするいくつかの正則な関数要素 $w = \mathfrak{P}(z - a)$ が存在して，$z = a$ の近傍において方程式 $f(z, \mathfrak{P}(z - a)) = 0$ が満たされる．このような関数要素の全体を $\mathrm{G} = (R, w)$ で表す．

　代数関数 $w$ の分岐点と非本質的特異点における広義の関数要素を G に付け加え，さらに無限遠点における広義の関数要素を付け加えると，代数的形成体 $\widetilde{\mathrm{G}} = (\widetilde{R}, \widetilde{w})$ が構成される．これが代数方程式 $f(z, w) = 0$ により定められる代数関数である．あるいはまた $\widetilde{w}$ を $\widetilde{R}$ 上の代数関数と見ることも許されるであろう．

　一般の解析的形成体に比して，代数的形成体 $\widetilde{\mathrm{G}} = (\widetilde{R}, \widetilde{w})$ にはいくつかのきわだった特徴が備わっている．まず場所 $\widetilde{R}$ には境界が存在しない．次に，$\widetilde{R}$ はリーマン球面の上空に幾重にも重なり合って広がる曲面のように見えるが，葉の枚数は有限である．この状況を指して，ワイルは「閉じている」と言い表している．分岐点の個数は有限であり，関数 $\widetilde{w}$ の非本質的特異点の個数もまた有限である．

　代数的形成体という不思議な生成物はそれ自体が代数関数であり，ヴァイエルシュトラスはそのように代数関数を諒解した．そこから関数を取り除けば，残されるのは幾何学的な場所 $\widetilde{R}$ のみであり，その姿形はリーマンが提案した

「面」とそっくりである．ワイルはこのような視点に立って，ヴァイエルシュトラスの代数的形成体をリーマンの閉リーマン面と同一視した．

## ガウス平面

リーマン面への道を開く第一着手はガウス平面である．実数の集まりを直線と同一視し，個々の実数を直線上の1点と対応させるというアイデアはオイラーに始まるが，ガウスは複素数の集まりを平面と同一視するというアイデアを提示した．ガウスはオイラーに何事かを学んだのであろう．

ガウスは数論における数域を大きく拡大して複素数域に身を移し，4次剰余の理論をそこで展開する決意を固め，4次相互法則の発見をめざしたが，いよいよ具体的に歩みを進める前に，「4次剰余の理論 第2論文」(1832年)において，複素量の作る世界を目に見えるようにするための工夫を提示した．それが複素平面もしくは**ガウス平面**である．ガウスの言葉に耳を傾けたいと思う．

> さて，複素法に関する数の合同へと歩を進めよう．だが，この究明を始めるにあたって，どのようにしたなら複素量というものの作る世界を見ることができるようになるのかということを，述べておくのがよいと思う．（『ガウス数論論文集』，170頁．複素数を法とする合同式が考えられているとき，その法を指して複素法と呼んでいる．）

> 実量はどれもみな，二方向に限りなく伸びる直線上に任意に取った始点から，単位として設定した線分を基準にして測定して切り取られた線分により表示される．したがって，その切り取られた部分のもうひとつの端点により表示される．その際，始点から見て一方の側は正量を表し，もう一方の側は負の量を表す．まさしくそのように，各々の複素量は無限平面上の点により表示される．その無限平面上では，ある定直線が実量の表示に用いられる．すなわち，複素量 $x+iy$ は，その切除線が $x$ に等しく，その向軸線が（切除線が切り取られる直線の一方の側を正に取り，もう一方の側を負に取ることにして，その線から見て） $y$ に等しい点によって表示される．（同上，170頁）

複素量は平面上の点に対応すると言われているが，複素数 $z = x+iy$ と平面上の点 $M$ を対応させるために，平面上に 1 本の無限直線 $L$ を引いておく．$L$ 上の任意の位置に点 $A$ を定め，それを始点と呼ぶ．たったこれだけで準備がととのうが，この状況は，オイラーが曲線の解析的源泉を関数と見て，曲線を関数のグラフとして把握しようとしたときのアイデアと同じである．今度は曲線ではなく複素数だが，複素数は二つの実数 $x$ と $y$ を組み合せて作られているのであるから，$x$ を切除線，$y$ を向軸線と見ることにすれば，複素数 $x + iy$ に対応して平面上の点 $M(x, y)$ の位置が確定する．

これだけでもよさそうに見えるが，ガウスはなお一歩を進め，「虚の単位」に着目してこう言っている．

> こんなふうにして，正の単位は任意に定められた方向に向かう任意に定められた変位を表し，負の単位は反対の方向に向かう同じ大きさの変位を表し，最後に二つの虚の単位は垂直な二方向に向かう同じ大きさの変位を表すものとするとき，任意の複素量は，それが所属する点の位置と始点の位置との差異の大きさを測定していると言うことができるのである．（同上，170-171 頁）

実量に「実の単位」があるように虚量には「虚の単位」があり，「虚の単位は垂直な 2 方向に向かう同じ大きさの変位を表す」というのだが，ここに登場する「垂直な 2 方向」という一語は何を示しているのであろうか．実量を表示するのに 1 本の無限直線が使われたが，その直線と垂直に交叉するもう 1 本の無限直線がここで考えられていると見てよいのであろうか．

実量の場合にそうしたように，虚量についても，「虚量はどれもみな，2 方向に限りなく伸びる直線上に任意に取った始点から，単位として設定した線分を基準にして測定して切り取られた線分により表示される」というふうにはっきりと語られているなら状況は明白だが，そのように明記されているわけではない．「垂直な 2 方向」という一語はもう 1 本の無限直線の存在を示唆しているようにも思われるが，そのような無限直線を実際に引かなくてもいいのかもしれないのである．肝心なのは「垂直な 2 方向」に向う「虚の単位」

というアイデアで，このアイデアがあれば複素平面は確定するが，それでも今日の流儀のように，平面上に直交する2本の無限直線をあらかじめ引いておき，1本を実軸，もう1本を虚軸と呼ぶというふうにすればきわめて簡明な状況が出現することもまた確かである．直交座標系もしくはデカルト座標系という呼称に相応しい概念がこうして手に入る．

**ガウス平面（続）**

　今日の数学でガウス平面というと，直交する2本の無限直線が引かれた平面が念頭に浮かぶ．その2本の直線を基準にして直交座標系もしくはデカルト座標系が構成され，平面上の点の位置が二つの実数の組の形で $(x, y)$ というふうに特定されるが，その組は点の座標と呼ばれている．観念的に考えると，座標系が指定された平面は複素数と関係があるわけではないが，複素数 $x+iy$ と座標系つきの平面上の点 $(x, y)$ がぴったり対応するという状況観察に基づいて，複素数をまるで平面上の点のようにみなすことができるようになる．これをガウスのアイデアと見て，座標つきの平面のことをガウス平面と呼ぶことがあるが，それだけのことならすでにデカルトのアイデアで実現されているのであり，どうしてわざわざガウスの名前を冠してガウス平面と呼ぶのであろうか．

　いかにも素朴で謎めいた疑問だが，長い時間をかけて考えているうちに次第に合点がいくようになった．平面上の点の位置を指定するには1本の直線だけで十分で，現にデカルトはそうしていたし，オイラーもまたそうしていた．1本の直線は不可欠だが，2本目の直線はあってもよいがなくてもさしつかえない．同じ理由により，複素数と平面上の点を対応させるだけなら直線は1本あれば十分で，2本目は必ずしも必要ではない．それならどうして直線が2本になったのかといえば，複素数 $x+iy$ に寄せる実在感と関係がありそうに思う．実際，複素数には二つの単位が伴っている．ひとつは「1」で，これは実単位である．もうひとつは「$i$」で，これは虚単位である．ガウスはこの二つの単位に対等の実在感を感知し，その結果，虚単位が正負の2方向に向かう変位を表示する役割を担う2本目の直線が要請されることになったのであろう．

ガウスは 2 本目の直線をはっきりと言葉に出して要請しているわけではないが,「虚の単位」というアイデアが具体的な形を取ればおのずともう 1 本の直線が出現しそうである. そこで, 平面上にあらかじめ 2 本の直交する直線を引いておき, その平面をガウス平面という名で呼ぶのは妥当性のあるアイデアである.

ガウス平面のアイデアにより複素数を直観的に把握する道が開かれた. ガウス自身,

> このようにして, 虚という名で呼ばれる量の形而上的性格に向けて, 際立って明るい光があてられるようになる.

> 虚量の理論を取り囲んでいると信じられているさまざまな困難の大部分は, あまり適切とは言えない呼び名に由来する (しかも, ありえない量などという, 不快な響きをもつ名前を用いた人もいた). 2 次元の多重形成体 (空間を直観してきわめて純粋に感知されるような) が提供してくれる観念から出発し, 正の量を順量, 負の量を逆量, 虚の量を側量と名づければ, 煩雑さに代って単純さが得られ, 曖昧さの代りに明晰さが得られる. (同上, 171 頁.「ありえない数」という呼称について, オイラーの論文「方程式の虚根の研究」(1751 年) に,「虚量とは何かしらありえないもの (quelque chose d'impossible)」(オイラー『全作品集』, 第 1 系列, 第 6 巻, 79 頁) という使用例が見られる. ただし, オイラーは虚量を拒絶したわけではなく, かえって代数方程式の根として積極的に受け入れようとした.)

こうして複素数にまつわる神秘的な印象は相当に薄まっていった.

複素数域の側から見ればガウス平面は複素数を具象化するための簡便な工夫のように見えるが, **ガウス平面の側に主体性をもたせれば, さながら幾何学的な場の各点に複素数が張り付いているかのようである**. それなら, ガウス平面という点の集まりの上で関数を考えるとき,「点の関数」はごく自然に「複素数の関数」のようにみなされて, その解析性を語ることが可能になる. ガウス

平面は単なる幾何学的な場ではなく，そこには「解析性」という性質そのものが息づいているのである．このように見れば，ガウス平面はすでにリーマン面であり，一般のリーマン面までの隔たりはわずかに一歩の距離にすぎないであろう．

複素変化量にはいろいろな複素数値が内包されているが，複素数はガウス平面上の点と同一視され，複素数の全体はガウス平面と同一視される．すると複素変化量には平面上の無数の点が内包されていることになり，複素変化量の関数はガウス平面上の関数とみなされる．このような概念上の推移を経たうえで，リーマンは複素変化量の変域を複素平面からさらにリーマン面にまで拡大した．

ガウスが提示したガウス平面のアイデアはリーマン面のアイデアの形成にあたって深い影響を及ぼした．複素関数論を展開する場をリーマン面という特殊な曲面に移すためには，複素数とリーマン面を連繋する架け橋が必要である．架け橋は2本存在する．1本は複素数域とガウス平面の間に架かり，もう1本はガウス平面とリーマン面の間に架けられていて，しかも淵源をたどればどちらもガウスに帰着する．ガウスのアイデアが，解析関数を考えるべき天然自然の場を模索するリーマンに示唆を与えたのである．

## ガウス平面からリーマン面へ

複素関数論の形成の場におけるコーシーとリーマンの関係，それに解析関数の概念の提示の歴史的経緯と，リーマンのアーベル関数論の解明のために不可欠の営為を二つまで書き並べたが，解析関数のもっとも本質的な属性は解析接続である．この現象があるために，解析関数を考える場を関数に先立って任意に指定することが無意味になってしまう．関数を考える場は関数の属性としておのずと定められるのである．関数が先で場所は後になるのであり，これもまた実関数との根本的な相違である．だが，場所が未確定の状態で先に関数を与えるというのは，具体的にはどのようにすればよいのであろうか．深い思索を誘われる課題がここに現れている．

この問題を考えていくうえで，もうひとつの不可避の問題が存在する．それは関数の多価性の問題である．実関数の場合にはオイラー，ラグランジュに

フーリエ

続いてフーリエが現れて，『熱の解析的理論』（1822年）において「完全に任意の関数をフーリエ級数に展開する」と宣言し，証明のスケッチさえ書き留めた．今日の実解析の泉になった不思議な言葉だが，「関数とは何か」という問いとの関連において大きな問題となるのはフーリエのいう「完全に任意の関数」の正体である．フーリエはこれを任意に描かれた曲線の観察を通じて認識されるものとして，関数の任意性を曲線の任意性に転嫁しているが，ディリクレはなお一歩を進めて，1837年の論文「完全に任意の関数の，正弦級数と余弦級数による表示について」において曲線とは無関係に関数概念を提示した．それは変化量と変化量の間の「1価対応」という関数で，今日でもそのまま受け入れられている．

オイラーは関数に1価性を要請することはなく，多価関数も許容したが，ディリクレが関数に1価性を要請したのは関数のフーリエ級数展開が念頭にあったからである．フーリエ級数に展開される関数は必然的に1価であるから，多価関数は考察する必要がないのである．リーマンはディリクレの提案を踏襲し，関数に1価性を要請した．ところがアーベル関数論の主役の代数関数は多価関数であり，代数関数の積分を作れば対数関数のような無限多価関数さえ出現するのである．

解析関数を考える場所を人為的に指定することはできず，しかもその場所は複素数の域内にとどまらない．この二重の困難は無関係ではなく，内的な連繋が認められる．ヴァイエルシュトラスは収束する無限冪級数 $P(z;a)$（複素平面上の点 $a$ を中心とし，正の収束半径をもつ冪級数）から出発し，狭義および広義の解析接続を可能な限りどこまでも継続して無限冪級数の集合体，すなわち解析的形成体を構成した．解析的形成体は幾何学的な形状を備えていて，1個の曲面のように見えるとともに，その上の各点（その実体は関数要素である）に対しておのずと1個の複素数値（正則な関数要素の定数項）が対応し，しかもその対応には解析性が備わっている．

解析的形成体は「関数を考える場所」と「その場所の各点に複素数値が対応

するという機能」が渾然として一体となって形成されているが，リーマンは両者を区分けして，出発点においてリーマン面の概念を提示した．リーマンは単に「面」と呼んでいるが，リーマンのいう「面」は複素平面の上に幾重にも重なり合って広がっている．完全に任意の面を考えるというのではなく，

　相互に重なり合う面分は線分に沿って合流することはない．（リーマン『全数学著作集』，7 頁）

という条件が課され，その結果,「面の折れ曲がり」や「相互に重なり合うい

単連結面
単連結面は横断線を引くと交叉しない面に切り分けられる．単連結面内に閉曲線を描くと，それは面の一部分の全境界を作る．

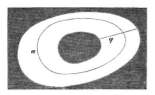

2 重連結面
この面には横断線 $q$ と閉曲線 $a$ が描かれている．この横断線 $q$ に沿って切り開くと，2 重連結面は単連結面になる．この面内に閉曲線を描き，それを曲線 $a$ と合わせると，面の一部分の全境界が形成される．

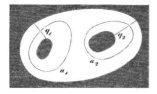

3 重連結面
この面には 2 本の横断線 $q_1, q_2$ と 2 本の閉曲線 $a_1, a_2$ が描かれている．この面内に閉曲線を描き，それを $a_1$, $a_2$ のどちらか一方，あるいは両方と合わせると，面の一部分の全境界が形成される．

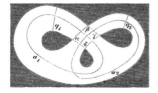

3 重連結面
この図の 3 重連結面は平面の一部分 $\alpha\beta\gamma\delta$ の上に 2 重に重なっていて，2 本の「腕」が伸びているように見える．2 本の横断線 $q_1, q_2$ と 2 本の閉曲線 $a_1, a_2$ が描かれているが，$a_1$ と $a_2$ は別々の腕に位置を占め，$a_1$ を含む「腕」は $a_2$ を含む「腕」の下になっている．その状況を明示するために，下側の「腕」の部分が点線で描かれている．

　　図 1　リーマン面（リーマン『全数学著作集』, 88-89 頁）

くつかの面分への分割」は起りえないとリーマンは説明した．しかも面には一般に分岐点が伴っている．

領域の分岐点について具体的なイメージを心に描くのはむずかしいが，『ボルヒャルトの数学誌』の第 54 巻の第 11 論文「独立変化量の関数の研究のための一般的諸前提と補助手段」を見ると，もう少し立ち入った説明がなされている．次に引くのは「平面上に幾重にも広がる面」を語るリーマンの言葉である．

> 多くの研究，わけても代数関数とアーベル関数（註．アーベル積分のこと）の研究のためには，多価関数の分岐様式を次のようにして幾何学的に描出するのが適切であろう（註．この思想を基礎にして，以下リーマン面の姿形が描写される）．$(x,y)$ 平面において，$(x,y)$ 平面とぴったり重なり合うもう 1 枚の面が（あるいは，ある限りなく薄い物体が $(x,y)$ 平面の上に）広がっている状勢を心に描いてみよう．ただしその面は，関数が与えられている範囲にわたって，しかもその範囲に限定されて伸び広がっているものとする．したがって，この関数が接続されていくと，それに伴ってこの面もまた延長されていくことになる．$(x,y)$ 平面の，この関数の二通り，またはいく通りもの接続が存在するような場所の上には，この面は二重または幾重にも折り重なっている．そのような場所の上では，この面は 2 枚またはいく枚かの葉から構成されていて，それらの葉の各々は関数のひとつの分枝を表している．この関数の分岐点のまわりでは，この面のある 1 枚の葉はもう 1 枚の葉に接続されていく．それゆえそのような点の近傍では，この面はさながら，その点において $(x,y)$ 平面に直立する軸と，限りなく小さな高さのねじれを有するらせん状の面であるかのように想定することができる．（リーマン『全数学著作集』，83 頁）

> 多価関数は，その分岐様式を上記のように描き出す面の各々の点において，ただひとつの定値をもつ．それゆえこの関数は，この面の場の，完全に確定する関数とみなされるのである．（同上，84 頁）

リーマンのリーマン面は複素平面上に広がっていて，複素数域との連携が保持されている．それゆえ，分岐点以外の点については，その近傍は複素数域の一部分と同一視される．分岐点については，局所一意化変数と呼ばれる複素変数を指定することができて，それを媒介として分岐点の近傍はやはり複素数域の一部分とみなされる．そうして関数の解析性は局所的な観念であるから，リーマン面上の複素数値関数について解析性を考えることが可能である．そこでリーマンは，リーマン面上の複素数値関数のうち，解析的で，しかも1価であるものを指して単に「関数」と呼んだのである．

　この観点に立てば，**代数関数とは閉じたリーマン面上の本質的特異点（真性特異点）をもたない1価解析関数にほかならない**．関数が定義される場所を大きく拡大して1価性と解析性をともに確保するというところにリーマンのアイデアの真意が認められ，実関数の場合のディリクレの関数概念ともよく調和が保たれている．このアイデアの実在感は「閉リーマン面上の解析関数の存在証明」に支えられているが，リーマンはこれを変分法の「ディリクレの原理」の支援を受けて遂行した（瑕疵があることをヴァイエルシュトラスが指摘したが，のちにヒルベルトにより正された）．ベルリンにおけるディリクレとの出会いがここで生きたのである．

**ワイルのリーマン面**

　リーマンが提案したリーマン面は複素数域もしくはリーマン球面上に幾重にも重なり合って広がる曲面であるから，複素数域との連繋は依然として保たれている．リーマン面上の関数の解析性について語ることができるのもそのためだが，解析性は局所的な条件であるから，大域的な連繋は不要であるとワイルは主張した．次に引くのは「リーマン面のイデー」（ワイルの著作の書名）を語るワイルの言葉である．

　　いまもなおそこここで，リーマン面は関数の多意性を眼の前に描き
　　出し，直観に訴えるための"画像"，（人はこうつけ加える：きわめて
　　価値のある，きわめて示唆に富む）手段以上の何ものでもないかのよ
　　うな解釈に出会う．この解釈は根底から誤っている．リーマン面はこ

の理論に欠くことのできない実質的な構成部分であり，そのままこの理論の基礎である．それはまた，経験により多かれ少なかれ技巧的に解析関数から蒸留された何ものかではなく，あくまでもそれ以前のもの，母なる大地，その上にこそはじめて諸関数が生育し繁茂しうる大地とみなされなければならない．(『リーマン面』の「緒言および序文」, ix 頁)

リーマン面は多価関数の多価性を明瞭に諒解するために考案された概念装置などではなく，解析関数がその上にこそはじめて生育し繁茂しうる「母なる大地」であるとワイルは言っている．だが，多価関数をリーマン面上で考えると1価関数になるというのは，ほかならぬリーマンその人が強調していることであった．この点についてはワイルも気に掛かったようで，リーマンの心中を忖度してわざわざ説明を加えた．リーマンは同時代の人びとに異様な観念を強いるのを避けたのであろうというのである．

リーマン自身がその表現の形式を通じて，関数のリーマン面に対するこのような真の関係をいくらかぼかしていることはもちろん認められる——おそらくはただ，彼が同時代の人々にあまりにも異様な観念を強いたくないと考えたからであろう；この関係がぼかされているのは，彼が例の多葉な，いくつかの分岐点とともに平面の上に拡がっている被覆面，今日もなお話題がリーマン面に及ぶとき，人々がまず第一に思い浮かべる面について語っており，(その後クラインによってはじめて展開され，見とおしのよい明瞭さに達した) 一そう一般的な観念を用いなかったことにもよる；(同上, ix 頁)

ワイルの見るところ，リーマン面というのは単に位置解析（トポロジー）の意味での面ではない．なぜなら，もしある面において位置解析的な性質だけしか考えられていないなら，その面の上の連続関数について語ることは可能だが，連続的に微分可能な関数や解析関数については何も語ることができないからである．ある面の上で解析関数を語りうるためには，面の定義のほかに，

「"この面の上の解析関数"という表現の意味を確定し，平面上の解析関数に関する諸定理のうち"局所的に"成り立つものはすべてこの一そう広い概念の上に移されるような一つの定義」(同上，39頁)が与えられていなければならないのである．

ある面がリーマン面でありうるためには，換言すると，解析関数の「母なる大地」でありうるためには，「面の上の解析関数」という表現に意味をもたせる力が備わっていなければならない．リーマン面は解析性そのものが純粋に遍在している場なのである．リーマンはそのように明瞭に述べているわけではないが，リーマンの真意を洞察し，リーマン面をはじめてこのように解釈したのはフェリックス・クラインである．リーマン自身の解釈よりも一般的ではあるが，「この一般化されたとらえ方により，はじめてリーマンの理念が十分な単純さと力をもって立ち現れる」というのがワイルの所見である．

ワイルはクラインの解釈を継承してなお一歩を進め，新たにリーマン面の定義を書き下した．

ここに一つの面 $\mathfrak{F}$ があり，さらに $\mathfrak{F}$ の任意の点 $\mathfrak{p}_0$ と，$\mathfrak{p}_0$ の任意の近傍で定義された $\mathfrak{F}$ 上の任意の関数 $f(\mathfrak{p})$ に対して，いつ $f(\mathfrak{p})$ は $\mathfrak{p}_0$ において正則—解析的であるというべきであるかが明確に規定されているならば，これによって一つの**リーマン面** $\mathfrak{R}\mathfrak{F}$ が与えられ，$\mathfrak{F}$ の点は $\mathfrak{R}\mathfrak{F}$ の点とみなされる．ただし，上記の規定はつぎの条件を満たさなければならない：

1. $\mathfrak{p}_0$ を $\mathfrak{F}$ の任意の点とするとき，一つの関数 $t(\mathfrak{p})$ が存在して，これは点 $\mathfrak{p}_0$ において（0 という値をとり，またここで）正則—解析的であるばかりでなく，$\mathfrak{F}$ における $\mathfrak{p}_0$ の或る近傍に属するすべての点 $\mathfrak{p}$ においてもまた正則—解析的であり，しかも複素 $t$ 平面のなかに，この近傍の両側から一意領域連続な像を描く；このような関数を $\mathfrak{p}_0$ に属する**局所一意化変数**と呼ぶ．

2. $f(\mathfrak{p})$ は点 $\mathfrak{p}_0$ において正則—解析的な任意の関数であり，$t(\mathfrak{p})$ は $\mathfrak{p}_0$ に属する一つの局所一意化変数であるならば，いつでも $\mathfrak{p}_0$ の一つの近傍 $\mathfrak{U}_0$ が与えられ，そのなかでは $f(\mathfrak{p})$ が $t(\mathfrak{p})$ の正則なべき

級数

$$f(\mathfrak{p}) = a_0 + a_1 t(\mathfrak{p}) + a_2 (t(\mathfrak{p}))^2 + \cdots$$

として表される．（『リーマン面』，40-41 頁）

リーマン面 $\mathfrak{F}$ の点 $\mathfrak{p}_0$ に属する局所一意化変数はひとつではないが，相互に無関係ではありえない．実際，$t$ とともに $\tau$ もまた $\mathfrak{p}_0$ に属する局所一意化変数とすると，$\mathfrak{p}_0$ のある近傍において，$\tau$ は $t$ の収束冪級数（ワイルの語法では正則な冪級数）として

$$\tau = \gamma_1 t + \gamma_2 t^2 + \cdots$$

という形に表される．ところが，逆に $t$ もまた $\tau$ の収束冪級数として表されなければならないのであるから，必然的に $\gamma_1 \neq 0$ となる．それゆえ，リーマン面 $\mathfrak{F}$ 上の関数 $f(\mathfrak{p})$ の点 $\mathfrak{p}_0$ における解析性を確認するには，この点に属するあるひとつの局所一意化変数 $t$ について，$f(\mathfrak{p})$ が点 $\mathfrak{p}_0$ の近傍において $t$ の収束冪級数の形に表されることを示せばよいことになる．

ワイルのリーマン面は局所一意化変数を媒介として局所的に複素数域が張り付いている曲面であり，その実体は今日の語法でいう複素次元 1 の複素多様体である．リーマン面上の関数の解析性は，各々の点について，その近傍に張り付いている複素変数の関数と見るとき，「$dw$ が $dz$ に依存しない」という，リーマンが学位論文の冒頭で「関数」に対して要請した条件が成立するか否かに応じて判定される．

複素数域との間の大域的な関連から切り離されて，どこかしらイデーの世界に浮遊する存在物．それがワイルのリーマン面であり，リーマンのいう「面」のようにガウス平面もしくはリーマン球面の上空に広がっているわけではない．今日に続く複素多様体論の端緒がこうして開かれたのである．

## 6　マジョーレ湖畔で終焉を迎える

デデキントの回想録に沿って，1857 年の「アーベル関数の理論」以後のリ

ーマンの消息を摘記しておきたいと思う．1855 年 2 月 23 日，ガウスが亡くなり，ディリクレが後継者になってベルリンから移ってきたが，1858 年，心筋梗塞にかかり，翌 1859 年 5 月 5 日に亡くなった．リーマンがディリクレの後任になることになり，同年 7 月 30 日付で正教授に任命された．

クロネッカー

同年 8 月 11 日付で科学アカデミーの数学・物理部門の通信会員に指名された．9 月，デデキントとともにベルリンを訪問し，ベルリン大学の数学者クンマー，クロネッカー，ヴァイエルシュトラス，ボルヒャルトと語り合った．素数分布に関して考えていることを披露したところ，クロネッカーが興味を示した．これを受けて，ゲッチンゲンにもどってから論文「ある与えられた量以下の素数の個数について」（プロイセン王立科学アカデミー月報，1859 年 11 月）を書き，ゼータ関数の零点の分布に関する「リーマンの予想」を書き留めた．12 月にはゲッチンゲン科学協会の正会員になった．1859 年はリーマンの名声が急激に高まった年であった．

1860 年春，リーマンはパリに向い，4 週間ほど滞在し，セレ，ベルトラン，エルミート，ピュイズー，ブリオ，ブーケなど，パリの数学者たちと知り合った．

1862 年 7 月，リーマンは肋膜炎にかかった．外見上はすぐに回復したが，肺病の芽が残ったようで，医師たちは南国での長期滞在をすすめた．南国というのはイタリアのことである．リーマンはこのアドバイスを受けてイタリアに向い，1862 年 11 月から翌 1863 年 3 月 19 日までシチリアに滞在した．イタリア滞在中には当地の数学者たちとの交際が目立っている．

シチリアを発ってゲッチンゲンにもどろうとしたリーマンは，3 月から 6 月にかけて長い旅の日々をすごすことになった．パレルモ，ナポリ，ローマ，リヴォルノ，ピサ，フィレンツェ，ボローニャ，ミラノと，イタリアのあちこちの都市を歴訪し，行く先々で数学者たちと交流した．ピサではベッチに会っ

た．ベッチは「ベッチ数」に名前を残した数学者である．

　ゲッチンゲンにもどる途次，雪のシュプリューゲン峠を徒歩で越えたために重い風邪をひいた．6月17日にゲッチンゲンに到着したが，体調が悪いために2度目のイタリア行を決意し，8月21日に出発した．メラン，ヴェネツィア，フィレンツェを経てピサに向い，この年の冬をピサですごし，1864年5月，ピサ郊外の別荘に移った．ピサではベッチ，ベルトラミ，フェリーナ，ノヴィ，ヴィッラーリ，タッシーナたちと交流した．

　1865年の5月と6月はリヴォルノ，7月と8月はマジョレ湖，9月はジェノヴァの近くのペリですごした．健康は回復しなかったが，ゲッチンゲンに帰ることにした．ゲッチンゲン到着は10月3日．この年の冬をゲッチンゲンですごし，1866年6月15日，3回目のイタリア旅行に出発した．6月28日，北部イタリアのマジョレ湖に到着．イントラの近くのセラスカのピゾーニ荘に落ち着いたが，結核の症状が急速に進行した．7月20日，マジョレ湖畔西岸の町セラスカで病没し，ビガンゾロの墓地に埋葬された．理想的観念に寄せる強固な実在感を具象化し，実解析，複素解析，数論，多様体論，アーベル関数論など，携わったすべての領域において，数学の将来のための礎石を置いた数学者であった．

# 第3章　楕円関数論のはじまり
―― 楕円関数の等分と変換に関するアーベルの理論

## I　楕円関数論の二つの起源 ―― 萌芽の発見と虚数乗法論への道

### 1　楕円関数論の二つの流れ ―― 変換理論と等分理論

**虚数乗法論の原型の発見 ―― 楕円関数の等分理論**

　今日行われている通常の語法によれば，楕円関数とは「複素平面全体を存在領域として，2重周期をもち，本質的特異点をもたない解析関数」のことにほかならないが，広く知られているように，このような特異な性格を有する関数が数学史の流れにはじめて姿を現したのは，アーベルの論文「楕円関数研究」(1827-1828年) においてであった．もとよりアーベルの段階では関数の解析性の認識までも伴っていたとは言えないが，アーベルはこの論文において第1種楕円積分の逆関数に着目し，そのような関数は複素平面上で非本質的特異点（極）を

アーベル

除いていたるところで定義される1価関数であり，しかも2重周期をもつという基本的な事実に気づいたのである．アーベル自身はこの関数に特別の呼称を附与したわけではないが，別の論文を参照すると「第1種逆関数」という言葉に出会うこともある．

アーベルによる楕円関数の発見を受けて，楕円関数論の基礎づけ，すなわち楕円関数の根底にあるものを簡明な形で取り出そうとする営為が，ヤコビ，アイゼンシュタイン，コーシー，ヴァイエルシュトラス，リーマンなどによりさまざまな視点から試みられた．この複素変数関数論の形成史ともいうべき物語の究極の到達地点は解析性の認識であり，その1点に到達するまでの試みの数々はみな解析性の概念の基盤の上に各々所を得て，楕円関数論の世界に豊穣な実りをもたらすのである．ヤコビのテータ関数，アイゼンシュタインの2重級数，コーシーの積分定理，ヴァイエルシュトラスの解析的形成体と代数的形成体，それにリーマンのリーマン面等々，偉大な数学者たちの思想が生生流転する様相はそれ自体としてもきわめて興味深い光景である．だが，ここでは深入りを差し控え，アーベルの発見に立ち返り，楕円関数の発見という出来事の真意の所在を尋ねたいと思う．もし「楕円関数とは何か」と直截に問われたなら，アーベルは必ずこんなふうに答えるにちがいない．すなわち，「楕円関数は等分理論の真実の対象である」というふうに．

「楕円関数研究」において，アーベルはまず楕円関数の一般等分方程式の解法を周期等分方程式の解法に帰着させ，続いて**周期等分方程式は一般に代数的に可解ではない**という基礎的認識を表明し，その原因はモジュラー方程式にあることを明らかにした．では，楕円関数のモジュラー方程式はどのようなときに代数的に可解になるのであろうか．この問いをめぐって，アーベルの数学的思索の世界において，楕円関数論と代数方程式論が親密に連繋するのである．

**代数的微分方程式の解法理論としての変換理論とその起源**

第1種楕円積分の逆関数への着目はアーベルを嚆矢とするが，楕円積分そのものは無限解析もしくは無限小解析という名で呼ばれた微積分の黎明期においてすでに出現した．レムニスケート曲線や楕円や双曲線の弧長積分は楕円積分の仲間であり，ヨハン・ベルヌーイ，ファニャノ，オイラー，ランデン，ラ

グランジュ，ルジャンドルなどの手により，アーベル以前にも生き生きとした展開を見せていた．そこでこの時期の楕円積分論に対して，ここでは**前期楕円関数論**という呼び名を与えたいと思う．

前期楕円関数論の中核は変換理論であり，そこには

(1) 求長不能曲線の弧長測定
(2) 変数分離型微分方程式の代数的積分の探究
(3) 楕円積分の数値の近似計算

という三つの相が現れている．共通の泉はファニャノの理論，わけてもレムニスケート積分の変換理論である．

ファニャノによるレムニスケート積分の変換理論の骨子は，レムニスケート積分，すなわちレムニスケート曲線

$$(x^2+y^2)^2 = a^2(x^2-y^2) \, (a>0)$$

の弧長積分

$$\int \frac{a^2 dz}{\sqrt{a^4-z^4}}$$

を楕円と双曲線の弧長積分に帰着させる変数変換の発見において認められるが，この一連の探索の中で，あるときファニャノはおそらく想定外の事態に

ファニャノ

直面した．ファニャノはレムニスケート積分をやはりレムニスケート積分に変換する変数変換

$$u = a\frac{\sqrt{a^2-z^2}}{\sqrt{a^2+z^2}}$$

に遭遇したのである．

この変数変換を行うと，たやすく確かめられるように，二つのレムニスケー

ト積分を結ぶ等式

$$\int_0^z \frac{a^2 dz}{\sqrt{a^4-z^4}} = \int_u^a \frac{a^2 du}{\sqrt{a^4-u^4}}$$

が成立する．この変数変換はレムニスケート曲線の弧長測定には役立たないが，ここには確かに，変数分離型微分方程式の代数的積分の探究という，楕円関数論における新理論の芽が萌していた．なぜなら，ファニャノの論文を一瞥したオイラーが認識したように，ファニャノが発見した上記の変数変換は，微分方程式

$$\frac{dz}{\sqrt{a^4-z^4}} = -\frac{du}{\sqrt{a^4-u^4}}$$

のひとつの代数的積分を与えていると解釈することができるからである．萌芽の発見は必ずしも理論の起源と同義ではないが，オイラーはファニャノが発見した萌芽の中に，変数分離型微分方程式論という，新理論の起源の発露を見たのである．この理論こそ変換理論の本流であり，オイラーに端を発し，ラグランジュ，ルジャンドル，ヤコビへと継承されていく中で大きく成長していった．

**レムニスケート曲線の等分理論**

ファニャノの発見には，楕円関数の等分理論にとっても注目に値する状勢が内包されている．なぜなら，ファニャノ自身が明るみに出したように，この発見の中にはレムニスケート曲線の全弧の幾何学的2等分の可能性という，めざましい事実が秘められているからである．ここで幾何学的等分というのは，定規とコンパスのみを用いて等分点を作図することを意味する．直線と円のみを用いる作図と言っても同じことになる．

ファニャノはさらに歩みを進め，レムニスケート曲線の全弧の幾何学的な3等分と5等分が可能であることを明らかにして，レムニスケート曲線の等分理論ともいうべき理論を構築した．ユークリッドの著作と伝えられる『原論』には正多角形の作図問題があり，ガウスはこれを円周の等分理論と見て新たな息吹をもたらしたが，ファニャノはレムニスケート曲線という円周とは別の曲線に対しても，等分理論が成立する可能性を示唆したのである．

そこで本章，第Ⅰ節でははじめにファニャノによる楕円積分，わけてもレム

ニスケート積分の変換理論を概観し，変換理論と等分理論という，楕円関数論の二潮流の共通の萌芽がまさに芽生えようとする瞬間を見たいと思う（第2節）．続いてファニャノの深い影響のもとに出現したオイラーの2論文に沿って，変換理論の三相のうち，変数分離型微分方程式の代数的積分の探索という側面の誕生の姿を観察し（第3節），最後にアーベルの等分理論に言及する（第4節）．

　アーベルの等分理論の鍵をにぎるのは虚数乗法をもつ楕円関数の変換理論である．アーベルは当初より正しくこの状勢を洞察した．等しくファニャノに共通の萌しを有する二筋の流れはアーベルの創意において融合し，その基盤の上に，虚数乗法論という楕円関数論の精華への道が開かれたのである．

## 2　ファニャノの楕円積分論

### 楕円の弧長測定

ファニャノの楕円関数論は下記の4篇の論文において展開された．

「一定理．楕円，双曲線およびサイクロイドの弧の新しい測定がそこから導出される．」
「レムニスケートを測定する方法　第1論文」
「レムニスケートの測定に関する第1論文に関する補足」
「レムニスケートを測定する方法　第2論文」

まず論文「一定理．楕円，双曲線およびサイクロイドの弧の新しい測定がそこから導出される．」を概観しよう．表題に見られる「一定理」は次のとおりである．

### 定理1

$h, l, f, g$ は定数とし，二つの微分式

$$X = \frac{\sqrt{hx^2 + l}}{\sqrt{fx^2 + g}} dx, \quad Z = \frac{\sqrt{hz^2 + l}}{\sqrt{fz^2 + g}} dz$$

を考えよう．$s$ は $+1$ または $-1$ のいずれかを表すとして，二つの変数 $x, z$ は相互に

$$(fhx^2z^2)^s + (flx^2)^s + (flz^2)^s + (gl)^s = 0 \tag{1}$$

という関係式で結ばれているとしよう．このとき微分式 $X + Z$ の積分は，$s = +1$ のときは

$$-\frac{hxz}{\sqrt{-fl}}$$

に等しく，$s = -1$ のときは

$$\frac{xz\sqrt{-h}}{\sqrt{g}}$$

に等しい．（ファニャノ『全数学論文集』，第2巻，336-337頁）

定理1の前半，すなわち $s = +1$ に対する部分は楕円の弧長測定に応用される．今，楕円の方程式を

$$\frac{x^2}{a^2} + \frac{y^2}{b^2} = 1 \quad (a, b > 0) \tag{2}$$

として，弧長計算を遂行してみよう．楕円の方程式の微分を作ると，$\frac{xdx}{a^2} + \frac{ydy}{b^2} = 0$．これより $\frac{dy}{dx} = -\frac{b^2x}{a^2y}$．この等式を基礎にして楕円の線素 $ds$ を計算すると，

$$ds = \sqrt{1 + \left(\frac{dy}{dx}\right)^2}\,dx = \sqrt{1 + \left(-\frac{b^2x}{a^2y}\right)^2}\,dx = \frac{\sqrt{\left(\frac{2b^2}{a} - 2a\right)x^2 + 2a^3}}{\sqrt{2a^3 - 2ax^2}}\,dx$$

となる．そこで，

$$h = \frac{2b^2}{a} - 2a, \quad l = 2a^3, \quad f = -2a, \quad g = 2a^3$$

と置くと，

$$ds = \frac{\sqrt{hx^2 + l}}{\sqrt{fx^2 + g}}\,dx$$

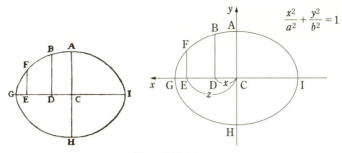

**図 1** 楕円 AGHI

という形になり，定理 1 で語られたとおりの状況が現れる．すなわち，定理 1 に記された二つの微分式は

$$X = \frac{\sqrt{hx^2 + 2a^3}}{\sqrt{2a^3 - 2ax^2}}dx, \quad Z = \frac{\sqrt{hz^2 + 2a^3}}{\sqrt{2a^3 - 2az^2}}dz$$

と表示される．ここでさらに，$x$ と $z$ は等式 (1) において $s = +1$ とするときに導かれる関係式

$$z = \frac{\sqrt{-flx^2 - gl}}{\sqrt{fhx^2 + fl}} = \frac{a\sqrt{2a^3 - 2ax^2}}{\sqrt{hx^2 + 2a^3}} \tag{3}$$

により相互に結ばれているとすれば，言い換えると，変数 $x$ を関係式 (3) により変数 $z$ に変換すれば，定理 1 により等式

$$\int_0^x X + \int_0^z Z = -\frac{hxz}{2a^2} + K$$

が与えられる．ここで，$K$ は定数である．

ところが，これは計算を実行すると諒解されることだが，この等式の左辺の二つの積分はいずれも楕円 (2) の弧長を表す楕円積分である．実際，楕円 (2) の周上に 2 点 B, F を取り，それらの点から $x$ 軸に向って下ろした垂線の足を D, E として，線分 CD, CE の長さをそれぞれ $x, z$ とすれば，積分 $\int_0^x X$, $\int_0^z Z$ はそれぞれ弧 $\widehat{AB}$, $\widehat{AF}$ の長さを表している（図 1 参照）．それゆえ，等式

$$\widehat{AB} + \widehat{AF} = -\frac{hxz}{2a^2} + K$$

が得られるのである．

定数 $K$ を決定するために $x = 0$ と置いてみよう．この場合，$z = a$. それゆえ $\widehat{\mathrm{AB}} = 0, \widehat{\mathrm{AF}} = \widehat{\mathrm{AG}}, -\dfrac{hxz}{2a^2} = 0$ となるので，$K = \widehat{\mathrm{AG}}$ となる．そうして $\widehat{\mathrm{AG}} - \widehat{\mathrm{AF}} = \widehat{\mathrm{GF}}$ であるから，結局，等式

$$\widehat{\mathrm{AB}} - \widehat{\mathrm{GF}} = -\frac{hxz}{2a^2}$$

が得られる．こうして，たとえ楕円の弧長それ自体の数値は算出不能としても，変数 $x, z$ の間に一定の関係式 (3) の成立が認められる限りにおいて，二つの弧長の差（それもまた弧長である）を測定することが可能となるのである．

**双曲線の弧長測定**

定理 1 の後半，すなわち $s = -1$ の場合を考えると双曲線の弧長測定が可能となる．この様子を観察するために，双曲線の方程式を

$$\frac{x^2}{a^2} - \frac{y^2}{b^2} = 1 \quad (a, b > 0) \tag{4}$$

として，楕円の場合と同様に弧長の線素を算出してみよう．双曲線の方程式の微分を作ると，$\dfrac{xdx}{a^2} - \dfrac{ydy}{b^2} = 0$. これより $\dfrac{dy}{dx} = \dfrac{b^2 x}{a^2 y}$. それゆえ，双曲線の線素 $ds$ は，

$$ds = \sqrt{1 + \left(\frac{dy}{dx}\right)^2} dx = \sqrt{1 + \left(\frac{b^2 x}{a^2 y}\right)^2} dx = \frac{\sqrt{\left(\dfrac{2b^2}{a} + 2a\right) x^2 - 2a^3}}{\sqrt{2ax^2 - 2a^3}} dx$$

という形になる．そこで

$$h = \frac{2b^2}{a} + 2a, \quad l = -2a^3, \quad f = 2a, \quad g = -2a^3$$

と置くと，定理 1 の二つの微分式 $X, Z$ は

$$X = \frac{\sqrt{hx^2 - 2a^3}}{\sqrt{2ax^2 - 2a^3}} dx, \quad Z = \frac{\sqrt{hz^2 - 2a^3}}{\sqrt{2az^2 - 2a^3}} dz$$

となる．ところが，今度は $X, Z$ の積分は双曲線 (4) の弧長積分である．実際，この双曲線の上に 2 点 B, F を取り，それらの点から $x$ 軸に下ろした垂線の足をそれぞれ D, E．線分 CD, CE の長さを $x, z$ で表すと，積分 $\displaystyle\int_a^x X, \int_a^z Z$

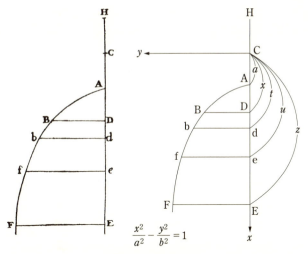

$$\frac{x^2}{a^2} - \frac{y^2}{b^2} = 1$$

図 2 双曲線 ABF

(これらもまた楕円積分である) はそれぞれ弧 $\widehat{\mathrm{AB}}$, $\widehat{\mathrm{AF}}$ の長さを表している (図2参照). 定理1により, 変数 $x, z$ の間に, 等式 (1) において $s = -1$ と置くと導かれる関係式

$$z = \frac{\sqrt{-ghx^2 - gl}}{\sqrt{fhx^2 + gh}} = \frac{a\sqrt{hx^2 - 2a^3}}{\sqrt{hx^2 - ha^2}} \tag{5}$$

が成立するならば, 言い換えると, 変数 $x$ をこの関係式によって変数 $z$ に変換すれば,

$$\widehat{\mathrm{AB}} + \widehat{\mathrm{AF}} = \int_a^x X + \int_a^z Z = \frac{xz\sqrt{h}}{a\sqrt{2a}} + K \tag{6}$$

が得られる. ここで, $K$ は定数である.

同様に, 双曲線 (4) の上に 2 点 b, f を取り, それらの点から $x$ 軸に下ろした垂線の足をそれぞれ d, e, 線分 Cd, Ce の長さを $t, u$ で表すとき (図2右参照), $t$ と $u$ の間にも (5) と同じ形の関係式

$$u = \frac{a\sqrt{ht^2 - 2a^3}}{ht^2 - ha^2} \tag{7}$$

が成立するとするなら, そのとき (6) と同型の等式

$$\widehat{\mathrm{Ab}} + \widehat{\mathrm{Af}} = \frac{tu\sqrt{h}}{a\sqrt{2a}} + K \tag{8}$$

が得られる．そこで等式 (6) から等式 (8) を引くと，等式

$$\widehat{\mathrm{Ff}} - \widehat{\mathrm{Bb}} = \frac{xz\sqrt{h}}{a\sqrt{2a}} - \frac{tu\sqrt{h}}{a\sqrt{2a}}$$

が得られる．こうして双曲線に対しても，楕円の場合と同様に，二つの弧の差として指定される弧の長さが求められる．

「求長不能曲線の弧長測定」という，楕円積分の変換理論の一側面は大略このようなものである．論文「一定理．楕円，双曲線およびサイクロイドの弧の新しい測定がそこから導出される．」にはもうひとつ，定理1のサイクロイドの弧長測定への応用が紹介されているが，ここでは省略する．

### レムニスケート曲線の弧長測定 (1) 楕円と双曲線の弧長測定への還元

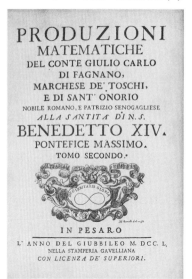

ファニャノ『全数学論文集』第 2 巻表紙

ファニャノのレムニスケート積分論は4篇の連作の主題である．論文「レムニスケートを測定する方法 第 1 論文」の冒頭で，ファニャノは研究の契機を次のように表明した．

二人の偉大な幾何学者，ベルヌーイ家のヤコブ氏とヨハン氏の兄弟は，1694年のライプチヒ集録に見られるように，イソクロナ・パラケントリカ（側心等時曲線）を作図するためにレムニスケートの弧を利用して，レムニスケートの名を高からしめた．レムニスケートよりも簡単な他の何らかの曲線を媒介としてレムニスケートを作図したなら，イソクロナ・パラケントリカのみならず，レムニスケートに依拠して作図することのできる他の無数の曲線の，いっそう完全な作図が達成されることは明らかである．（ファニャノ『全数学論文集』，第 2 巻，343 頁．「ライプチヒ集録」はオットー・メンケが 1682 年にライプチ

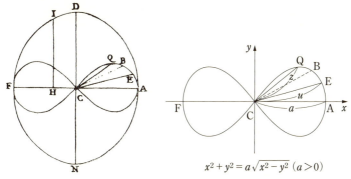

図 3　レムニスケート

ヒで創刊した『学術論叢』（Acta eruditorum）を指す）

　ファニャノの意図は，少なくとも一連の研究を生んだ基本的な動機に関する限り，このわずかな言葉で完全に語り尽くされている．イソクロナ・パラケントリカの作図がレムニスケートの曲線の作図に基づいて可能になるように，そのレムニスケート曲線もまた，より単純と見られる他の何らかの曲線の作図に依拠して測定されるのではあるまいか．ファニャノはそのような想定のもとに歩みを進め，レムニスケート曲線の弧長測定を首尾よく楕円と双曲線の弧長測定に帰着させる等式の発見に成功した．これによってレムニスケート曲線の作図は楕円と双曲線の作図に帰着されたと言えるのである．

　ファニャノとともに，レムニスケート曲線，楕円，双曲線の方程式をそれぞれ

$$x^2 + y^2 = a\sqrt{x^2 - y^2} \quad （図3） \quad (9)$$

$$x^2 + \frac{y^2}{2} = a^2 \quad （図4） \quad (10)$$

$$x^2 - y^2 = a^2 \quad （図5） \quad (11)$$

としよう．ここで，$a$ は正の定数を表している．このとき，これらの曲線の弧長はそ

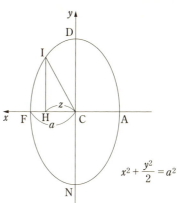

図 4　楕円 ADFNA

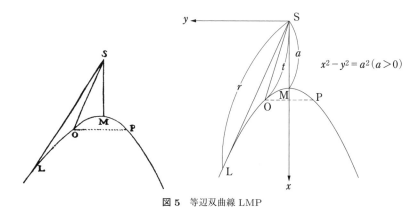

図 5　等辺双曲線 LMP

れぞれ次のような楕円積分で表される．

$$\text{レムニスケート曲線 } \widehat{\text{CQ}} = \int_0^z \frac{a^2 dz}{\sqrt{a^4 - z^4}}$$

図 3 参照．レムニスケート曲線上に任意の点 Q を取り，弦 CQ の長さ $z$ をパラメータとして採用する．この型の積分をレムニスケート積分と呼ぶ．

$$\text{楕円 } \widehat{\text{DI}} = \int_0^z \frac{\sqrt{a^2 + z^2}}{\sqrt{a^2 - z^2}} dz$$

図 4 参照．楕円上に任意の点 I を取り，I から $x$ 軸上に垂線 IH を下ろし，線分 CH の長さ $z$ をパラメータとして採用する．

$$\text{双曲線 } \widehat{\text{MO}} = \int_0^t \frac{t^2 dt}{\sqrt{t^4 - a^4}}$$

図 5 参照．双曲線上に任意の点 O を取り，線分 SO の長さ $t$ をパラメータとして採用する．

このような状勢のもとで，ファニャノはまず次の定理を提示した．

**定理 2**

二つの変数 $t, z$ が

$$t = a\frac{\sqrt{a^2+z^2}}{\sqrt{a^2-z^2}} \qquad (12)$$

という関係で相互に結ばれているとき，レムニスケート曲線，楕円，双曲線の弧長積分の間に，

$$\int_0^z \frac{a^2 dz}{\sqrt{a^4-z^4}} = \int_0^z \frac{\sqrt{a^2+z^2}}{\sqrt{a^2-z^2}} dz + \int_0^t \frac{t^2 dt}{\sqrt{t^4-a^4}} - \frac{zt}{a} \qquad (13)$$

という関係が成立する．（同上，第2巻，344頁）

この定理を幾何学的に解釈すると，3種類の曲線の弧長の間に成立する関係式

$$\widehat{CQ} = \widehat{DI} + \widehat{MO} - \frac{zt}{a} \qquad (14)$$

が得られるが，これによってレムニスケート曲線の弧長測定は楕円と双曲線の弧長測定に帰着される．ファニャノはこの状勢を指して，レムニスケート曲線の作図が楕円と双曲線の作図に帰着されたと言い表したのである（図3, 4, 5）．これがレムニスケート積分の理論におけるファニャノの最初の発見である．

続いてファニャノは次の定理を提示した．

**定理3**

二つの変数 $r, z$ が

$$r = \frac{a^2}{z} \qquad (15)$$

という関係で相互に結ばれているとき，レムニスケート曲線，楕円，双曲線の弧長積分の間に，

$$\int_z^a \frac{a^2 dz}{\sqrt{a^4-z^4}} = \int_z^a \frac{\sqrt{a^2+z^2}}{\sqrt{a^2-z^2}} dz + \int_0^r \frac{r^2 dt}{\sqrt{r^4-a^4}} - \frac{1}{z}\sqrt{a^4-z^4} \qquad (16)$$

という関係が成立する．（同上，第2巻，345頁）

前の定理の場合と同様に，幾何学的に解釈すると，この定理は

$$\widehat{\mathrm{QA}} = \widehat{\mathrm{IF}} + \widehat{\mathrm{ML}} - \frac{1}{z}\sqrt{a^4 - z^4} \tag{17}$$

という，3種類の弧長間の関係を教えている（図 3, 4, 5 参照．図 5 において，L は SL $= r$ となるような双曲線上の点を表している）．

### レムニスケート曲線の弧長測定 (2)　全弧の幾何学的 2 等分

　こうしてレムニスケート積分はファニャノが発見した 2 種類の変数変換 (12), (15) により楕円と双曲線の弧長積分へと還元されるが，この意味において論文「レムニスケートを測定する方法　第 1 論文」の冒頭に明記されたファニャノのねらいはみごとに達成されたと言える．ところがファニャノはここで思いがけない事態に遭遇した．その様子を観察するために，今，試みに変数変換 (12) の右辺の式において分子と分母を入れ換えて，

$$u = a\frac{\sqrt{a^2 - z^2}}{\sqrt{a^2 + z^2}} \tag{18}$$

という形の変換を取り上げてみよう．すると，今度はレムニスケート積分が変換されていく先はレムニスケート積分そのものにほかならず，

$$\int_0^z \frac{a^2 dz}{\sqrt{a^4 - z^4}} = \int_u^a \frac{a^2 du}{\sqrt{a^4 - u^4}} \tag{19}$$

という形の等式が成立するのである（同上，第 2 巻，347 頁）．これがファニャノの発見である．

　この定理の幾何学的意味もまた明瞭である．実際，レムニスケート曲線上に 2 点 Q, E を取り，弦 CQ, CE の長さをそれぞれ $z, u$ で表すとき，もし $z$ と $u$ の間に等式 (18) で表される関係が認められるなら，そのとき等式 (19) は

$$\widehat{\mathrm{CQ}} = \widehat{\mathrm{EA}} \tag{20}$$

となることを教えている（図 3 参照）．特に $z = u$ となる場合に着目すると，等式

$$z = u = a\frac{\sqrt{a^2 - z^2}}{\sqrt{a^2 + z^2}}, \quad \text{すなわち } z^4 + 2a^2 z^2 - a^4 = 0$$

から，$z$ と $u$ の共通の値

$$z = u = a\sqrt{\sqrt{2}-1}$$

が得られるが，等分理論の立場に立つと，この数値は瞠目に値する．なぜなら，今，レムニスケート上の点 B を弦 $\mathrm{CB} = a\sqrt{\sqrt{2}-1}$ となるように定めれば，レムニスケート曲線の（第1象限内の）全弧はこの点 B において2等分されるからである．

$z = u$ のとき，等式 (19) は

$$2\int_0^z \frac{a^2 dz}{\sqrt{a^4-z^4}} = \int_0^a \frac{a^2 du}{\sqrt{a^4-u^4}}$$

と書き直されるが，右辺の積分はレムニスケート曲線の（第1象限内の）全弧の長さを表している．それゆえ，左辺の積分の上限に現れる $z$ の値が満たす代数方程式 $z^4 + 2a^2z^2 - a^4 = 0$ はレムニスケート曲線の第1象限内の全弧の2等分方程式にほかならない．しかもその根は有理演算のほかに平方根を開くことのみを用いて組み立てられるのであるから，2等分点 B は幾何学的に，すなわち定規とコンパスのみを用いて，あるいはまた，さらに言い換えると，直線と円のみを補助に用いて作図可能であることもまた明らかである．レムニスケート曲線の弧長測定の探究はこうして突如新局面を迎え，レムニスケート関数の等分理論の端緒が開かれたのである．

**レムニスケート曲線の弧長測定 (3)　任意の弧の幾何学的 2 等分**

「レムニスケートを測定する方法　第1論文」におけるめざましい発見を受けて，ファニャノは次の論文「レムニスケートの測定に関する第1論文に関する補足」において，レムニスケート曲線の（第1象限内の）全弧の幾何学的2等分に関して若干の補足事項を書き加えた．続いて「レムニスケートを測定する方法　第2論文」にいたるとファニャノの探究は一段と際立った深まりを見せ，任意の弧の幾何学的2等分法と（第1象限内の）全弧の3等分法と5等分法が次々と発見された．その様子を概観しよう．

### 定理 4

二つの変数 $x, z$ の間に，関係式

$$x = \frac{\sqrt{1 \mp \sqrt{1-z^4}}}{z} \tag{21}$$

が成立するなら，二つの微分式の間に等式

$$\pm \frac{dz}{\sqrt{1-z^4}} = \frac{\sqrt{2}\,dx}{\sqrt{1+x^4}} \tag{22}$$

が成立する．（同上，第 2 巻，356 頁）

### 定理 5

二つの変数 $x, z$ の間に，関係式

$$x = \frac{\sqrt{1 \mp z}}{\sqrt{1 \pm z}} \tag{23}$$

が成立するなら，二つの微分式の間に等式

$$\mp \frac{dz}{\sqrt{1-z^4}} = \frac{\sqrt{2}\,dx}{\sqrt{1+x^4}} \tag{24}$$

が成立する．（同上，第 2 巻，356-357 頁）

### 定理 6

二つの変数 $x, u$ の間に，関係式

$$x = \frac{u\sqrt{2}}{\sqrt{1-u^4}} \tag{25}$$

が成立するなら，二つの微分式の間に等式

$$\frac{du}{\sqrt{1-u^4}} = \frac{1}{\sqrt{2}} \frac{dx}{\sqrt{1+x^4}} \tag{26}$$

が成立する．（同上，第 2 巻，357 頁）

### 定理 7

二つの変数 $x, u$ の間に，関係式

$$x = \frac{\sqrt{1-t^4}}{t\sqrt{2}} \qquad (27)$$

が成立するなら，二つの微分式の間に等式

$$-\frac{dt}{\sqrt{1-t^4}} = \frac{1}{\sqrt{2}} \frac{dx}{\sqrt{1+x^4}} \qquad (28)$$

が成立する．(同上，第2巻，358頁)

これらの一連の定理の証明手順は簡明で，計算を遂行するだけにすぎないが，事の本質はこのような諸事実が成立するという，ファニャノの発見それ自体に宿っている．また，ここまでの2論文では変換の対象は一貫して楕円積分だったが，論文「レムニスケートを測定する方法 第2論文」に移ると，今度は「変換されるもの」は積分式ではなく微分式である．後にオイラーが発見したように，このような状勢の中には変数分離型微分方程式の積分の理論という，ファニャノの変換理論に新しい視点からの解釈が芽生えている．実際，たとえば定理4において，式 (21) は微分方程式 (23) のひとつの代数的積分を与えていると考えられ，論理的に（決して「本質的に」ではない）見る限りファニャノをその第一発見者とみなすこともできるのである．

この立場に立てば，積分形で書かれている三つの定理 1-3 もまた新たな相貌を見せる．たとえば，定理1において，等式 (1) は微分方程式

$$X + Z = \begin{cases} \dfrac{-h}{\sqrt{-fl}}(xdz + zdx), & s = +1 \text{ のとき} \\ \dfrac{\sqrt{-h}}{\sqrt{g}}(xdz + zdx), & s = -1 \text{ のとき} \end{cases}$$

のひとつの代数的積分とみなされる，というふうに．

定理4において，式 (21) の右辺の複号 $\mp$ のうち負符号を取り，それに対応して式 (22) の左辺の複合 $\pm$ のうち正符号を取って得られる等式を定理6と組み合せると，次の定理が得られる．

**定理8**

二つの変数 $u, z$ の間に，関係式

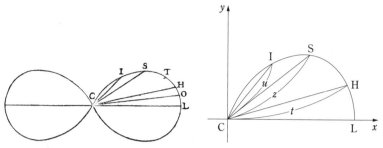

**図 6** レムニスケート

$$\frac{u\sqrt{2}}{\sqrt{1-u^4}} = \frac{1}{z}\sqrt{1-\sqrt{1-z^4}} \tag{29}$$

が成立するなら，二つの微分式の間に等式

$$\frac{dz}{\sqrt{1-z^4}} = \frac{2du}{\sqrt{1-u^4}} \tag{30}$$

が成立する．（同上，第 2 巻，360 頁）

そこで等式 (30) の両辺の積分を作ると，等式

$$\int_0^z \frac{dz}{\sqrt{1-z^4}} = 2\int_0^u \frac{du}{\sqrt{1-u^4}} \tag{31}$$

が得られるが，この等式は注目に値する幾何学的解釈を許容する．実際，レムニスケート曲線 $x^2+y^2 = \sqrt{x^2-y^2}$ の上に 2 点 I, S を取り，弦 CI, CS の長さをそれぞれ $u, z$ で表すと，等式 (31) の両辺に現れる二つのレムニスケート積分はそれぞれ弧 $\wideparen{\text{CI}}, \wideparen{\text{CS}}$ の長さを表している（図 6 参照）．それゆえ，今，任意に与えられた点 S に対して $z$ を計算し，その $z$ を用いて等式 (29) から $u$ の値を算出し，その $u$ の値を弦 CI の長さとする点 I を定めれば，等式

$$\wideparen{\text{CS}} = 2 \cdot \wideparen{\text{CI}} \tag{32}$$

が得られる．そうして $z$ の値から $u$ の値を算出するには，等式 (29) を解くことにより，

$$u = \sqrt{\frac{1-\sqrt{1-z^2}}{1+\sqrt{1+z^2}}} \tag{33}$$

というふうに，有理演算と開平のみを用いて遂行される．それゆえ，**レムニスケート曲線の任意の弧を幾何学的に 2 等分する方法**が，こうして確立されたのである．

逆に，等式 (29) を $z$ に関して解くと

$$z = \frac{2u\sqrt{1-u^4}}{1+u^4} \tag{34}$$

という表示が得られるが，この等式の右辺もまた有理演算と開平のみを用いて組み立てられている．それゆえ，幾何学的 2 等分の場合とまったく同様の論拠により，**レムニスケート曲線の任意の弧を幾何学的に 2 倍にする方法**もまた確立されたのである．

### レムニスケート曲線の弧長測定 (4)　全弧の幾何学的 3 等分

定理 4 に見られる等式 (21) の右辺と等式 (22) の左辺の複合 $\mp$ においてそれぞれ「$-$」と「$+$」を取り，定理 7 と組み合せると，次の定理が得られる．

**定理 9**

二つの変数 $t, z$ の間に等式

$$\frac{\sqrt{1-t^4}}{t\sqrt{2}} = \frac{1}{z}\sqrt{1-\sqrt{1-z^4}} \tag{35}$$

が成立するなら，二つの微分式の間に等式

$$\frac{dz}{\sqrt{1-z^4}} = -\frac{2dt}{\sqrt{1-t^4}} \tag{36}$$

が成立する．（同上，第 2 巻，361 頁）

等式 (36) の両辺の積分を作り，その結果を幾何学的に解釈すると，レムニスケート曲線上の 2 点 S, H を CS $= z$, CH $= t$ となるように定めるとき，

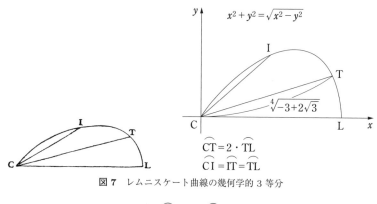

**図 7** レムニスケート曲線の幾何学的 3 等分

$$\widehat{CS} = 2 \cdot \widehat{HL}$$

となることが判明する（図 6 参照）．等式 (35) より，

$$z = \frac{2t\sqrt{1-t^4}}{1+t^4} \tag{37}$$

という表示式が得られるが，この式の右辺は有理演算と開平のみを用いて組み立てられている．それゆえ，任意に与えられた点 H に対し，$\widehat{CS} = 2 \cdot \widehat{HL}$ となるような点 S を幾何学的に指定することができるのである．

以上の事柄を基礎にして，**レムニスケート曲線の全弧**（つねに第 1 象限内に位置する部分の全体を意味する）**を幾何学的に 3 等分する方法**が導かれる（図 7 参照）．実際，等式 (35) において $z = t$ と置くと，**レムニスケート曲線の 3 等分方程式**という名が相応しい 8 次方程式

$$z^8 + 6z^4 - 3 = 0$$

が得られるが，これを解くと，

$$z = t = \sqrt[4]{-3 + 2\sqrt{3}}$$

という値が算出される．そこでレムニスケート曲線上の点 T を，弦 CT がこの値に等しい長さをもつように定めれば，$\widehat{CT} = 2 \cdot \widehat{TL}$ となる．弦 CT の長さを表す値は有理演算と開平のみを用いて構成されるから（4 乗根は開平を 2 回繰り返す），点 T は幾何学的に指定することができる．そこでさらに $\widehat{CI} =$

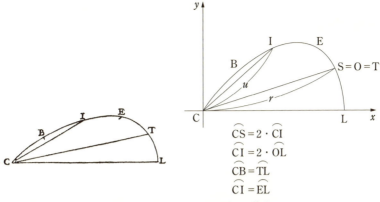

**図 8** レムニスケート幾何学的 5 等分

$\overgroup{TL}$ となるように点 I を定めれば（「レムニスケート曲線の弧長測定 (2) 全弧の幾何学的 2 等分」参照），レムニスケート曲線の全弧は 2 点 I, T において 3 等分されるのは明白である．

**レムニスケート曲線の弧長測定 (5) 全弧の幾何学的 5 等分**

レムニスケート曲線の全弧の幾何学的 5 等分もまた可能である（図 8 参照）．実際，レムニスケート曲線上に 3 点 I, S, O を取り，$CI = u, CS = z, CO = r$ と置こう．このとき，$z$ と $u$ が等式

$$z = \frac{2u\sqrt{1-u^4}}{1+u^4}$$

により相互に結ばれているなら，等式 $\overgroup{CS} = 2 \cdot \overgroup{CI}$ が成立する．さらに，$u$ と $r$ が等式

$$u = \frac{2r\sqrt{1-r^4}}{1+r^4}$$

により相互に結ばれているなら，等式 $\overgroup{CI} = 2 \cdot \overgroup{OL}$ が成立する．これらの二つの等式を結合すると，等式 $\overgroup{CS} = 4 \cdot \overgroup{OL}$ が得られる．それゆえ，$z = r$ となるように，言い換えると 2 点 S, O が同一の点 T において重なり合うように $u, z, r$ を定めれば，弧 $\overgroup{TL}$ はレムニスケート曲線の全弧の 5 分の 1 の長さをもつことになる．

そこで，この弧を用いて $\overparen{CB} = \overparen{TL}$ となるように点 B を定め，さらに $\overparen{CI} = \overparen{EL}$ となるように点 E を定めれば（「レムニスケート曲線の弧長測定 (2)　全弧の幾何学的 2 等分」参照），そのとき明らかにレムニスケート曲線の全弧は 4 点 B, I, E, T において 5 等分される．問題は $z = r$ となる $u, z, r$ の値を決定することだが，多少の計算の後に，これはレムニスケート曲線の 5 等分方程式

$$x^{24} + 50x^{20} - 125x^{16} + 300x^{12} - 105x^8 - 62x^4 + 5$$
$$= (x^8 - 2x^4 + 5)(x^{16} + 52x^{12} - 26x^8 - 12x^4 + 1) = 0$$

の解法に帰着されることが判明する．ファニャノ自身は計算の細部を読者の手にゆだねているが，後にガウスが再発見したように，この方程式は有理演算と開平のみを用いて解くことができる（高木貞治『近世数学史談』，36-37 頁参照）．それゆえ，その事実に呼応して，5 等分点 I, T の指定は幾何学的に遂行されることが明らかになるのである．

同様の考察をなお一歩進めると，**$n$ は $2 \times 2^m$，または $3 \times 2^m$，または $5 \times 2^m$（$m$ は任意の自然数）という形の数とするとき，レムニスケート曲線の全弧は幾何学的に $n$ 等分される**という事実が確立される．これがレムニスケート曲線の等分に関してファニャノが摘んだ果実のすべてである．ファニャノはこの結果を指して，「私の曲線の新しくて特異な性質 (una nuova e singolare proprietà delia mia curva)」（「レムニスケートを測定する方法　第 2 論文」の末尾の言葉．同上，第 2 巻，368 頁）と呼んだ．

## 3　変換理論の諸相

### 求長不能曲線の弧の比較

楕円関数論の歴史に多少とも心を寄せる人びとにとって，1751 年 12 月 23 日という日付は格別の思いをもって耳朶に響くことであろう．なぜなら，この日，オイラーはファニャノの楕円積分論にめぐりあい，長年にわたってゆく手をさえぎっていた微分方程式論の壁を打破するに足る，決定的な契機をつかんだからである．アンドレ・ヴェイユはこの出会いの様子を活写して，こんなふうに語っている．

1751年12月23日，出版されてまもないファニャノの『全数学論文集』（全2巻）がベルリンの科学アカデミーに到着し，オイラーの手にわたった．第2巻には，1714年から1720年にかけて，知る人もないイタリアの雑誌に掲載されて，目にする人もなく放置されたままになっていた楕円積分に関するいくつかの論文が収録されていた．ほんの数頁に目を通したオイラーはたちまち情熱をかきたてられた．1752年1月27日，オイラーは科学アカデミーに1篇の論文を提出した．そこにはファニャノが得た主だった結果の解説とともに，オイラー自身が明らかにした結果も添えられていた．
（ヴェイユ『数論：ハンムラビからルジャンドルにいたる歴史を通じてのアプローチ』，245頁）

ここで言及されているオイラーの論文は

[E252] 「求長不能曲線の弧の比較に関する観察」

である．全体は3部に分かれ，それぞれ

I 楕円
II 双曲線
III レムニスケート

という小見出しが附されている．しばらくこの論文に追随し，オイラーの思索が変数分離型微分方程式の代数的積分の探索に向けて収斂していく様子を概観したいと思う．

楕円と双曲線の弧長測定に関するオイラーの叙述は，オイラー自身，楕円と双曲線について，「私はこれ以上（註．すなわち，ファニャノを越えて）究明を進めることはできない」（『全作品集』，第1系列，第20巻，82頁）と語っているように，本質的にファニャノの発見の簡明な再構成の域を出るものではない．だが，レムニスケート曲線に関しては事情が異なり，ヴェイユも言うよ

うに,「オイラー自身が明らかにした結果」が付け加えられている. オイラーもまた,

> レムニスケート曲線に対しては, 同じ歩みを押し進めて, 決して無数というわけではないにしても, はるかに多くの等式を見つけた. それらの助けを借りて, 私は, 等しいか, もしくは相互比 2 をもつような二つの弧を無限に多くの仕方で定めることができるばかりではなく, どのような相互比をもつ二つの弧を定めることもまたできるのである. (同上, 82 頁)

と語っている. この言葉により, 論文 [E252] の表題に見られる「求長不能曲線の弧の比較」という言葉の意味ははっきりと諒解される.

実際, オイラーはここで「等しい長さをもつ二つの弧」, および「相互比 2 をもつ二つの弧」を指定する方法に言及しているが, もとよりこれらはファニャノの発見を新たな視点から見直したのである (前者については等式 (18), (19), (20) 参照. 後者はレムニスケート曲線の任意の弧を幾何学的に 2 等分もしくは 2 倍にする方法を指している. 定理 8 参照). このような解釈の延長線上に,「任意の相互比をもつ二つの弧」を指定する方法への道がおのずと開かれてくるが, それはまた一般の変数分離型微分方程式の代数的積分の探索へと向う道でもある.

**レムニスケート曲線の弧の比較**

レムニスケート曲線上の 2 点 $M, M^n$ に対し, 弧 $\overparen{CM^n}$ の長さが弧 $\overparen{CM}$ の長さの $n$ 倍に等しいとき, オイラーにならって $\overparen{CM^n}$ を $\overparen{CM}$ の $n$ 倍弧と呼ぶことにする. このとき, 一般に弧 $\overparen{CM}$ とその $n$ 倍弧 $\overparen{CM^n}$ が与えられたとき, 次の定理により $\overparen{CM}$ の $n+1$ 倍弧を幾何学的に描くことができる.

**定理 10** (図 9 参照)

弧 $\overparen{CM}$ とその $n$ 倍弧 $\overparen{CM^n}$ の弦 $CM, CM^n$ の長さをそれぞれ $z, u$ で表すとき, 弧 $\overparen{CM}$ の $n+1$ 倍弧 $\overparen{CM^{n+1}}$ の弦 $CM^{n+1}$ の長さ $v$ は

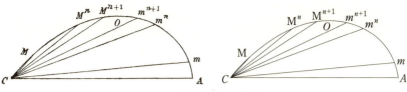

図 9　$n$ 倍弧から $n+1$ 倍弧へ

$$v = \frac{z\sqrt{\dfrac{1-u^2}{1+u^2}} + u\sqrt{\dfrac{1-z^2}{1+z^2}}}{1 - uz\sqrt{\dfrac{(1-u^2)(1-z^2)}{(1+u^2)(1+z^2)}}} \tag{38}$$

で与えられる．（同上，100 頁）

この定理を繰り返し適用すると，レムニスケート曲線上に任意に与えられた点 M に対し，弧 $\overparen{\text{CM}}$ の 2 倍弧 $\overparen{\text{CM}}^2$, 3 倍弧 $\overparen{\text{CM}}^3$, 4 倍弧 $\overparen{\text{CM}}^4$, $\cdots$ を次々と描いていくことができる．たとえば，弦 CM $= z$ と置くと，

$$\text{CM}^2 = \frac{2z\sqrt{1-z^4}}{1+z^4}$$
$$\text{CM}^3 = \frac{z(3-6z^4-z^8)}{1+6z^4-3z^8}$$
$$\text{CM}^4 = \frac{4z(1+z^4)(1-6z^4+z^8)\sqrt{1-z^8}}{(1+z^4)^4 + 16z^4(1-z^4)^2}$$

というふうに進んでいく．このようにして，任意に与えられた $z$ と $n$ に対し，等式

$$\int_0^u \frac{du}{\sqrt{1-z^4}} = n \int_0^z \frac{dz}{\sqrt{1-z^4}} \tag{39}$$

を満たす $u$ の値が定められるのであるから，オイラーはいわば**レムニスケート積分の倍角の公式**を明るみに出したのである．

そこでこの公式を用いて任意の自然数 $n, m$ に対して $n$ 倍弧 $\overparen{\text{CM}}^n$ と $m$ 倍弧 $\overparen{\text{CM}}^m$ を作れば，これらの二つの弧の長さは相互比 $n : m$ をもつ．高々 2 倍弧の作図に限定されていたファニャノの方法に比して，オイラーは確かに完全に一般的な状況を明るみに出したのである．

## 倍角の公式と変数分離型微分方程式

オイラーの真価が真に発揮されるのは，論文 [E252] の末尾に附されている「註釈 2」においてである．オイラーは上記の諸結果は変数分離型微分方程式の視点からの解釈を許容することを明晰判明に表明した．次に引くのはオイラーの言葉である．

これらの観察を通じて，積分計算の侮るべからざる進展がもたらされる．それというのも，われわれはこれらの観察のおかげで，一般にほとんど積分を期待できそうにないきわめて多くの微分方程式の，特別の積分を提示することができるからである．微分方程式

$$\frac{du}{\sqrt{1-u^4}} = \frac{dz}{\sqrt{1-z^4}}$$

が提出されたとき，積分 $u = z$ は自明なのでこれは別にして，われわれは $u = -\sqrt{\dfrac{1-zz}{1+zz}}$ もまたこの微分方程式を満たすことを知った．一般に積分は任意定量——それを $C$ とする——を含むから，$u$ は量 $z$ と $C$ の関数である．その関数は $C$ の何らかの値に対しては $u = z$ となり，他の何らかの値に対しては $u = -\sqrt{\dfrac{1-zz}{1+zz}}$ となるという性質を備えている．こうして二つの値が存在し，それらをこの定量 $C$ に割り当てるとき，上記の関数はごく簡単な代数的式に変わるのである．

同様に，方程式

$$\frac{du}{\sqrt{1-u^4}} = \frac{2dz}{\sqrt{1-z^4}}$$

が提示されたとき，この方程式を満たすことが判明した二つの値

$$u = \frac{2z\sqrt{1-z^4}}{1+z^4} \quad \text{と} \quad u = \frac{-1+2zz+z^4}{1+2zz-z^4}$$

が得られる．（註．前者はファニャノが得た．後者については，ファニャノ自身は明記しているわけではないが，ファニャノが得た諸結果から容易に導かれる．）そうして同時に，われわれは一般に方程式

$$\frac{mdu}{\sqrt{1-u^4}} = \frac{ndz}{\sqrt{1-z^4}}$$

を満たす一対の値を提示する方法を示したが，これによってこの方程式の一般積分の発見への道が十分に準備されたように思われる．
(同上，第1系列，第20巻，105-106頁．微分方程式の積分もしくは解とは，微分方程式を生成する力のある変数間の大域的関係式のことである．その関係式が代数方程式で書き表されるとき，積分は代数的と言われる．オイラーが探索しているのは一貫して代数的積分である．)

求長不能曲線の弧の比較から変数分離型微分方程式の代数的積分の探究へ．ファニャノの発見の根底にあるものに向けられたオイラーの洞察は，こうしてひときわ深い深まりを見せ，まったく新しい世界が開かれた．オイラーの論文

[E251] 「微分方程式 $\dfrac{mdx}{\sqrt{1-x^4}} = \dfrac{ndy}{\sqrt{1-y^4}}$ の積分について」

は，この新世界へと向う最初の一歩の記録である．

**レムニスケート積分の加法公式**

オイラーの論文 [E251] には「定理」の名をもつ唯一の命題が登場する．この全篇の基礎を作る命題は次のとおりである．

**定理 11**

微分方程式

$$\frac{dx}{\sqrt{1-x^4}} = \frac{dy}{\sqrt{1-y^4}} \tag{40}$$

の完全積分は，$c$ は定数として，

$$x^2 + y^2 + c^2 x^2 y^2 = c^2 + 2xy\sqrt{1-c^4} \tag{41}$$

という形をもつ．(同上，第1系列，第20巻，100頁．ここで語られているのは代数的な完全積分である．「完全積分」は「一般解」と同じ．)

完全代数的積分 (41) において $c = 0$ と置けば，$x^2 + y^2 = 2xy$ となる．これより $(x-y)^2 = 0$．それゆえ $x = y$ となるが，この等式は微分方程式 (40) の自明な解である．また，$c = 1$ と置けば，等式

$$x^2 + y^2 + x^2 y^2 = 1$$

が得られるが，これはファニャノが発見してオイラーが認識した特殊解 $x = -\sqrt{\dfrac{1-y^2}{1+y^2}}$ にほかならない．

完全代数的積分 (41) にはレムニスケート積分の倍角の公式の根底に横たわる一般公式，すなわち**加法公式**が宿っている．今，微分方程式 (40) の両辺の積分を作ると，

$$\int_0^x \frac{dx}{\sqrt{1-x^4}} = \int_0^y \frac{dy}{\sqrt{1-y^4}} + C \tag{42}$$

という形になる．ここで，$C$ は定数を表すが，これを決定するために，まず等式 (41) により $y = 0$ のとき $x = c$ となることに留意して，そのうえで等式 (42) において $x = c, y = 0$ と置くと，

$$C = \int_0^c \frac{dc}{\sqrt{1-c^4}}$$

という表示が得られる．すなわち，定数 $C$ はそれ自身がレムニスケート積分の形をもつという，めざましい状勢が明るみに出されるのである．

これで，等式 (42) は，

$$\int_0^x \frac{dx}{\sqrt{1-x^4}} = \int_0^y \frac{dy}{\sqrt{1-y^4}} + \int_0^c \frac{dc}{\sqrt{1-c^4}} \tag{43}$$

と表記され，しかも三つのレムニスケート積分の上限 $x, y, c$ の間の関係は，等式 (41) により，

$$x = \frac{y\sqrt{1-c^4} + c\sqrt{1-y^4}}{1+c^2 y^2} \tag{44}$$

という形に書き表されるのであるから，これによって，与えられた $c$ と $y$ の値から $x$ の値を算出することが可能になる．

等式 (43) は，**二つのレムニスケート積分の和はつねに 1 個のレムニスケート積分と等置可能である**という，真に注目に値する解釈を許容する．これがレ

ムニスケート積分の加法公式である．オイラーはこの加法公式から，本章の定理 10 を導出した．ここで，定理 10 における等式 (38) は

$$v = \frac{z\sqrt{1-u^4} + u\sqrt{1-z^4}}{1+u^2z^2}$$

と同じものであることに注意しなければならない．オイラーはこのようして倍角の公式の背景にあるものを解明し，楕円関数論の出発点を定めたのであった．

**微分方程式 $\dfrac{mdx}{\sqrt{1-x^4}} = \dfrac{ndy}{\sqrt{1-y^4}}$ の代数的積分**

加法公式 (43) を梃子にして，論文 [E251] の表題に言われている微分方程式

$$\frac{mdx}{\sqrt{1-x^4}} = \frac{ndy}{\sqrt{1-y^4}} \quad (m, n \text{ は任意の整数})$$

の完全代数的積分を求めることができる．今，$n$ は任意の整数として，微分方程式

$$\frac{dz}{\sqrt{1-z^4}} = \frac{ndu}{\sqrt{1-u^4}} \tag{45}$$

の完全代数的積分

$$F(z, u) = 0 \tag{46}$$

が知られているものとしよう．このとき，

$$x = \frac{z\sqrt{1-u^4} \pm u\sqrt{1-z^4}}{1+u^2z^2} \tag{47}$$

と置けば，加法公式により，

$$\begin{aligned}
\int_0^x \frac{dx}{\sqrt{1-x^4}} &= \int_0^z \frac{dz}{\sqrt{1-z^4}} \pm \int_0^u \frac{du}{\sqrt{1-u^4}} \\
&= n \int_0^u \frac{du}{\sqrt{1-u^4}} + C \pm \int_0^u \frac{du}{\sqrt{1-u^4}} \\
&= (n \pm 1) \int_0^u \frac{du}{\sqrt{1-u^4}} + C \quad (C \text{ は定数})
\end{aligned}$$

となる．よって，

$$\frac{dx}{\sqrt{1-x^4}} = \frac{(n\pm 1)du}{\sqrt{1-u^4}}. \tag{48}$$

それゆえ，二つの式 (46), (47) から $z$ を消去して得られる等式は微分方程式 (48) の完全代数的積分である．そこで微分方程式 (40) の完全代数的積分 (41) から出発して，同様の手順を繰り返し適用していけば，結局，任意の整数 $n$ に対して，微分方程式 (45) の完全代数的積分が得られるのである．

そこで今，任意の二つの整数 $n, m$ に対し，微分方程式

$$\frac{dx}{\sqrt{1-x^4}} = \frac{ndu}{\sqrt{1-u^4}}, \quad \frac{dy}{\sqrt{1-y^4}} = \frac{mdu}{\sqrt{1-u^4}}$$

の代数的積分 $F(x,u)=0$, $G(y,u)=0$ が見出だされたとして，一方は完全積分，もう一方は特殊積分としよう．このとき，これらの二つの積分から変数 $u$ を消去して得られる $x$ と $y$ の間の方程式は，微分方程式

$$\frac{mdx}{\sqrt{1-x^4}} = \frac{ndy}{\sqrt{1-y^4}}$$

の完全代数的積分である．

この著しい成果に続いて，オイラーは着実に一般化の道を歩み，変数分離型微分方程式

$$\frac{mdx}{\sqrt{A+2Bx+Cx^2+2Dx^3+Ex^4}} = \frac{ndy}{\sqrt{A+2By+Cy^2+2Dy^3+Ey^4}}$$

の完全代数的積分に到達した（同上，第 1 系列，第 20 巻，75 頁）．オイラーはさらに，

$$\frac{dx}{\sqrt{f+gx^6}} = \frac{dy}{\sqrt{f+gy^6}}$$

という形の微分方程式の完全積分を求めることにも成功した（同上，79 頁）が，これはすでに楕円積分論を越えた世界に属する出来事である．ファニャノというよい触媒を得て，オイラーは無限解析の場に新たな豊饒の土地を発見したのである．

**オイラー以降の変換理論**

　オイラーの探究を受けて，ラグランジュ，ルジャンドル，ヤコビ，アーベルという人びとが相次いでオイラーの開いた土地を訪れて，手を携えて変換理論を建設した．まずラグランジュは論文「不定変化量は分離されているが，各辺はどちらもそれ自身としては積分可能ではないという，二，三の微分方程式の積分について」において，オイラーがすでに [E251] で取り上げた微分方程式

$$\frac{dx}{\sqrt{\alpha+\beta x+\gamma x^2+\delta x^3+\varepsilon x^4}}=\frac{dy}{\sqrt{\alpha+\beta y+\gamma y^2+\delta y^3+\varepsilon y^4}}$$

を再び取り上げて，オイラーとは異なる「直接的方法」(ラグランジュの言葉) を用いて完全代数的積分を導出した．オイラーの方法は完全積分の候補をあらかじめ想定しているので直接的とは言えないが，その点を指して，ラグランジュは「一種の幸いな偶然に基づくにすぎない」(ラグランジュ『著作集』，第2巻，10頁) と批評した．ただし，これは批判ではなく，既知の方法では得られないだけにいっそう注目に値するという文脈で語られたほめ言葉である．

　続いて，論文「変化量がそのもとで4次を越えない平方根をもつ微分に対する積分計算のひとつの新しい方法について」では，変換理論に基づいて楕円積分の値の近似値を求めるための計算方法が提示された．この論文において，ラグランジュは完全に一般的な形の楕円積分

$$\int P(x,y)dx$$

($P(x,y)$ は $x$ と $y$ の有理式．$y$ は $y=\sqrt{a+bx+cx^2+ex^3+fx^4}$ という形の冪根を表す．)

から出発し，何段階もの還元を繰り返した末に，最後にこの積分の計算を

$$\int\frac{Mdx}{\sqrt{(1\pm p^2x^2)(1\pm q^2x^2)}}$$

という形の楕円積分に帰着させた．ここで，$M$ は $x$ の有理関数であり，$p$ と $q$ は定数を表している．近似計算法それ自体はともあれ，ここには「楕円積分の標準形」という着想がくっきりと姿を現している．

ルジャンドルはこれを継承し，著作『楕円関数とオイラー積分概論』（全3巻．1825-1828年）の第1巻，第V章において楕円積分の3種類の標準形

(第1種) $\displaystyle\int \frac{dx}{\sqrt{(1-x^2)(1-\kappa^2 x^2)}}$ （$\kappa$ は定数）

(第2種) $\displaystyle\int \sqrt{\frac{1-\kappa^2 x^2}{1-x^2}}\, dx$ （$\kappa$ は定数）

(第3種) $\displaystyle\int \frac{dx}{(1+nx)\sqrt{(1-x^2)(1-\kappa^2 x^2)}}$ （$\kappa, n$ は定数）

を提示し，任意の楕円積分はこれらに帰着されることを明らかにした．

ルジャンドルの著作は当時の楕円関数論を集大成した大著である．第1巻はファニャノからルジャンドル自身へといたる前期楕円関数論の理論展開の叙述であり，第2巻は幾何学と力学への応用にあてられている．第3巻は刊行当時（1828年）に出現したアーベルの超楕円積分論の紹介である．

ルジャンドルによる楕円積分の標準形の確立という出来事を受けて，変換理論は新たな形態を備えるにいたった．それは，

$$\frac{dx}{\sqrt{(1-x^2)(1-\kappa^2 x^2)}} \quad (\kappa \text{ は定数}) \tag{49}$$

という形の微分式が与えられたとき，これを同型の微分式に変換する有理変換

$$y = \frac{U(x)}{V(x)} \quad (U(x), V(x) \text{ は } x \text{ の多項式}) \tag{50}$$

を見つけることと定式化される問題である．いっそう具体的には，適切な定数 $\lambda$ と $M$ を用いるとき，等式

$$\frac{dy}{\sqrt{(1-y^2)(1-\lambda^2 y^2)}} = \frac{dx}{M\sqrt{(1-x^2)(1-\kappa^2 x^2)}} \tag{51}$$

が満たされるように，さまざまな有理変換 (50) を見つけることが問題になるであろう．この場合，有理式 (50) は変数分離型微分方程式 (51) の代数的積分とみなしうるのであるから，この形の変換問題は依然としてオイラーの思想圏内にあると言えるのである．

微分方程式 (51) において $\lambda^2 = \kappa^2 = -1$ と置き，乗法子 $M$ は有理数とすれば，オイラーが論文 [E251] で考察したものと同形の微分方程式が生じる．た

だし，オイラーは微分方程式の積分の範囲を有理式に限定しているわけではない．

ここで，微分式 (49) の積分

$$\int \frac{dx}{\sqrt{(1-x^2)(1-\kappa^2 x^2)}}$$

はルジャンドルの分類法でいうと第 1 種楕円積分であり，$\kappa$ はこの積分のモジュールと呼ばれる定数である．この型の変換問題はルジャンドルに始まるが，ヤコビはこれを継承してきわめて一般的な状勢を解明し，まとまりのある理論を構成した．ヤコビの著作『楕円関数論の新しい基礎』（1829 年）の前半の第 1 部は，この研究に捧げられている．（後半の第 2 部の主題はテータ関数に基づく楕円関数論の再構成である．）

## 4 楕円関数の等分に関するアーベルの理論

### アーベルの変換理論

ヤコビと踵を接するかのように，アーベルもまた変換理論の解決に大きく貢献した．わけても重い位置を占めるのは下記の 3 篇の論文である．

「楕円関数研究」（1827-1828 年）
「楕円関数の変換に関するある一般的問題の解決」（1828 年）
「前論文への附記」（1828 年）

論文「楕円関数研究」の主題は楕円関数の等分理論だが，第 9 章と末尾に附された「前論文への附記」（この附記は「楕円関数研究」に対する附記である）では変換問題が取り上げられた．この附記はヤコビの書簡「シューマッハー氏に宛てられたケーニヒスベルク大学のヤコビ氏の 2 通の書簡の抜粋」（1827 年）に対抗して急遽書き加えられたのである．

アーベルは第 1 種楕円積分

$$\alpha = \int_0^x \frac{dx}{\sqrt{(1-c^2 x^2)(1+e^2 x^2)}}$$

の逆関数 $x = \varphi(\alpha)$ を考察し，この関数の基礎的諸性質の究明を全理論の根底に据えた．$c = e = 1$ のときはこの積分はレムニスケート積分であり，その逆関数はレムニスケート関数と呼ばれる．ヤコビは即座にこのアイデアの真価を認め，みずからの研究に取り入れた．アーベル自身はこの新しい研究対象に特別の名前を与えたわけではないが（1828 年 11 月 25 日付のルジャンドル宛書簡に「第 1 種逆関数」という即物的な呼称が見られる程度である），この関数こそ，西欧近代の数学史に現れた楕円関数の原型である．

### 二潮流の融合と虚数乗法論への道

変換理論における楕円関数の働きについて，ここで詳述するゆとりはないが，他方，楕円関数というものの本来の面目は必ずしも変換理論において現れるというわけではない．なぜなら，楕円関数とは元来，等分理論の真実の対象であるべきものとしてアーベルが導入したものだからである．等分理論において等分されるべきもの．それが楕円関数である．

アーベルは論文「楕円関数研究」において楕円関数の等分理論を組織的に展開し，全体の骨格を明らかにした．まずはじめに遂行しなければならないのは，楕円関数の基礎的諸性質を確立することであった．そうして一般等分方程式の解法は周期等分方程式の解法に帰着されることを示し，続いて周期等分方程式は一般に代数的に可解ではないという認識を表明した（アーベル『全著作集』，第 1 巻，314 頁）．楕円関数の等分理論の歩みはここに始まるのである．

アーベルは周期等分方程式の代数的可解条件の究明に向い，まず 4 で割ると 1 が余る素数，すなわち $4n + 1$ 型の素数 $p$ に対して，レムニスケート関数の周期 $p$ 等分方程式はつねに代数的に可解であること，特に $p$ が $1 + 2^n$ という形をもつ場合には，この方程式の根は有理演算と開平のみを用いて組み立てられることを示し（同上，352-362 頁），ファニャノの諸結果をはるかに凌駕した．この鮮やかな成果はレムニスケート関数に備わっているある著しい性質，すなわちガウス整数を虚数乗法子として許容するという性質に支えられて成立するが，一般の楕円関数の場合にも，周期等分方程式の代数的可解条件は，等分されるべき楕円関数が虚数乗法をもつことに求められるであろう．アーベルの等分理論は虚数乗法論へと続く道を開くのである．

「虚数乗法をもつ楕円関数」の概念はすでに「楕円関数研究」に現れている. 実際, アーベルはこの論文で変数分離型微分方程式

$$\frac{dy}{\sqrt{(1-y^2)(1+\mu y^2)}} = a\frac{dx}{\sqrt{(1-x^2)(1+\mu x^2)}} \qquad (\mu \text{ は定数}) \quad (52)$$

の代数的可積分条件を考察しているが——これはそれ自体としては変換理論に所属する問題である——, 第1種楕円関数

$$\theta = \int_0^x \frac{dx}{\sqrt{(1-x^2)(1+\mu x^2)}}$$

の逆関数 $x = \lambda(\theta)$ に移行すれば, この条件は**二つの楕円関数 $\lambda(a\theta)$ と $\lambda(\theta)$ の間にある代数的関係が成立すること**, すなわち, 特に乗法子 $a$ が虚数の場合には, **楕円関数 $\lambda(\theta)$ が虚数乗法をもつこと**と同等である. そうしてアーベルの発見によれば, **虚数乗法をもつ楕円関数の虚数乗法子は任意ではあり得ず, 虚2次数でなければならない**（同上, 第1巻, 377頁）のであるから, アーベルは虚数乗法子を伴う変換問題へと移った瞬間に, まったく新しい事態に直面したと言えるのである.

レムニスケート積分に関するファニャノの思索に共通の萌芽を有する二つの理論, すなわち変換理論と等分理論はアーベルの楕円関数論の場において融合し, 虚数乗法論の萌芽が現れた. クロネッカーはこの萌しの中に虚数乗法論の可能性を認め, 抽出することに成功した. 代数方程式論と楕円関数論が一体となって展開するクロネッカーの数論の世界が, ここから開かれていったのである.

# II クレルレの手紙

## 1 ペテルブルクとゲッチンゲンからの手紙

ベルリンのクレルレはアーベルの就職のために尽力し, アーベルに宛ててしばしば手紙を書いた. 次に引くのは1828年5月18日付のクレルレからアー

ベルへの手紙の一部分だが，アーベルの数学研究に寄せるフスやガウスの評価を伝えている．

> あなたのお仕事はますます高く評価されはじめています．フス氏はサンクト・ペテルブルクから，あなたのお仕事は大きな喜びをもたらしたと，私に書いてきています．ゲッチンゲンのガウス氏には，彼が30年以上も研究を重ねてきたという楕円関数について何らかの事柄を私のもとに送ってくれるようにと依頼したのですが，次のようなことを書いてきています．

> ほかにいろいろな仕事がありますので，今のところ，それらの研究をまとめる余裕がありません．アーベル氏は，この仕事の少なくとも3分の1について，私の先を行きました．アーベル氏は私が1798年に到達した道にぴったりと沿って歩んできています．そのため，大部分について同じ諸結果に達したからといって，驚くほどのことはありませんでした．それに，アーベル氏の叙述は洞察力と美しさを兼ね備えていますので，もう同じ諸問題を叙述しなくてもすむという気がしています．

> このガウス氏の判定は私を多いに喜ばせてくれました．（『生誕100年記念文集』，65頁）

サンクト・ペテルブルクのフスというのはパウル・ハインリッヒ・フスという人である．父のニコラウス・フスはオイラーと同郷の数学者，母はオイラーの娘であるから，ハインリッヒ・フスはオイラーを祖父にもつ人物である．1823年からペテルブルク科学アカデミーの会員であった．

フスはアーベルの数学研究を見て何かしら感知するものがあったのであろう．かつてアーベルの「不可能の証明」を一蹴したガウスも，アーベルの楕円関数研究は高く評価している模様である．1828年5月のアーベルは数学者としての名声が高まりつつあったと言えそうだが，アーベルに残された時間はす

でに 1 年足らずになっていた．

## 2　ヤコビの言葉とルジャンドルの言葉

クレルレからアーベルへの手紙をもう 1 通，引きたいと思う．それは 1828 年 9 月 10 日付の手紙で，『生誕 100 年記念文集』に抜粋が収録されている．もっともこの抜粋に書かれているのはクレルレ自身の言葉ではなく，ヤコビとルジャンドルの言葉である．ヤコビとルジャンドルがクレルレに手紙を書き，そこにアーベルを語る好意に満ちた言葉が書き留められていた．クレルレはそれらをアーベルに伝えたいと思ったのであろう．

ルジャンドル

　　［ヤコビの言葉］
　　アーベル氏は新しい道を通って私の変換理論に到達しました．他の領域ではアーベル氏は私よりも先に進んでいたのですが，変換理論では私のほうがアーベル氏の先を行っていたのです．

　　あなたの雑誌（註．『クレルレの数学誌』）に掲載されている 1 論文で，アーベル氏は，われわれの変換理論が完全に確立されたことを示しています．私は，この証明は解析学の最高にみごとな数々の傑作のひとつと思います．（同上，69 頁）

ここでヤコビが言及しているのはアーベルの論文「楕円関数研究」の後半である．ヤコビはまだ会ったことのないアーベルの力量を率直に評価した．
　クレルレは，続いてルジャンドルの手紙の文言を紹介した．

　　［ルジャンドルの言葉］
　　あなたが若いアーベル氏について私に語っていることは，楕円関数に

関するアーベル氏の魅力的な論説が掲載されているあなたの雑誌の分冊をひとわたり目を通して，彼の偉大な才能について私が心に抱いた考えと完全に一致します．ポアソン氏は昨年，ヤコビ氏の美しい発見の通知をシューマッハー氏の雑誌と著者の手紙により受け取ってまもないころ，あなたが彼のもとに送った分冊を私のもとに送り届けてくれました．（同上，69-70頁）

ルジャンドルが言及しているアーベルの「論説」というのは，『クレルレの数学誌』の第2巻の第2分冊に掲載された「楕円関数研究」の前半のことである．刊行されたのは1827年9月20日である．クレルレはこの分冊をポアソンに送り，ポアソンはそれをルジャンドルに見せたのである．この時期の楕円関数論研究の中心にいたのはルジャンドルであるから，楕円関数論に関する情報はみなルジャンドルのもとに集まったのであろう．

1827年9月にはヤコビの数学ノートがシューマッハーの『天文報知』第6巻，第127号に掲載されたが，そのノートというのはヤコビがシューマッハーに宛てた2通の書簡の抜粋であった．手紙の日付は1827年6月13日と8月2日である．ルジャンドルはヤコビのノートが掲載された『天文報知』を受け取ったが，それに先立ってヤコビからも手紙を受け取っていた．その手紙の日付は1827年8月5日である．ヤコビがルジャンドルに手紙を書いたのも，ルジャンドルが楕円関数論研究の第一人者と見られていたからである．

ルジャンドルにすれば，1827年9月の時点でアーベルとヤコビを同時に認識したことになる．実際にはその前年の1826年の秋に，ルジャンドルはパリでアーベルの訪問を受けていたのだが，ルジャンドルはアーベルのことは何も覚えていなかったであろう．

これまで面識のなかった二人の若い学者の手になるこれらの作品は，賛嘆と満足を私にもたらしてくれました．これによって，さまざまな点において，数年来，私がほとんど独占して研究を重ねてきたこの理論を，彼らがそれぞれの立場で完成させたことがわかります．ヤコビの発見の数々はことのほか私の注意を引きつけました．といいますの

は，それらの発見は私自身の研究と非常に密接な関係があり，非常に満足のいく仕方で私の研究を仕上げているからです．（同上，70頁）

ルジャンドルは楕円関数論の中でも変換理論に関心があり，何事かを行っていたが，ヤコビはそれをよく知っていたのである．

## 3 ルジャンドルの所見

クレルレが伝えるルジャンドルの言葉を続ける．

私はこのテーマに関する私の所見をシューマッハー氏の雑誌で表明しました．今は，私の著作への「補足」を印刷に附そうとして専念しているところです．この「補足」にはヤコビ氏の二つの一般定理と，新たな進展の数々が収録されます．これに加えて，私はもうひとつの「補足」を出版するつもりです．その補足には，アーベル氏の発見の数々が提示されることになる予定ですが，それらとともに，アーベル氏とヤコビ氏による継続論文において公表されることが期待される事柄も書き留める考えです．（同上，70頁）

シューマッハーの『天文報知』で変換理論に関する所見を表明したとルジャンドルはクレルレに伝えたが，そのルジャンドルの論文は，

「ヤコビ氏により発見された楕円関数の新しい諸性質に関するルジャンドル氏の註記（本誌の第123号と第127号参照）」

という表題を附せられて『天文報知』第6巻，第130号に掲載された．本論の末尾には1828年2月6日という日付が記入され，続いて1828年2月11日の日付で短い「後記」が添えられた．参照するようにと指示された『天文報知』の第123号にはヤコビがシューマッハーに宛てた2通の手紙の抜粋が掲載されている．ヤコビは変換理論の場で新たな事実を発見し，それを手紙の形

でシューマッハーに伝えたのである．この時点では証明は欠如していたが，それからしばらくしてヤコビは証明に成功し，その証明は『天文報知』の第127号に掲載された．この状況を受けて，ルジャンドルはヤコビの発見を賞賛するノートを書き留めたのである．

ルジャンドルのいう「補足」は『楕円関数とオイラー積分概論』（全2巻）の記述を補おうとする意図をもって執筆されたもので，「第1の補足」「第2の補足」「第3の補足」という標題の三つの補足で編成されている．「第1の補足」の序文の日付は「1828年8月12日」．「第2の補足」の本文の末尾には「1829年3月15日」という日付が附された．「第3の補足」の本文の末尾の日付は「1832年3月4日」である．これらの三つの補足を1冊にまとめて『楕円関数とオイラー積分概論』の第3巻が構成された．

クレルレの手紙の日付は1828年9月10日．クレルレはそこでルジャンドルの手紙の1節を紹介しているのであるから，ルジャンドルは9月10日より前にクレルレに手紙を書いたのである．この時期にルジャンドルが出版準備に専念していたのは「第1の補足」である．

ルジャンドルはアーベルとヤコビの新しい楕円関数論を理解しようとつとめ，自分の著作への「補足」という形をもって，自分が理解したアーベルとヤコビの理論を紹介しようとした．ルジャンドルの年齢を思うと，若い二人の数学者の斬新な研究を理解しようとするのは容易にできることではなく，ルジャンドルの誠実な人柄が感じられる場面である．1752年9月18日にパリ（トゥールーズとする文献もある）に生まれたルジャンドルは，1828年9月の時点で76歳という高齢に達していた．

## 4　ベルリンへの招待

クレルレはクレルレのもとに届けられたヤコビとルジャンドルの言葉をアーベルに伝えたが，ヤコビもルジャンドルもアーベルに対して並々ならぬ関心を寄せていた．アーベルの数学研究を高く評価するルジャンドルの言葉がアーベルのもとに届いたからこそ，アーベルはルジャンドルに手紙を書こうという気持ちに傾いたのであろう（第3章，第III節参照）．

アーベルとクレルレの間にも手紙のやりとりがあった．『生誕 100 年記念文集』から拾うと，たとえばアーベルは 1828 年 10 月 18 日付でクレルレに手紙を書いている．フランス語とドイツ語が入り混じっている長文の手紙である．書き出しのあたりが略されているが，収録された部分はすべて執筆中の論文の報告にあてられている．内容は「楕円関数論概説」と合致する．この論文は完成にいたらなかったが，アーベルの没後，クレルレのもとに送付された部分のみ，『クレルレの数学誌』に掲載された．

アーベルは数学研究の話を聞いてくれる人がほしかったのであろう．故国にはホルンボエという数学の友がいて，旅の日のアーベルはホルンボエに宛ててひんぱんに手紙を書いたが，内容は数学のことばかりであった．数学の話相手はホルンボエのほかにベルリンのクレルレとパリのルジャンドルがいたが，わずかに 3 人であり，しかもアーベルの楕円関数論とアーベル関数論を理解しうるのはルジャンドルひとりであった．ところがそのルジャンドルも，実際にはアーベルの研究の値打ちを真に理解したとは言えなかった．アーベルはヤコビとの文通を望んでいたと思われるが，かなえられないまま病気になり，亡くなってしまった．

『生誕 100 年記念文集』にはクレルレが 1829 年 4 月 8 日付でアーベルに宛てて書いた手紙が収録されている．アーベルが亡くなって 2 日後に書かれた手紙である．クレルレは定職のないアーベルの将来を案じ，アーベルのためにベルリンで職を斡旋しようとして奔走していたが，ようやく成功したという確信を得て，アーベルに知らせようとしたのである．「親愛なるかけがえのない友よ」という呼びかけから始まり，読む者の感動を誘う手紙である．

> 親愛なるかけがえのない友よ．ようやくよい知らせをお届けできます．**教育省はあなたをベルリンに招聘し，当地で雇用することを決定しました．**たった今，この件を担当している教育省の人物から聞いたばかりです．ですから，疑う余地はありません．どのような資格で雇用するのか，どのくらいの給与が支払われるのか，まだ言うことはできません．というのは，私自身もまだ知らないからです．（同上，93 頁）

クレルレはアーベルをベルリンに招聘したいと願い、各方面に働きかけを続けてきたが、この努力がついに結実したという感触があった。まだ正式に決まったわけではないが確信があり、すぐにアーベルに知らせたいと思い、急いで手紙を書いたのである。

> 私は大きな会議の席でその人物と話をしたのですけど、ほんの少しだけでしたので、そのときはこれ以上のことは何も聞かなかったのです。何かしらもっと詳しいことを聞きましたらすぐにお伝えします。私はただ、この重要なニュースを急いで真っ先にあなたにお知らせしたかったのです。それはともかく、あなたはよい状況にあることを確信してさしつかえありません。あなたの将来について、もうまったく心配することはありません。あなたは私たちの仲間です。もう安全です。私が望んでいた通りのことが実現したように思われましたので、私はとてもうれしかったのです。少なからぬ努力を要しましたが、神様をたたえましょう。成功したのです。あなたが特に感謝しなければならない人のことは、当地でお会いしたときにお話しします。公式の要請を受け取ったらすぐに出発できるように、いつも旅行の準備をしておいてください。ですが、それまでは、**切実なお願いを繰り返し申し上げておきたいのですが、実際に公式の要請が届く前にこのニュースのことをだれにも言わないようにしてください**。公式の通知はまもなく、二、三週間のうちに発送されるはずです。（同上、93頁）

人事のことであるから正式に決まるまでは内密にしてほしいと、クレルレはアーベルに強く要請した。ベルリンへの招聘といえばまずはじめに念頭に浮かぶのはベルリン大学だが、あるいはアーベルをベルリンに呼ぶことを優先して、どこか別の学校が考えられていたのかもしれない。

> 何よりも健康を回復するよう、気をつけてください。この手紙が回復に向っているあなたのもとに届きますように。最後にあなたに手紙を書いたのは先月の27日です。二、三の言葉だけでいいですから、す

ぐにこの手紙に返事をください．どうかお元気で．どうか安心してください．あなたはよい国に，もっとよい気候の中に，もっと学問に近いところに，あなたが尊敬し，あなたが愛する真の友人たちのもとに来るのです．（同上，94頁）

　クレルレは最後に「折り返しお返事をください」と書いて手紙を終えた．クレルレとアーベルがはじめて会ったのは1825年の秋のことで，クレルレはパリに向う途次ベルリンに立ち寄ったアーベルの訪問を受けたのである．おりしも『クレルレの数学誌』の創刊が企画されていた時期のことで，この数学誌はアーベルの諸論文の主立った掲載誌になった．まるでアーベルのために創刊されたかのように，初期の『クレルレの数学誌』にはアーベルの論文が大量に掲載されている．

　クレルレはこの手紙の前に3月27日付で手紙を書いたと記しているが，その手紙はアーベルの全集にも『生誕100年記念文集』にも収録されていない．

## III　アーベルとルジャンドルの往復書簡より

### 1　ルジャンドルからアーベルへ（1828年10月25日）

**往復書簡のはじまり**

　1828年の秋のことだが，アーベルはパリのルジャンドルに宛てて1通の手紙を書いた．その手紙は残されていないようで，アーベルの全集にも『生誕100年記念文集』にも収録されていないが，10月3日付の手紙である．実物も残されていないのになぜわかるのかといえば，ルジャンドルの返信に記録されているからである．その日付は1828年10月25日だが，冒頭に，「あなたが私に宛てた今月3日付のとても興味の深いお手紙を受理し，大きな喜びをもって読みました」（同上，77頁）と書かれている．1828年10月3日ということであれば，アーベルはその2年前にパリにいて，ルジャンドルにも会っ

たことがある．それから「パリの論文」（166 頁参照）を書き上げて科学アカ
デミーに提出したものの，何の反応も得られなかった．ルジャンドルも何も言
わなかった．アーベルは科学アカデミーからの応答を待ち望んでいたが，所持
金もとぼしくなったため，年末ぎりぎりの時点でパリを離れ，ベルリンを経由
して帰国したのである．それから 2 年．パリの数学者たちの中から特にルジ
ャンドルを選んで手紙を書いたのはなぜだったのであろうか．

　ルジャンドルはこの返信の中で，アーベルを語るヤコビの言葉を伝えた．ヤ
コビは『天文報知』，第 6 巻，第 138 号に掲載されたアーベルの論文「楕円関
数の変換に関するある一般的問題の解決」を読み，ルジャンドルへの手紙の中
でアーベルを賞賛する言葉を書き綴った．ルジャンドルはそれをアーベルに伝
えたのだが，アーベルもうれしかったのではあるまいか．間接的ではあるが，
ヤコビからアーベルに送られた最初のメッセージであった．

### 加法定理を語る

　10 月 25 日付のルジャンドルの手紙を受けて，アーベルは 11 月 25 日付で
返事を書いた．ルジャンドルからの手紙が届いてことのほかうれしかったよう
で，文面いっぱいに喜びがあふれ，さながら数学研究の現状報告のような長い
手紙になった．パリとクリスチャニアの間で手紙のやりとりをするとどれほど
の日にちを要するものか，詳しいことはわからないが，返信を書くまでにかれ
これ 1 箇月近くもかかっている．よほど力を入れて書いた様子がうかがわれ
るが，アーベルはルジャンドルに数学の話を聞いてほしかったのであろう．

　アーベルは「私の楕円関数の全理論をその上に建設した」ところの「加法定
理」について語った．「加法定理」というのは「パリの論文」のテーマと同じ
もので，この手紙を書いた時点でアーベルはすでに 1 篇の論文を書き上げて
クレルレのもとに送付し，『クレルレの数学誌』に掲載されるのを待っている
ところであった．それは「ある種の超越関数の二，三の一般的性質に関する諸
注意」（以下，「諸注意」と略称する）という論文で，『クレルレの数学誌』第
3 巻，第 4 分冊に掲載されたが，その第 4 分冊が刊行されたのは 12 月 3 日で
あるから，ルジャンドルに手紙を書いてから 1 週間ほど後のことになる．

　「パリの論文」ではアーベル積分，すなわち完全に一般的な代数関数の積分

を取り上げて加法定理を提示したが,「諸注意」では考察の対象を超楕円積分に限定して加法定理を確立した.アーベルは「パリの論文」を忘れていなかったのである.超楕円積分は楕円積分よりも一般性の度合いははるかに高いが,形を見ると楕円積分とそっくりであり,加法定理もひときわ鮮明に表示される.いくぶん不可解なのは,ルジャンドルに「パリの論文」のことを語らなかったことである.はっきりと口にしなくても,論文「諸注意」を話題にすれば「パリの論文」を思い出してもらえるのではないかと暗に期待したのかもしれない.アーベルの心情があれこれと想像されて痛々しい感じもあるが,ルジャンドルは「パリの論文」のことはすっかり忘れていたようで,反応は何もなかった.

アーベルの数学研究の真価を理解する人はノルウェーにはいなかったが,ルジャンドルも理解できるとは言えなかった.事実,ルジャンドルはコーシーとともに「パリの論文」を審査することになっていたにもかかわらず,放置してしまった.アーベルは「パリの論文」と同じテーマの論文「諸注意」を書き,11月25日付の手紙で概要をルジャンドルに伝えたが,本当はアーベルは「パリの論文」のことを思い出してほしかったのであろう.アーベルは「諸注意」が「パリの論文」と関係があることは語らなかった.ルジャンドルもまた,「諸注意」の話を聞いても「パリの論文」を思い浮かべることはなかった.「パリの論文」のことはすっかり忘れてしまっていたようで,「諸注意」の内容もよくわからなかったのではないかと思う.

パリでアーベルに会ったことをルジャンドルが覚えていたかどうかも不明瞭だが,ルジャンドルはアーベルの手紙に対して懇切な返事を書き送った.その前にヤコビとの間で手紙のやりとりを始めていて,ヤコビからアーベルの話を聞くこともあった.ガウスはひとまず措くとして,ヤコビはアーベルを理解しうる唯一の人であり,ヤコビの研究についてはルジャンドルも高く評価することができた.アーベルを賞賛するヤコビの言葉がルジャンドルに影響を及ぼして,ルジャンドルはアーベルに返事を書く気持ちになったのであろう.それに,ルジャンドルはもともと親切な人であった.

## ヤコビの賞賛を受ける

　1828年10月25日付のルジャンドルの手紙に立ち返りたいと思う．ルジャンドルはアーベルの楕円関数研究を高く評価して，こんなふうに賞賛した．

> 楕円関数論での御研究の場で偉大な成功をおさめられましたことに，心よりお祝いを申し上げます．あなたがクレルレとシューマッハーの学術誌に公表されたみごとな御論文の数々のことは，前々から承知していました．御研究の続きについて新たな知見の数々を細部にわたってお伝えしていただきましたが，それらにより，あなたがすでに手にしている，学問をする人々やわけても私からの高い評価を求める権利はますます高まることになりました．もっとも，そんなことがありうるならばのことですが．（同上，78頁）

　このような言葉を見ると，ルジャンドルを話相手にして熱心に数学を語り続けるアーベルの姿が目に浮かぶようである．最後の「もっとも，そんなことがありうるならばのことですが」という一文は意味を汲みにくいが，アーベルはすでに高い評価を求める権利を，これ以上はもう考えられないほど十分に手にしているのであるから，さらに高めようにももう限界だというほどの意味であろう．続く言葉では，非常に謙遜した言い回しで，アーベルとヤコビは楕円関数論の領域において自分の継承者であることが強調された．

> あなたの数々の発見の功績を認めますし，私としては当然のことながらそうしなければならないのですが，あなたの勝利とあなたの好敵手のヤコビ氏の勝利に，私もまたいわば加わらせていただいているのだと誇りに思う気持ちを禁じえません．といいますのは，自然があなたたちに与えてくれた大きな才能を開花させるきっかけを得たのは，たいていの場合，私の諸著作を学ぶことを通じてのことだからです．

> シューマッハー氏の学術誌の第138号に掲載されたあなたの論文について，ヤコビ氏は最近の手紙のひとつの中でこんなことを言ってい

ます．（同上，78 頁）

ルジャンドルはこのように前置きして，アーベルを語るヤコビの言葉をそのまま写した．

この号（註．『天文報知』第 138 号）には変換に関する諸定理の厳密な論証が出ていますが，それは同じテーマに関する私の報告には欠如していました．その証明は私の研究を越えていますし，私の賞賛をも越えています．（同上，78 頁．ルジャンドルが言及しているヤコビの手紙の日付は 1828 年 9 月 9 日）

ヤコビの目には当初からアーベルの真価が映じていたことが素直に伝わり，読む者の心を打つ言葉である．

**著書謹呈**
ヤコビとアーベルを語るルジャンドルの言葉が続く．

これほどまでの率直さをもって表明された告白は，あなたにとって名誉であるのと同じくらい，ヤコビ氏にとってもまた名誉なことです．あなたたちはあなたたちの感情の高貴さと，互いに認め合う公正さにより，疑いもなくお互いに相手にとって相応しい人物なのです．

私の『楕円関数概論』（全 2 巻）をぜひお送りしたいと思います．この本は 1827 年 1 月に出版されたのですが，『積分計算演習』にはない事柄が非常にたくさん含まれています．この本にはあなたに教えるものは何もないでしょう．それどころか，私のほうこそ，この著作の内容を数々の貴重な発見を用いて豊かにするために，あなたがたに頼っているのです．それらの発見には，私自身の研究では決して到達することはできないでしょう．といいますのは，私はもう研究することが困難になるか，不可能にさえなるほどの年齢に達したからです．

(同上，78頁)

　ルジャンドルの『楕円関数概論』というのは『楕円関数とオイラー積分概論』という本で，全3巻で編成されている．第1巻は1825年，第2巻は1826年，第3巻は1828年に刊行されたが，第3巻はルジャンドルがアーベルに宛てて手紙を書いている時点ではまだ出版されていなかった．第1巻と第2巻は1827年1月に出版されたと言われているが，本の実物を見ると，第1巻には1825年，第2巻には1826年という刊行年が明記されている．だが，ルジャンドル自身の言葉もまちがっているわけではなく，たぶん第2巻の出版は年明けの1827年1月にずれ込んだのであろう．
　『積分計算演習』は，長い書名をそのまま書くと『さまざまな位数の超越物と求積に関する積分計算演習』という全3巻の著作で，1811年から1817年にかけて刊行された．アーベルはこの書物を読んで楕円関数論を学んだのである．

### ヤコビの著作『楕円関数の理論の新しい基礎』
　ルジャンドルの手紙の続きを見ると，アーベルを手放しで賞賛する言葉が並んでいる．

> あなたの手紙の末尾は，楕円関数と，楕円関数よりいっそう複雑な関数に関するあなたの研究に対してあなたが与えることのできた一般性のゆえに，私を混乱させてしまいます．これほどまでにみごとなさまざまな結果へとあなたを導いた方法を知りたいと，強く望んでいます．もっとも理解できるかどうか，それはわかりません．ですが，確実なこともあります．それは，このような困難を克服するためにあなたが用いることのできた手段はどのようなものなのか，何の考えも思い浮かばないということなのです．この若いノルウェー人の頭脳は何というとんでもない頭脳なのだろうか．

> あなたが変換について述べている事柄の一部分は私もすでに知って

いますし，私の第 1 番目の補遺にも書かれています．ですが，他の部分では，あなたが知っている事柄の範囲は私の知識よりはるかに広大です．とりわけ虚変換に関する事柄を解明する仕事がまだ残されています．このテーマについては，ヤコビ氏が出版することになっている 200 頁の著作を待っているところです．その印刷はもう始まっています．（同上，78-79 頁）

　「私の第 1 番目の補遺」というのは，この時期にルジャンドルが執筆中であった『楕円関数とオイラー積分概論』の第 3 巻の一部分を指している．ヤコビもまた 200 頁ほどの著作を執筆中であることが伝えられたが，それは『楕円関数論の新しい基礎』のことである．本文は 188 頁で，ほかに序文と目次，それに誤植訂正が添えられているから全体で 200 頁ほどになり，ルジャンドルの言葉のとおりである．

**アーベルの著作の計画**
　ヤコビの著作に言及した後，ルジャンドルはすぐに続けてアーベルの著作を話題にした．

　　たぶんあなたは今のところ，あなたのいろいろな発見を含む同じような書物を出版することはできないのではないかと思います．そのような書物は私たちにとって非常に興味の深い作品なのですが，その代りというわけではありませんが，クレルレとシューマッハーの学術誌に，あなたの諸定理の証明を与える新たな諸論文を掲載していただけますよう，私は望んでいます．（同上，79 頁）

　ルジャンドルはアーベルが楕円関数論をテーマにして 1 冊の書物を出すことを期待していたようだが，同時に，たぶん無理だろうとも言い添えている．アーベルは 10 月 3 日付のルジャンドル宛の手紙の中で，著作を出したいという希望を述べるとともに，日々の生活が苦しいことを率直に語ったのであろう．この間の消息は後述する 11 月 25 日付の手紙でも繰り返し伝えられた．

出版の見込みは立たなかったにせよ，ヤコビと同様，アーベルにも著作の企画があった様子がうかがわれる．アーベルは論文「楕円関数研究」の続篇を「第2論文」として執筆を続けていたが，これを中断して新たに「楕円関数論概説」（以下，「概説」と略称する）という論文を書き始めた．論文というよりも，アーベルとしては著作の形で公表したいと望んでいたのではないかと思われるが，実際には論文の形をとって『クレルレの数学誌』に掲載された．もっともそれもまた順調に進んだわけではない．

論文「概説」は『クレルレの数学誌』の第4巻に2回に分けて掲載された．五つの章で構成されているが，第1章から第3章までは第3分冊に掲載された．刊行されたのは1829年6月10日であるから，すでにアーベルの没後である．第4章と第5章は第4分冊に掲載された．刊行の日付は7月31日．「概説」は未完成であった．

アーベルは「概説」の原稿をクレルレのもとに送ったが，実際に送付されたのは第5章の書き出しのあたりまでであった．クレルレとしては原稿が完成するのを待って掲載する考えだったことと思われるが，待機している間にアーベルが亡くなってしまったため，没後，手もとにある原稿だけを掲載したのである．アーベルは完成をめざしていたようで，1874年になって第5章の続きの数頁が発見されるという出来事があった．没後45年の出来事である．その数頁はホルンボエが編纂した最初のアーベル全集には収録されなかったが，シローとリーが編纂した二度目の全集には収録された．

**モジュラー方程式をめぐって**

ルジャンドルは手紙の末尾で数学の話題に転じ，モジュラー方程式に関するひとつの疑問をアーベルに提示した．

> 私の目には，興味のある点がひとつあります．それは，あなたはヤコビ氏と完全に一致しているわけではないということなのです．$n$が素数の場合，あなたが$c_1$および$c$と呼んでいるものの間に成立するモジュラー方程式は次数が$n+1$であるとヤコビ氏は言い，『クレルレの数学誌』の第3巻の193頁で，$n+1$個の根――そのうち二つは実

根で，他の $n-1$ 個は虚根です——の級数表示を与えています．これは，$n=3$ および $n=5$ の場合に対する既知の結果と合致しているように見えます．その場合には，問題の方程式は 4 次および 6 次になります．ところがあなたは，モジュールの個数は六倍の大きさになると告示しています．それゆえ，$n=5$ の場合には 36 個のモジュール $c_1$ が存在することになりますが，モジュラー方程式は 6 次にすぎないのです．これが，私があなたに提示する困難です．これについて，私に手紙を書いていただく機会がありましたら，ほんの少しだけ解き明かしてほしいのです．あるいは，『クレルレの数学誌』に出す予定の次の論文の中に書き添えていただけるのかもしれません．（同上，79 頁）

10 月 25 日付のルジャンドルの手紙はこれで終りである．アーベルは 1 箇月後の 11 月 25 日付で返信を書いたが，そこでルジャンドルが表明した疑問にも言及した．この手紙はたいへんな長文で，『生誕 100 年記念文集』で見ると 9 頁を占めている．書き出しの言葉は次のとおりである．

10 月 25 日付で送付していただいたお手紙はあまりにも大きな喜びを私に与えてくれました．私の数篇の論文が今世紀の最大の幾何学者のひとりの注意を引くだけの値打ちのあることを理解した瞬間を，私の人生のもっとも幸福な瞬間のひとつに数えたいと思います．それは私の研究に寄せる情熱を最高の高みに押し上げました．私は私の研究をこれからも熱意を込めて継続していくつもりですが，もし大きな幸いに恵まれて二，三の発見をなすことができたなら，それらは私の発見というよりもあなたに帰される発見です．といいますのは，あなたの光によって道案内をしていただかなかったなら，私には何もできなかったにちがいないからです．（同上，82 頁）

ルジャンドルの手紙を受け取ったアーベルの喜びがどれほど大きかったか，目に見えるようである．

## 2 アーベルからルジャンドルへ (1828年11月25日)

### ルジャンドルの疑問に答える

著書を送るとのルジャンドルの申し出を受けて，アーベルは送付先を伝えた．

> お申し出をいただきました御著作『楕円関数概論』を感謝をもって拝受いたします．下記の住所にお送りいただけますよう，お願いいたします．
> クリスチャニアの書籍業者メッセル＝カイセル商会
> 委託先：パリ，ケ・マラケ河岸 1，シュベール＝ハイデロフ（同上，82頁）

この時期のアーベルは住所が不安定だったようで，送付先として指定されたのは現に住んでいる場所ではなく，メッセル＝カイセル商会という書籍業者であった．「シュベール＝ハイデロフ」というのはパリの出版社のようで，クリスチャニアのメッセル＝カイセル商会との間で取引があったのであろう．

続いてアーベルはルジャンドルの疑問に応じようとした．

> あなたが光栄にも私に求めた説明を，急いで実行したいと思います．素数 $n$ に対応する異なる変換の個数は $6(n+1)$ であると私が言うのは，$y$ のところに
> $$y = \frac{A_0 + A_1 x + A_2 x^2 + A_3 x^3 + \cdots + A_n x^n}{B_0 + B_1 x + B_2 x^2 + B_3 x^3 + \cdots + B_n x^n}$$
> という形の有理関数を代入するとき，微分方程式
> $$\frac{dy}{\sqrt{(1-y^2)(1-c'^2 y^2)}} = \varepsilon \cdot \frac{dx}{\sqrt{(1-x^2)(1-c^2 x^2)}}$$
> が満たされるという前提のもとで，モジュール $c'$ に対して $6(n+1)$ 個の異なる値を見つけることができるという意味なのです．これは実

際に成立する事柄なのですが，$c'$ の諸値の中には，

$$y = \frac{A_1 x + A_3 x^3 + A_5 x^5 + \cdots + A_n x^n}{1 + B_2 x^2 + B_4 x^4 + \cdots + B_{n-1} x^{n-1}}$$

という形の $y$ に対応するものが $n+1$ 個だけ存在します．ヤコビ氏が語っているのはこれらの $n+1$ 個のモジュールなのです．実際，これらはある次数 $n+1$ の方程式の根です．これらの $n+1$ 個の値を既知とすると，他の $5(n+1)$ 個の値を手に入れるのは容易です．実際，それらのモジュールのひとつを $c'$ で表すと，次に挙げるようなモジュールが得られます．

$$\frac{1}{c'},\ \left(\frac{1-\sqrt{c'}}{1+\sqrt{c'}}\right)^2,\ \left(\frac{1+\sqrt{c'}}{1-\sqrt{c'}}\right)^2,\ \left(\frac{1-\sqrt{-c'}}{1+\sqrt{-c'}}\right)^2,\ \left(\frac{1+\sqrt{-c'}}{1-\sqrt{-c'}}\right)^2$$

これらのモジュールには，次に挙げる $y$ の値が対応します．

$$\frac{y'}{c'};\ \frac{1+\sqrt{c'}}{1-\sqrt{c'}} \cdot \frac{1 \pm y'\sqrt{c'}}{1 \mp y'\sqrt{c'}};\ \frac{1-\sqrt{c'}}{1+\sqrt{c'}} \cdot \frac{1 \pm y'\sqrt{c'}}{1 \mp y'\sqrt{c'}};$$

$$\frac{1-\sqrt{-c'}}{1+\sqrt{-c'}} \cdot \frac{1 \pm y'\sqrt{-c'}}{1 \mp y'\sqrt{-c'}};\ \frac{1+\sqrt{-c'}}{1-\sqrt{-c'}} \cdot \frac{1 \pm y'\sqrt{-c'}}{1 \mp y'\sqrt{-c'}}$$

微分方程式に代入することにより，このことは簡単に確認されます．モジュール $c'$ のこれらの $6(n+1)$ 個の値は，$c$ のいくつかの特別の値に対する場合を除いて，すべて互いに異なっています．（同上，82-83 頁）

アーベルはこんなふうにルジャンドルの疑問に答えた．

**有理関数による変換**

$n = 2$ の場合の考察が続く．

ここまでのところでは $n$ は奇数で，しかも 1 より大きいとされています．もし $n$ が 2 に等しいとしますと，$c'$ はやはり $6(n+1) = 18$ 個の異なる値を取ります．それらの 18 個の値のうち，

$$y = \frac{a + bx^2}{a' + b'x^2}$$

という形の $y$ の値に対応する値が6個あります．それらは

$$c' = \frac{1 \pm c}{1 \mp c}, \ \frac{1 \pm \sqrt{1-c^2}}{1 \mp \sqrt{1-c^2}}, \ \frac{c \pm \sqrt{c^2-1}}{c \mp \sqrt{c^2-1}}$$

です．$y = \dfrac{ax}{1 + bx^2}$ という形の $y$ の値に対応する値が4個あります．すなわち，

$$c' = \frac{2\sqrt{\pm c}}{1 \pm c}, \ \frac{1 \pm c}{2\sqrt{\pm c}}, \ y = (1 \pm c)\frac{x}{1 \pm cx^2}, \ldots$$

がそれらの値です．最後に，他の8個のモジュールに対し，$y$ は

$$a\frac{A + Bx + Cx^2}{A - Bx + Cx^2}$$

という形をもちます．それらの8個のモジュールは

$$c' = \left(\frac{\sqrt{1 \pm c} \pm \sqrt{2\sqrt{\pm c}}}{\sqrt{1 \pm c} \mp \sqrt{2\sqrt{\pm c}}}\right)^2$$

です．（同上，83-84頁）

これで有理関数による変換の問題は完全に解決された．

**楕円積分の加法定理**

アーベルはまずはじめにルジャンドルの小さな疑念を晴らそうとしたが，それがすんでからも数学の話がえんえんと続いていく．よほど話を聞いてほしかったのであろう．

> 私はこのテーマに関して『クレルレの数学誌』第3巻，第4分冊に掲載される論文の中でいっそう詳しく述べました．おそらくすでに御承知のことと思います．（同上，84頁）

ここでアーベルが示唆したのは，「与えられた素次数をもつ有理関数の代入を

行うことにより，楕円関数に受け入れさせることの可能な相異なる変換の個数について」という論文である．アーベルの言うとおり，『クレルレの数学誌』の第3巻，第4分冊に掲載された．その掲載誌の刊行の日付は12月3日と記録されているから，アーベルが手紙を書いた後のことになるが，実際に刊行されたのはもっと早かったかもしれず，パリのルジャンドルがアーベルの手紙を受け取ったころには『クレルレの数学誌』もまたルジャンドルのもとに届いていたかもしれない．

楕円関数にはあるひとつの非常に注目すべき性質が備わっています．それは新しいものだと私は信じます．表記を簡単にするために

$$\Delta x = \pm\sqrt{(1-x^2)(1-c^2x^2)};$$
$$\Pi(x) = \int \frac{dx}{\left(1-\dfrac{x^2}{a^2}\right)\Delta x}; \; \varpi(x) = \int \frac{dx}{\Delta x}, \; \varpi_0(x) = \int \frac{x^2 dx}{\Delta x}$$

と置くことにしますが，そうしますとつねに

$$\varpi(x_1) + \varpi(x_2) + \cdots + \varpi(x_\mu) = C$$
$$\varpi_0(x_1) + \varpi_0(x_2) + \cdots + \varpi_0(x_\mu) = C + p$$

となります．ここで，$p$ は代数的な量です．また，$x_1, x_2, \ldots, x_\mu$ は

$$(fx)^2 - (\varphi x)^2(1-x^2)(1-c^2x^2) = A(x^2 - x_1^2)(x^2 - x_2^2)\cdots(x^2 - x_\mu^2)$$

という形の等式を満たすという様式で相互に結ばれているとします．ここで，$fx$ と $\varphi x$ は**不定量** $x$ の任意の整関数ですが，一方は**偶関数**，もうひとつは**奇関数**です．このとき，

$$\Pi(x_1) + \Pi(x_2) + \cdots + \Pi(x_\mu) = C - \frac{a}{2\Delta a} \cdot \log\left(\frac{fa + \varphi a \cdot \Delta a}{fa - \varphi a \cdot \Delta a}\right)$$

となります．この性質は，$(\Delta x)^2$ が $x^2$ の任意の整関数としても，あらゆる超越関数

$$\Pi(x) = \int \frac{dx}{\left(1 - \dfrac{x^2}{a^2}\right) \Delta x}$$

に所属するのですが，それだけにいっそう注目に値すると私には思われます．私はその証明を『クレルレの数学誌』第3巻の第4分冊に掲載される小さな論文において与えました．（同上，84-85頁）

アーベルが最後に言及したのは「ある種の超越関数の二，三の一般的性質に関する諸注意」という論文である．アーベルはこの論文の核心の部分をルジャンドルに報告したのだが，その内容をひとことで言い表すと「超楕円関数の加法定理」の発見である．アーベルのいう超楕円関数というのは，今日の語法では超楕円積分のことで，「パリの論文」の主題が特別の場合について表明されたのだが，特別の場合とはいえ楕円関数よりもはるかに一般的な積分が対象になっている．一般性は高いが，形が楕円積分に似ている点に着目して超楕円積分と呼ばれている（アーベルはルジャンドルが提案した語法を採用して，今日の楕円積分を楕円関数と呼び，超楕円積分を超楕円関数と呼んだ）．

アーベルは「パリの論文」そのものにはまったく触れなかったが，テーマを同じくする新たな論文「諸注意」については饒舌だった．「パリの論文」の存在をルジャンドルに思い出してほしかったのであろう．

**加法定理の意義**

論文「諸注意」をルジャンドルに紹介したアーベルは，楕円関数論における加法定理の意義を強調した．

> このような一般的性質を確立することほどむずかしいことはありませんが，これについてはおわかりいただけることと思います．この性質は私の楕円関数研究において非常に役立ちました．実際，私はこの性質の上に楕円関数に関するすべての理論を構築したのです．
>
> 最近執筆した少々大きな著作を出版したいのですが，状況が許しませ

ん．といいますのは，ここには印刷費用を提供してくれる人が見あたらないからです．その抜粋を作成して『クレルレの数学誌』に出すしかないのはそのためなのです．第1部では楕円関数を一般的に考察しましたが，それは近日中に出る分冊に掲載される予定です．私の方法について，あなたの御批評をうかがえますよう，心より楽しみにしています．わけても私は私の研究に一般性を付与するよう，心がけました．成功したのかどうか，それはわかりませんが．（同上，85頁）

アーベルがここで語っている著作というのは，既述のとおり「楕円関数論概説」のことである．アーベルはこの著作を企画して執筆に打ち込んでいたが，出版の見込みが立たなかったため，やむなく『クレルレの数学誌』に掲載する考えに傾いた．長大な作品になりそうで，一度にすべてを掲載するのはむずかしいと判断し，小分けにして，まず第1部をクレルレのもとに送付した．実際に掲載されたのはアーベルの没後になったが，アーベルの言葉のとおり，加法定理が根底に据えられている．

ヤコビはヤコビで『楕円関数論の新しい基礎』という著作の執筆に取り組んでいたが，アーベルもまた独自に楕円関数論の基礎を考察し，大きな著作を企画していたことがわかる．アーベルが加法定理を土台に据えたのに対し，ヤコビのいう「新しい基礎」は加法定理ではない．この点に食い違いが見られるが，ともあれアーベルにもヤコビにも一般理論の編成へと向かう気運が生れたことはまちがいない．

第1部に続いて第2部もまもなく出したいと考えていますが，そこでは主として実であってしかも1よりも小さいモジュールをもつ関数が取り扱われます．第2部における私の研究の目的は，わけても第1種の逆関数なのです．この関数の諸性質のうち，もっとも簡単なもののいくつかは私の「楕円関数研究」において示しましたが，一般に楕円関数論において非常に有用です．この関数は変換の理論を予期しないほどに簡易化してくれます．このテーマに関する第1番目の試みはシューマッハー氏の雑誌の第138号に掲載された論文に含

まれていますが，今では私はこの理論をはるかに簡明なものにすることができるようになりました．（同上，85頁）

「楕円関数論概説」の第2部では楕円積分（アーベルの呼称は楕円関数）の逆関数が主役を演じることになると言われている．楕円関数論の全体像を描写しようとして，何かしら大きな構想を抱いていた様子がうかがわれる場面である．

**第1種逆関数と楕円関数**

楕円関数の理論の考察を通じて，アーベルは2種類の関数へと導かれた．ひとつは「第1種逆関数」である．

楕円関数の理論に導かれて，私はいくつもの注目すべき性質をもつ二つの新しい関数の考察に向いました．
$$x = \int_0^y \frac{dy}{\sqrt{(1-y^2)(1-c^2y^2)}}$$
として，
$$y = \lambda(x)$$
と置くと，$\lambda(x)$ は第1種の逆関数になります．（同上，85-86頁）

アーベルは第1種楕円積分の逆関数を「第1種の逆関数」と呼んでいるが，それは今日の用語では「楕円関数」である．混乱が生じがちだが，楕円積分というのは積分の形で表示された変化量を指してそう呼んでいるのであるから，これには紛れがない．問題は「楕円関数」のほうで，ルジャンドルは楕円積分そのものを「楕円関数」と呼んだのである．

アーベルはこのルジャンドルの用語法を継承した．アーベルのいう楕円関数の実体は楕円積分であり，アーベルの論文「楕円関数研究」のタイトルに見られる「楕円関数」が指しているのも楕円積分だが，その楕円積分研究の場に逆関数が導入された．アーベルは逆関数に特別の名前をつけず，単に「第1

種逆関数」と呼んだだけであった．「第1種」というのはルジャンドルのいう「第1種楕円関数」，すなわち第1種楕円積分の逆関数であるという理由によりそのように呼んだだけであるから，第2種や第3種の楕円関数が考えられているわけではない．

アーベルが導入した「第1種逆関数」をあらためて「楕円関数」と呼ぶことを提案したのはヤコビである．

逆関数の展開を語るアーベルの言葉が続く．

この関数は次のように展開できることを私は発見しました．
$$\lambda(x) = \frac{x + A_1 x^3 + A_2 x^5 + A_3 x^7 + \cdots}{1 + B_2 x^4 + B_3 x^6 + B_4 x^8 + \cdots}$$

ここで，分子と分母は変化量 $x$ とモジュール $c$ の値がどのようであっても，実であっても虚であっても，つねに収束します．係数 $A_1$, $A_2, \ldots, B_2, B_3, \ldots$ は $c^2$ の整関数です．そこで

$$\varphi(x) = x + A_1 x^3 + A_2 x^5 + \cdots$$
$$f(x) = 1 + B_2 x^4 + B_3 x^6 + \cdots$$

と置くと，$\varphi(x)$ と $f(x)$ はここで語ろうとしている二つの関数です．これらの関数は二つの方程式

$$\varphi(x+y) \cdot \varphi(x-y) = (\varphi x \cdot fy)^2 - (\varphi y \cdot fx)^2$$
$$f(x+y) \cdot f(x-y) = (fx \cdot fy)^2 - c^2(\varphi x \cdot \varphi y)^2$$

で表される性質をもっています．ここで，$x$ と $y$ は任意の量です．これらの関数は非常に多くの仕方で表示されます．たとえば，

$$\varphi\left(x\frac{\varpi}{\pi}\right) = A e^{ax^2} \sin x (1 - 2\cos 2x \cdot q^2 + q^4)(1 - 2\cos 2x \cdot q^4 + q^8)$$
$$\times (1 - 2\cos 2x \cdot q^6 + q^{12}) \cdots$$
$$\varphi\left(x\frac{\omega}{\pi}\right) = A' e^{a'x^2} \left(e^x - e^{-x}\right) \left(1 - p^2 e^{2x}\right) \left(1 - p^2 e^{-2x}\right) \left(1 - p^4 e^{2x}\right)$$
$$\times \left(1 - p^4 e^{-2x}\right) \cdots$$

$$f\left(x\frac{\varpi}{\pi}\right) = Be^{ax^2}\left(1 - 2\cos 2x \cdot q + q^2\right)\left(1 - 2\cos 2x \cdot q^3 + q^6\right)\cdots$$

$$f\left(x\frac{\omega}{\pi}\right) = B'e^{a'x^2}\left(1 - pe^{-2x}\right)\left(1 - pe^{2x}\right)\left(1 - p^3e^{-2x}\right)\left(1 - p^3e^{2x}\right)\cdots$$

となります．ここで，$A, A', B, B', a, a'$ は $x$ に依存しない量です．また，$q = e^{-\frac{\varpi}{\omega}\pi}$, $p = e^{-\frac{\omega}{\varpi}\pi}$. $\frac{\omega}{2}$ と $\frac{\varpi}{2}$ はモジュール $b = \sqrt{1-c^2}$ と $c$ に対応する**完全関数**です．（同上，86 頁）

### 加法定理を語る

続いてアーベルは加法定理へと話を転じた．「パリの論文」ほどではないが，ここで語られているだけでもアーベルの加法定理は楕円関数の領域を大きく越えている．

> 楕円関数のほかに，私が大いに力を込めて研究した解析学の領域が二つあります．それは代数的微分式の積分の理論と方程式の理論です．ある特別の方法の助けを借りて，私は多くの新しい結果に達しました．わけても，それらの結果は非常に一般的なのです．
> 　任意個数の積分 $\int y dx, \int y_1 dx, \int y_2 dx, \ldots$ が提示されたとします．ここで $y, y_1, y_2, \ldots$ は $x$ の任意の**代数**関数です．このとき，これらの積分の間の，代数関数と対数関数を用いて表されるあらゆる関係を見つけることが問題です．
> 　私はまず，任意の関係は次のような形でなければならないことを発見しました．
> $$A\int y dx + A_1\int y_1 dx + A_2\int y_2 dx + \cdots$$
> $$= u + B_1 \log v_1 + B_2 \log v_2 + \cdots$$
> ここで $A, A_1, A_2, \ldots, B_1, B_2, \ldots$ は定量であり，$u, v_1, v_2, \ldots$ は $x$ の代数関数です．この定理のおかげで問題の解決は大きく簡易化されるのですが，一番重要なのは次に挙げる事柄です．
> 　$y$ はある任意の代数方程式により $x$ と結ばれているとして，積分 $\int y dx$ は代数関数と対数関数の助けを借りて**エクスプリシット**に

(陽に)，もしくは**インプリシット**に (陰に) 何らかの仕方で表示されるとします．このとき，つねに

$$\int y dx = u + A_1 \log v_1 + A_2 \log v_2 + \cdots + A_m \log v_m$$

と想定することができます．ここで $A_1, A_2, \ldots$ は定量，$u, v_1, v_2, \ldots,$ $v_m$ は $x$ と $y$ の**有理関数**です．

たとえば，$r$ と $R$ は有理関数として，$y = \int \frac{rdx}{\sqrt{R}}$ としますと，$\int \frac{rdx}{\sqrt{R}}$ が積分可能である場合には，

$$\int \frac{rdx}{\sqrt{R}} = p\sqrt{R} + A_1 \log\left(\frac{p_1 + q_1\sqrt{R}}{p_1 - q_1\sqrt{R}}\right) + A_2 \log\left(\frac{p_2 + q_2\sqrt{R}}{p_2 - q_2\sqrt{R}}\right) + \cdots$$

というふうにならなければなりません．ここで，$p, p_1, p_2, \ldots, q_1,$ $q_2, \ldots$ は $x$ の有理関数です．

こんなふうにして，私は式

$$\int \frac{rdx}{\sqrt[m]{R}}$$

に包摂される超越関数を，可能な限りもっとも少ない個数に帰着させました．ここで，$R$ は整関数，$r$ は有理関数です．同様に，私はこれらの関数の一般的な諸性質を発見しました．それらは下記のとおりです．

$p_0, p_1, p_2, \ldots, p_{m-1}$ は不定量 $x$ の任意の整関数として，これらの関数における $x$ の冪の係数を**変化量**と思うことにします．同様に，$\alpha^0, \alpha^1, \alpha^2, \ldots, \alpha^{m-1}$ は方程式 $\alpha^m = 1$ の根とします．ここで $m$ は素数でも素数でなくてもどちらでもさしつかえありません．また，

$$s_k = p_0 + \alpha^k p_1 R^{\frac{1}{m}} + \alpha^{2k} p_2 R^{\frac{2}{m}} + \cdots + \alpha^{(m-1)k} p_{m-1} R^{\frac{m-1}{m}}$$

と置きます．このようにしておいて，積

$$s_0 s_1 s_2 \cdots s_{m-1} = V$$

を作ると，$V$ は，おわかりいただけますように，$x$ の整関数になります．そこで方程式 $V = 0$ の根を $x_1, x_2, \ldots, x_\mu$ で表すと，超越関数

$$\psi(x) = \int \frac{dx}{(x-a)R^{\frac{n}{m}}}$$

は次に挙げる性質をもちます．ここで $\frac{n}{m} < 1$ とし，$a$ は任意の量とします．

$$\begin{aligned}
&\psi(x_1) + \psi(x_2) + \cdots + \psi(x_\mu) \\
&= C + \frac{1}{R'^{\frac{n}{m}}} \big( \log(s'_0) + \alpha^n \log(s'_1) + \alpha^{2n} \log(s'_2) + \cdots \\
&\quad + \alpha^{(m-1)n} \log(s'_{m-1}) \big)
\end{aligned}$$

ここで $C$ は定量です．また，

$$R', s'_0, s'_1, \ldots, s'_{m-1}$$

は，それぞれ関数

$$R, s_0, s_1, \ldots, s_{m-1}$$

が，$x$ に代って単に $a$ と書くときに取る値です．この定理の証明は非常に容易です．『クレルレの数学誌』にこれから出す予定の何篇かの論文のひとつの中で，証明を与えたいと思います．（同上，87-88 頁）

### 楕円関数の加法定理

アーベルが提示した加法定理の特別の場合として，楕円積分（アーベルのいう楕円関数）の加法定理が導かれる．第1種楕円積分の加法定理はオイラーが発見したもので，楕円関数論の源泉である．

上記の定理のひとつの注目すべき派生的命題は次のとおりです．
$\varpi(x) = \int \frac{r\,dx}{R^{\frac{n}{m}}}$ と置きます．$r$ は $x$ の任意の整関数で，その次数は $\frac{n}{m}\nu - 1$ より小さいとします．ここで $\nu$ は $R$ の次数です．このとき，関数 $\varpi(x)$ は

$$\varpi(x_1) + \varpi(x_2) + \cdots + \varpi(x_\mu) = 定量$$

という性質をもっています．

たとえば，$m=2, n=1, \nu=4$ とすると，$r=1$ となりますので，

$$\varpi(x) = \int \frac{dx}{\sqrt{R}} \quad および \quad \varpi(x_1) + \varpi(x_2) + \cdots + \varpi(x_\mu) = C$$

となります．これは第 1 種楕円関数の場合です．（同上，88-89 頁）

アーベルはオイラーが発見した加法定理の延長線上で思索を続けていたことが手に取るように伝わってくる．

あなたが微分式の積分に対して与えた楕円関数の美しい応用の数々に誘われて，私は非常に一般的な問題の考察に向いました．それは次のような問題です．

$y$ は任意の代数関数として，$\int y dx$ という形の積分を代数関数，対数関数，それに**楕円関数**を用いて次のように表すことは可能なのかどうかを探索せよ．

$$\int y dx = x, \log v_1, \log v_2, \log v_3, \ldots, \Pi_1(z_1), \Pi_2(z_2), \Pi_3(z_3), \ldots$$

の代数関数．

ここで，$v_1, v_2, v_3, \ldots, z_1, z_2, z_3, \ldots$ は可能な限りもっとも一般的な $x$ の代数関数，$\Pi_1, \Pi_2, \cdots$ は何らかの有限個の楕円関数を表しています．私は次に挙げる定理を証明することにより，この問題の解決に向けて第一歩を進めました．

$\int y dx$ を前述のように表示できるとするなら，その表示式につねに次のような形を与えることができる．

$$\int y\,dx = t + A_1 \log t_1 + A_2 \log t_2 + \cdots$$
$$+ B_1 \Pi_1(y_1) + B_2 \Pi_2(y_2) + B_3 \Pi_3(y_3) + \cdots$$

ここで，$t, t_1, t_2, \ldots, y_1, y_2, y_3, \ldots$ はすべて $x$ と $y$ の有理関数です．ではありますが，関数 $y$ に対して完全な自由度を保持しようとして，私はそこのところで私の力を越えて，決して凌駕することのできない困難に行く手をさえぎられてしまいました．そのため私は二，三の特別の場合，わけても $y$ が $\dfrac{r}{\sqrt{R}}$ という形の場合だけに甘んじることにします．ここで $r$ と $R$ は $x$ の任意の有理関数です．これでもすでに非常に一般的です．私は，積分 $\displaystyle\int \frac{r\,dx}{\sqrt{R}}$ は

$$\int \frac{r\,dx}{\sqrt{R}} = p\sqrt{R} + A' \log\left(\frac{p' + \sqrt{R}}{p' - \sqrt{R}}\right) + A'' \log\left(\frac{p'' + \sqrt{R}}{p'' - \sqrt{R}}\right) + \cdots$$
$$+ B_1 \Pi_1(y_1) + B_2 \Pi_2(y_2) + B_3 \Pi_3(y_3) + \cdots$$

という形に表示できることを認識しました．ここで量 $y_1, y_2, y_3, \ldots$, $p, p', p'', \ldots$ はすべて変化量 $x$ の有理関数です．

　私はこの定理を間もなく『クレルレの数学誌』に掲載される予定の楕円関数に関する論文の中で証明しました．この定理は，変換の理論に対して可能な限り最大の一般性を付与するのに，私にとってきわめて有用です．これを言い換えますと，私は単に二つの関数ばかりではなく，任意個数の関数を相互に比較しました．（同上，89-90 頁）

アーベルは『クレルレの数学誌』に掲載予定の楕円関数の論文に言及したが，それは「楕円関数論概説」のことである．

**任意個数の楕円関数（楕円積分）の相互比較**
　アーベルの手紙を読むと，この時期のアーベルの数学的関心がどのようなものであったのか，文面を通して手に取るように伝わってくる．アーベル自身がアーベルの数学研究を要約しているのであるから，これ以上は望めない解説である．

「任意個数の関数の相互比較」を遂行したとアーベルはルジャンドルに伝えたが，続けてその具体的な状況を書き留めた．

モジュール $c, c', c'', c''', \ldots$ をもつ任意個数の第 3 種楕円関数の間に，
$$A\Pi x + A'\Pi_1 x_1 + A''\Pi_2 x_2 + A'''\Pi_3 x_3 + \cdots + A^{(n)}\Pi_n x_n = v$$
という形の何らかの関係が成立するとします．ここで $x_1, x_2, x_3, \ldots,$ $x_n$ は任意個数の代数方程式により互いに結ばれている変化量，$v$ は代数的および対数的表示式です．このとき，モジュール $c', c'', c''', \ldots$ は，$x', x'', x''', \ldots$ のところに $x$ の**有理**関数を代入することにより，方程式
$$\frac{dx}{\sqrt{(1-x^2)(1-c^2 x^2)}} = a' \frac{dx'}{\sqrt{(1-x'^2)(1-c'^2 x'^2)}}$$
$$= a'' \frac{dx''}{\sqrt{(1-x''^2)(1-c''^2 x''^2)}} = \cdots$$
を満たしうるようなものでなければなりません．ここで $a', a'', \ldots$ は定量です．この定理により，楕円関数の一般理論はある関数の他の関数への変換の理論に帰着されます．（同上，90 頁）

この命題を見ると，アーベルは変換理論を格段に一般化することに成功した様子がうかがわれるが，いかにも不思議な命題であり，どのように理解したらよいのか，困惑させられる場面である．ある特定の形の 1 階連立微分方程式の解法を語っているように見えるが，まったく別の意味合いが付与されているようにも見える．ルジャンドルへの手紙に書き留められているだけで，アーベルが公表した論文には見られない命題でもある．アーベルはルジャンドルの著作をテキストにして楕円関数論を学び，ガウスの思想を感知して歩みを進めたが，何年もしないうちに独自の地点に到達し，未開の曠野の開拓に乗り出そうとしたかのような印象がある．

### 代数方程式論を語る

アーベルの長文の手紙もそろそろ終りに近づいたが, 最後にアーベルは代数方程式論に言及した.

> 私の発見のいくつかをもう一度繰り返してお伝えしてしまいましたが, どうかお気にさわりませんよう. お便りをさしあげることが許されるのでしたら, もっと多くの発見をお伝えしたいと願っています. それらは楕円関数に関する発見や楕円関数よりも一般的な関数に関する発見, それに代数方程式の理論に関するさまざまな発見です. 私は幸いにも, 提示された任意の方程式が**冪根**を使って解けるのか否かを認識することを可能にしてくれる確実な規則を見つけることができました. 私の理論から派生するひとつの命題は, 一般に 4 次を越える方程式を解くのは**不可能**であるということです. (同上, 90 頁)

アーベルの長い手紙は実質的にこれで終りである. 実際にはさらに数語が添えられているが, それは「敬具」というような決まり常套句である. ここまで読み進めてきたのはアーベルからルジャンドルへの 2 通目の手紙であり, 1 通目の手紙の内容はわからないが, ルジャンドルの返信などを参照するとアーベルははじめから数学研究の状況を熱意を込めて克明に書き続けたように思う.「どうかお気にさわりませんよう」というのは, すでに 1 通目の手紙に書いたことをまた繰り返したりしたことに対する弁明であろう. それでもまだ書き足りない気持ちが残ったようで, もう一度手紙を書いてよいのなら, 発見したことをもっと伝えたいというのである. ルジャンドルはアーベルの数学研究を完全に理解することはできなかったろうと思うが, 理解しようと努力したのはまちがいなく, 実際, 全 2 巻の『楕円関数とオイラー積分概論』に第 3 巻を加えてアーベルの理論を紹介した. 誠実な人柄だったのであろう.

アーベルは手紙の末尾で代数方程式論を語ったが, このようなところを見ると, アーベルの代数方程式研究は「不可能の証明」以後も続いていた様子が伝わってくる. アーベルは「不可能の証明」を越えて代数的可解性の必要十分条件を獲得し,「不可能の証明」はそこから派生する一命題になったというので

ある．それを論文の形で書いて公表するにはいたらなかったが，アーベルの全集に遺稿が収録されていて，そこではたしかにアーベルのいう代数的可解条件が探究されている．その遺稿は完成した原稿ではないが，アーベルが得た可解条件はガロアが到達したものとはまったく姿形を異にしている．そこでクロネッカーは「アーベルとガロアによる二つの可解条件」ということを口にしたが，クロネッカーの目にはそれらの2種類の条件の本質的な差異がありありと映じたのであろう．

「敬具」と書き，署名した後に，数行の追伸が添えられている．

追伸
ヤコビ氏の著作を一日も早く知りたいと熱望しています．そこには数々の驚嘆すべき事柄が見られるにちがいありません．まちがいなくヤコビ氏は，楕円関数論ばかりではなく一般に数学の完成度を高め，予想を越えた地点へと高めることでしょう．私はヤコビ氏をきわめて高く評価しています．（同上，90頁）

何でもない簡単な数語にすぎないが，ヤコビの著作を待ち望むアーベルの心情がよく伝わってくる．アーベルとヤコビはルジャンドルを介して心を通わすことができたのであり，ルジャンドルの役割もまた大きかったと言わなければならないであろう．

## 3 ルジャンドルからアーベルへ（1829年1月16日）

### ルジャンドルの返信

1828年11月25日付のアーベルの手紙を受けて，ルジャンドルはまた返信した．その日付は年明け，すなわち1829年1月16日である．ルジャンドルの手紙はクリスチャニアに届いたのであろうと思われるが，1829年1月のアーベルの所在地はクリスチャニアではない．前年，すなわち1828年12月にアーベルはクリスチャニアを離れ，フローラン・ヴェルクに移動した．ストゥーブハウグの著作『アーベルとその時代』によると，フローラン・ヴェルク

に到着したのは 12 月 19 日である．馬の引くそりに乗り，広い下襟のフロック・コートを着て，だぶだぶの黒い外套にくるまり，手袋がなかったので両手を靴下の中に突っ込んでいたと，ストゥーブハウグはこのときのアーベルの様子を描写した．

　フローラン・ヴェルクにはスミスという人が経営する製鉄所があり，アーベルの婚約者のクリスティーネ・ケンプがそこで家庭教師をして暮していた．年明けの 1 月 6 日，胸に鋭い痛みを感じ，背中が痛いとアーベルは訴えた．1 月 9 日にはクリスチャニアにもどることになっていたが，病（やまい）は重く，咳をすると喀血するというふうだったためもどるのは無理で，そのまま病床についた．肺結核だったのだが，回復にいたらず，4 月 6 日に亡くなった．ルジャンドルからの最後の手紙はフローラン・ヴェルクに届いたのかどうか，届いたとしても読むことができたのかどうか，詳しい消息は不明である．

　アーベルが亡くなった場所をフローラン・ヴェルク（Frolands verk）と表記したが，この地名は単にフローランと書かれることもある．フローラン・ヴェルクはノルウェー南部のアウスト–アグデル（Aust-Agder）州の村．アウスト–アグデル州の州都はアーレンダル（Arendal）である．

　1829 年 1 月 16 日付で書かれたルジャンドルの手紙を一瞥したいと思う．

> あなたが指定したシュバール商会に，私の『概論』を委託してきました．第 3 巻の冒頭の「第 1 の補足」もいっしょに，あなたのもとに送り届けることを引き受けてくれました．目下，送付中．遅くないうちにお手元に届けられるでしょう．（同上，91 頁）

　ルジャンドルは全 2 巻の著作『楕円関数とオイラー積分概論』の続巻の執筆を手がけていたが，「補足」と総称して「第 1 の補足」「第 2 の補足」というふうに続けていく考えであった．「第 1 の補足」はこの時点ですでにできあがっていたので，「第 2 の補足」と合わせてアーベルのもとに送付したのである．「補足」の内容は，ルジャンドルが理解したアーベルの楕円関数論にほかならない．

私はこれをあなたの研究におかげをいただいたことに敬意を表してさしあげるのです．天がなお数年のいのちを許してくれて，私が逐次刊行を企画している他の一系の「補足」に一部分を含めることができるときには特にそうなのですが，あなたの研究は私の研究に大きな価値を加えてくれます．

あなたの11月25日のお手紙の中に，私はきわめて興味の深い多くの事柄を見出だしました．その一部分はすでに『クレルレの数学誌』に掲載されているものですが，あるモジュールが変換されていく可能性のある行く先のものの個数の問題を，それは私があなたに解明してほしいとお願いしたものなのですが，十分に満足のいく，十分に一般的な仕方で説明してくれました．

ところで，「いくつかの一般的性質に関する諸注意」というタイトルの第30論文（註．『クレルレの数学誌』第3巻に掲載された第30番の論文「ある種の超越関数の二，三の一般的性質に関する諸注意」）は，そこに遍在する分析の深さといい，諸結果の美しさと一般性といい，あなたがこれまでに公表したすべてのものを凌駕していると私には思われます．この論文はわずかな頁を占めているにすぎませんが，おびただしい事柄を含んでいます．（同上，91頁）

ルジャンドルはアーベルの論文「諸注意」によほど驚嘆したようで，賞賛の言葉を連ねているが，それなら「諸注意」をはるかに上回る一般性を備えている「パリの論文」はどうしたのだろうと，素朴な疑問へと誘われる．アーベルが「パリの論文」を執筆した1826年秋のルジャンドルはアーベルには無関心で，「パリの論文」に目を通すこともなかったのである．

### アーベルの「諸注意」を賞賛する

アーベルの論文「諸注意」を賞賛するルジャンドルの言葉が続く．

156    第3章 楕円関数論のはじまり

> この論文は全般的に見てきわめて美しく,しかもきわめて簡明に仕上げられています.もっと叙述の分量を増やすことができたのなら,逆向きに論旨を展開して,一番一般的な場合を最後にまわしたらよかったのではと思ったことでした.いずれにしましても,私にできることはといえば,あなたがこのような数々の困難を克服しようとする企図を抱き,しかも首尾よく成功されたことに対し,お祝いの言葉を申し上げることだけです.といいますのは,あなたが手にしたいろいろな結果のすべてを検証するのに必要な仕事に従事する力は,私にはもう残されていませんし,そのような仕事は 80 歳になろうとする老人の力を越えているのですが,それでもなお私はあなたの研究を十分によく検討し,完全に正しいと納得したからです.(同上,91 頁)

ルジャンドルはアーベルの「諸注意」を細かく検証したと語っているが,「パリの論文」への言及は依然として見られない.

> あなたのお手紙の記事は,逆関数 $\lambda x$ の,二つの関数 $\varphi x$ と $fx$ を用いる級数展開に関するあなたの研究の結果のいくつかを私に伝えてくれました.それに,これらの二つの関数の数々の美しい性質も教えていただきました.この記事は,ヤコビ氏が $\Theta(q,x), H(q,x)$ と名づけている関数に関して公表した論文と大きな関連があります(1828 年のシューマッハーの雑誌の第 27 号を参照してください).それらの関数は,非常に多くの級数の和を非常にエレガントな仕方で求めるうえで,彼にとって役立っています.(同上,91 頁)

アーベルとヤコビによる二通りの楕円関数研究の間に,類似性が認められることが指摘された.

ルジャンドルはヤコビの楕円関数論に触れて,「ヤコビ氏が $\Theta(q,x), H(q,x)$ と名づけている関数に関して公表した論文と大きな関連があります」と語り,「1828 年のシューマッハーの雑誌の第 27 号」を参照するようにと指示したが,これはルジャンドルの誤記と思う.「シューマッハーの雑誌」というのがまち

がいで，正しくは『クレルレの数学誌』．1828年刊行の第3巻である．『クレルレの数学誌』は年に4回に分けて逐次刊行されたが，4冊の分冊が1巻にまとめられて，全体を通じて掲載論文に番号がつけられている．ルジャンドルは『クレルレの数学誌』の第3巻に掲載された論文のうち，第27番の番号が割り振られているヤコビの論文を参照するようにと指示したことになる．

**4番目の楕円関数**

　ルジャンドルが指示したヤコビの論文は何かというと，4篇の続きものの第2番目に数えられる論文である．すべてフランス語で書かれている．第1番目の論文は「楕円関数ノート」（1828年4月2日付の，著者からこの雑誌の編纂者への書簡の抜粋）で，『クレルレの数学誌』第3巻に掲載された．通し番号でいうと第16論文だが，論文とはいえ，実際にはクレルレ宛の手紙の一節である．この論文の続きがルジャンドルのいう第27論文で，「楕円関数小引の続き」（1828年7月21日付の，著者からこの雑誌の編纂者への書簡の抜粋）というのである．この「小引」もクレルレへの手紙の一部分で，『クレルレの数学誌』第3巻，第3分冊に掲載された．

　この論文の続篇が二つ存在する．

「楕円関数小引の続き」（1828年．『クレルレの数学誌』第3巻，第39論文）

「楕円関数小引の続き」（1829年．『クレルレの数学誌』第4巻，第12論文）

このような状況を踏まえて，ルジャンドルの手紙にもどりたいと思う．

　関数 $\Theta(q,x)$ を用いて，ヤコビ氏は第3種関数 $\int \frac{d\varphi}{(1-k^2\sin^2\alpha\sin^2\varphi)\Delta\varphi}$ を非常に簡単な式で表すことに成功しました．この関数のパラメータ $-k^2\sin^2\alpha$ は，私が**対数的**と呼んだ形に準拠しています．$\cot^2\alpha$ もしくは $-1+k'^2\sin^2\alpha$ というもうひ

とつの形を**円的**と名づけたのに対して，そのように呼んだのです．こんなふうにして，対数的パラメータをもつ第 3 種関数は，第 1 種と第 2 種の関数と同様に，表にまとめられます．なぜなら，これらの関数は二つの量だけしかもたない関数 $\Theta(q,x)$ に依存するにすぎないからです．

このヤコビ氏の結果は，私の目には第 3 種楕円関数の理論でのめざましい発見のように映じます．わけても，もし円的なパラメータをもつ他の第 3 種の関数に対して類似の結果を見つけることができるのであれば，なおさらです．ヤコビ氏は歩みを進めて，これは可能であることを提言しました．ですが，私がこの計算を遂行しようとしたとき，言い換えると量 $\frac{1}{2} \cdot \log \frac{\Theta(x-a)}{\Theta(y+a)}$ において $a$ もしくは $x$ が虚と仮定しようとしたときのことですが，私は免れようもなく三つの量をもつ関数へと導かれていく情景を目の当たりにしました．実際，いくつかの実量の関数において，その関数の変化量もしくは定量のひとつの代りに虚量 $r(\cos\Theta + \sqrt{-1}\sin\Theta)$ を配置すると，あなたの関数にはなおもうひとつの要素が含まれることになるのですが，それは解析学における一般的な規則なのです．それで，私が今しがた口にした計算は，私の目的もヤコビ氏が予報した目的も満たしてくれませんでした．私はこの計算から，変換に関する諸定理と，私が前に私の『概論』第 1 巻の第 23 章で与えた完全関数の表意式を十分に容易に取り出すことができましたが，それだけのことでした．

ところで，楕円関数の一般的な区分けに関するひとつの困難がここから発生します．対数的パラメータをもつ第 3 種関数と，円的パラメータをもつ関数との間に見られるこの巨大な懸隔，言い換えますと，一方の関数は二つの変化量の関数を用いて表示されて容易に「表」に帰着されるのに対し，もう一方の関数はそのようなことはできないという差異を，われわれは受け入れることになるのでしょう

か．そうしますと，実際に，3種類ではなく4種類の楕円関数が存在することになり，その第4番目の関数は第3番目の関数よりはるかに込み入っています．調べて明らかにするだけの値打ちがあるのはこの点です．私はこれを究明することをあなたとヤコビ氏におすすめします．（同上，91-92頁）

楕円関数を3種類に分けたのはルジャンドルで，アーベルもヤコビもこの区分けを受け入れた．ところが，そのルジャンドル自身はさらに区分けを進め，新たに第4番目の楕円関数を語り，それを探索するようにとアーベルとヤコビをうながすのである．

### アーベルの代数方程式論を語る

最後にルジャンドルはアーベルの代数方程式論に言及した．

> あなたは代数方程式に関するとても美しいお仕事を予告しています．そのお仕事は，提示されたどのような数値方程式についても，それが冪根を用いて解けるときにはその解法を与えること，それに，要請される諸条件を満たさない方程式についてはどれも，冪根を用いて解くのは不可能であると宣告することを目的としています．ここから，必然的な結果として，4次を越える方程式の一般的解法は不可能であるという結論が帰結します．どうかこの新理論をできるだけ早く公表してください．この理論はあなたに大きな栄誉をもたらすでしょう．また，解析学においてなすべきこととして残されていた最大の発見と，広くみなされることでしょう．

> さようなら．あなたはあなたの成功により，研究の目的において，幸いに恵まれています．あなたの天性の資質のインスピレーションを存分に発揮することを許してくれる社会的地位を得て，なおいっそう幸福になるよう，望んでいます．（同上，92-93頁）

この後に「敬具」に相当する語句が記され，ルジャンドルの署名が続く．1829 年 1 月 16 日付のルジャンドルの手紙の本文はこれで終わりだが，短い「追伸」が附されている．

> 追伸．少し前のことですが，フンボルト氏の手紙を受け取りました．それを見ると，ベルリンの公設機関大臣（！）が高等数学と物理学の研究のための研究所の設立を承認する許可を国王から受けたこと，その研究所では，ヤコビ氏とともにあなたが教授として招聘される予定であることを，フンボルト氏は私に教示しています．（同上，93 頁）

パリ留学を終えて 1827 年 5 月に帰国してからこのかた，アーベルは定職がなく，ときおりアルバイトのような仕事をするだけであった．それから 1828 年 12 月まで，19 箇月ほどの歳月が流れ，年末，フローラン・ベルクに移動して，年明けの 1829 年 1 月 6 日に病床についた．そのまま立ち直ることができず，4 月早々に亡くなってしまったが，顧みてひときわ神秘的な印象を受けるのは，帰国後の 19 箇月の日々を数学研究に専心して生きるアーベルの姿である．およそ 100 年の後，岡潔は故郷の和歌山県紀見村でひとり数学研究に打ち込む日々を送ったが，その時期の岡の印象はアーベルの 19 箇月の日々の印象とよく通い合う．

貧困に苦しむアーベルのために定職を確保しようという動きは故国ノルウェーには見られなかったが，ベルリンのクレルレは熱心に運動した．ベルリンに数学と物理の研究所を設立し，アーベルとヤコビが教授になるという構想があり，しかもすでに国王の許可がおりたという知らせがルジャンドルのもとに届いたが，これが実現されたなら，アーベルとヤコビが語り合いながら楕円関数論やアーベル関数論の建設を推し進めるという，夢のような光景が現出したことであろう．実際にはアーベルは病没し，新研究所も日の目を見なかった．クレルレの便りが届いたのはアーベルの没後になってしまったが，アーベルはルジャンドルの手紙を見る機会はあったのではないかと思う．実現にはいたらなかったが，ベルリンに設立される予定の数学と物理の研究所は，病床のアーベルにとって架空の存在ではなかったのである．

# 第4章 アーベル関数の理論
## ——ヤコビの逆問題の探究

## I 「パリの論文」からアーベル関数論へ

### 1 代数的微分式の積分

**ディリクレの原理をめぐって**

　リーマンはベルリン大学で「ディリクレの原理」という変分法の原理をディリクレに学び，それに依拠して，閉リーマン面において「指定された特異性をもつ関数」の存在証明に成功した．リーマン面は解析関数の「母なる大地，その上にこそはじめて諸関数が生育し繁茂しうる大地」（ワイルの言葉．『リーマン面のイデー』の「緒言および序文」より引用）とみなされるべき場所としてリーマンが提案した曲面であり，特に閉リーマン面を考えるなら，それは代数関数の存在領域なのであるから，リーマンが証明したのは「指定された特異性をもつ代数関数」が存在するという事実である．これによって代数関数論におけるリーマンの構想が根底から支えられ，閉リーマン面は代数関数の「母なる大地」であるという確信が得られたのである．「ディリクレの原理」という呼称を提案したのもリーマンである．

　リーマンはリーマン面とディリクレの原理についてここかしこで語っているが，1857年の論文「1個の複素変化量の関数の，境界条件と不連続性条件に

よる決定」を参照すると，次のような言葉が目に留まる．

　超越関数（註．原語は Transcendenten.「超越的なもの」の意）の研究の基礎として，何よりもまず超越関数を決定するのに十分な，相互に独立な一系の諸条件を提示する必要がある．この要請に応えるために，多くの場合，わけても代数関数の積分とその逆関数の場合に対しては，ある原理を用いることができる．それはディリクレが——たぶん，ガウスの類似のアイデアに誘われて——距離の平方の逆数に比例して作用する力に関する講義の中で，ラプラスの偏微分方程式を満たす3変数関数を対象にして上記の問題（註．「超越関数を決定するのに十分な，相互に独立な一系の諸条件を提示する」という問題）を解決するために，長い年月にわたって常々表明してきた原理である．（リーマン『全数学著作集』，90頁）

　ディリクレが「長い年月にわたって常々表明してきた原理」というのは「ディリクレの原理」を指す言葉であり，ディリクレはこれをガウスのアイデアに誘われて手にしたと言っている．ガウスの論文「距離の平方の逆数に比例して働く引力と反発力に関する一般的諸定理」がリーマンの念頭にあったのであろう．
　リーマンの言葉が続く．

　ところが，超越関数（註．原語は Transcendenten）の理論への応用の際にはあるひとつの場合が特別に重要になるが，そのような場合に対しては，この原理をディリクレの講義に見られるような，きわめて単純な形で適用することはできないのである．また，ディリクレの講義では，完全に二次的な意味しかもたないと見て，その場合を考慮に入れずにすませてしまうことも可能である．それは，関数の決定が行われるべき領域のいくつかの特定の点において，あらかじめ指定された不連続性を受け入れなければならないという場合である．ここで語られている状勢はこんなふうに諒解するのが至当である．すなわ

ち，この関数はそのような各点において，その点において与えられたある不連続関数と同じ様式で不連続になる．言い換えると，そのような不連続関数と比較すると，その点で連続な何らかの関数だけの食い違いしか見られないという条件に束縛されるのである．（同上，90頁）

「局所的に不連続性（Unstetigkeiten），すなわち特異点の分布を指定して，それを受け入れる解析関数を大域的に構成する」という問題が語られたが，リーマンはこれをディリクレの原理に基づいて証明したのである．実際にはリーマンの証明には瑕疵があり，ヴァイエルシュトラスの批判を受けることになった（ヴァイエルシュトラス「いわゆるディリクレの原理について」）が，閉リーマン面上の代数関数の存在に寄せるリーマンの確信は揺るがなかったであろう．

リーマンの次の世代のクラインもまたこれを疑わなかったが，クラインの強固な実在感を支えていたのは，「リーマン面に置換へるに電導率が一定の法則に從つて變化する如き金屬面を以てし，其二つの極を連結するに電池の兩極を以て」（ポアンカレ『科學の價値』，26-27頁）すれば，電流が通じないはずはないという，脳裡に描かれた鮮明な物理的現象であった．論理的な視点から見ると証明とはいえないが，感情は十分に満たされることはまちがいなく，感情が満足する以上，いずれ論理的に正しい証明が発見されるにちがいないと信じていたのであろう．はたしてリーマンの証明の不備をヒルベルトが補うことに成功し，リーマンが提示した証明の道筋はそのまま通行可能になった（ヒルベルト「ディリクレの原理について」）．

このあたりの消息についてもう少し言い添えると，単に閉リーマン面上に解析関数が存在するというだけではなく，古典的な意味合いにおける代数関数，すなわち，**その分岐様式が指定されたリーマン面と合致して，本質的特異点をもたない解析関数**の存在を示さなければならないが，リーマンはこれを論文「アーベル関数の理論」において確認した（同論文，第5節．『全数学著作集』，100-102頁）．

リーマンのアーベル関数論はこうして歩み始めるが，では出発点をディリクレの原理に求めたのはなぜなのであろうか．代数関数をヴァイエルシュト

ラスのように代数的形成体として理解することにすれば，解析関数ははじめから代数的形成体に附随しているのであるから存在証明は不要であり，関数が分岐して多価性を示す様子もまた一目瞭然である．異なる代数関数であっても分岐する様式が同じこともあり，代数関数論における考察のテーマとなるのは，「そのような同じ様式で分岐するさまざまな代数関数とそれらの積分の作るシステム」（『全数学著作集』，96 頁）である．ところがリーマンは「これらの関数のこのような様式の表示から出発するのではなく，**ディリクレの原理**（Dirichlet'schen Princip）を適用して，これらの関数をその不連続性を通じて規定したいと思う」（同上，96 頁）というのである．代数関数の全体像を，その特異点における挙動により把握しようというのがリーマンの構想の根幹なのであり，ヴァイエルシュトラスとは正反対の行き方である．

「ディリクレの原理」の一語がここに明記されたことにも注意を喚起しておきたいと思う．

**アーベル関数の理論**

1857 年，この年の『ボルヒャルトの数学誌』第 54 巻にリーマンの 4 篇の論文が掲載された．

（第 11 論文）「独立変化量の関数の研究のための一般的諸前提と補助手段」
（第 12 論文）「2 項完全微分の積分の理論のための位置解析からの諸定理」
（第 13 論文）「1 個の複素変化量の関数の，境界条件と不連続性条件による決定」
（第 14 論文）「アーベル関数の理論」

リーマンの没後，デデキントとハインリッヒ・ウェーバーが編纂したリーマンの全集（1876 年）では，これらの 4 論文は「アーベル関数の理論」という表題を附せられて，全体でひとつの論文のような形で収録された．第 11, 12, 13 論文は 1851 年の学位論文「1 個の複素変化量の関数の一般理論の基礎」の

要約で，いずれも短篇である．学位論文の内容を三つのテーマに分けて叙述したのである．

リーマンのアーベル関数論の本論を作るのは第14論文で，初出誌で見るとこの1篇だけで41頁に及ぶ（第11論文は4頁，第12論文は6頁，第13論文は4頁）．冒頭に詳細な序文が配置され，そこに，

> これから叙述される論文において，私はアーベル関数をある方法に依拠して取り扱った．その方法の原理は私の学位論文において提起されたが，この論文では，いくぶん修正された形で描写される．（リーマン『全数学著作集』, 93頁）

と明記され，学位論文とアーベル関数論との関連が明らかになった．「ある方法」とは，「ディリクレの原理を基礎にする方法」というほどの意味の言葉である．

第14論文は序文に続いて27個の節で構成され，大きく第1部（1-16節）と第2部（17-27節）に区分けされている．序文の末尾に記されている論文執筆の経緯を参照すると，1854年に私講師になったリーマンはアーベル関数論の建設をめざして講義を行った．第14論文は，最後の2節（第26節と第27節）を除いて，1855年のミカエル祭の日（天使長ミカエルを祝う祭典．9月29日）から1856年のミカエル祭の日までの講義の一部分の抜粋である．最後の2節

リーマン「1個の複素変化量の関数の一般理論の基礎」第1頁

リーマン「アーベル関数の理論」．初出誌の第1頁

は，「当時は手短にスケッチすることができただけにすぎなかった」（第 14 論文の序文より）という．

アーベル関数論に向う数学的思索は，講義に先立って，学位論文の直後からすでに始まっていた．1851 年の秋から翌 1852 年のはじめにかけて，多重連結面の等角写像に関する研究を行った．そこから摘まれた果実が第 14 論文の第 1-5 節，第 9 節，第 12 節で報告された事柄と，そのために要請される予備的諸定理である．それから 3 年ほどの間隙をはさみ，1855 年の復活祭（キリストの復活を祝う祭典．イースター．3 月 21 日ころの春分の日以後の最初の満月の後の日曜日）のころ，再びアーベル関数論に立ち返った．この年の復活祭とミカエル祭の間に第 21 節まで書き，1856 年のミカエル祭までに残された部分を書き加えた．

第 14 論文の第 1 部のテーマは「同じ分岐をもつ代数関数とその積分の系の理論」である．続いて「同じ分岐をもつ代数関数の，いたるところで有限な任意の積分系を対象とするアーベルの加法定理」が語られて，その応用として微分方程式系の積分が語られた．第 2 部のテーマは**ヤコビの逆問題**（Jacobi'schen Umkehrungsproblem)」である．この問題を解くことがリーマンのアーベル関数論の目標であり，そのために構築された理論体系の総体が（1 変数の）代数関数論と呼ばれるのである．

リーマンのアーベル関数論の解明の鍵をにぎるのは「アーベルの加法定理」と「ヤコビの逆問題」だが，淵源を尋ねると共通の泉にたどりつく．それはアーベルの「パリの論文」である．

### 「パリの論文」の序文より

「パリの論文」の表題は「ある非常に広範な超越関数族のひとつの一般的性質について」であり，アーベルがパリに滞在中に執筆したことにより，「パリの論文」という通称で呼ばれるようになった．表題に見られる「ある非常に広範な超越関数」というのは完全に一般的な代数関数の積分のことで，リーマンのいうアーベル関数，すなわち今日の語法でのアーベル積分と同じものである．そのような関数族に備わっている「ひとつの一般的性質」が示唆しているのは**加法定理**である．

アーベルは 1826 年 7 月 10 日にパリに到着し，それから「パリの論文」を書き始め，10 月も終りころになってようやく完成して同月 30 日に科学アカデミーに提出した．コーシーとルジャンドルが審査して，その結果をコーシーが科学アカデミーで報告することになっていたが，顧みられないまま放置されて年末になり，アーベルは失意のうちにパリを離れることを余儀なくされた．

次に引くのは「パリの論文」の書き出しの部分である．

> これまで幾何学者たちの手で考察されてきた超越関数はごくわずかである．超越関数に関するほとんどすべての理論は対数関数，指数関数，それに円関数の理論に帰着されるが，それらの関数は実際のところ，唯一の種類の関数族を形成するにすぎない．そのほかの二，三の関数の考察が始まったのはようやく最近のことである．それらの関数の間で筆頭に挙げられるのは，ルジャンドル氏が多くの注目に値するエレガントな性質を明らかにした楕円的超越物である．著者はアカデミーに提出する栄誉を担うこの論文において，非常に広い範囲に及ぶ関数の族，すなわち，その微分（註．原語は derivées）がある同一の変化量の有理関数を係数とする代数方程式を用いて書き表される，という性質をもつすべての関数を考察した．そうしてそのような関数を対象として，対数や楕円関数と類似の諸性質を発見した．（アーベル『全著作集』，第 1 巻，145 頁）

「楕円的超越物」の原語は les transcendentes elliptiques で，ルジャンドルの著作で使用された言葉である．そのまま訳出して「楕円的超越物」としたが，実体は楕円積分である．少し後にルジャンドルは「楕円関数」という用語を提案したが，ヤコビはこれに反対し，楕円関数という言葉は第 1 種楕円積分の逆関数のために使うことを提案した．このヤコビの語法は今も踏襲されている．アーベルは「パリの論文」の時点ではルジャンドルの語法にしたがって「楕円的超越物」という用語を使ったが，翌年の論文「楕円関数研究」ではルジャンドルの新たな提案を受け入れて楕円関数という用語を採用した．この流儀が継承されて，リーマンはアーベル積分をアーベル関数と呼んだのである．

「その微分が，ある同一の変化量の有理関数を係数とする代数方程式を用いて書き表される，という性質をもつすべての関数」というのはアーベル積分のことで，一般に

$$\omega = \int f(x,y)dx$$

という形に表示される．アーベル積分の微分 $d\omega = f(x,y)dx$ は，「ある同一の変化量の有理関数を係数とする代数方程式を用いて書き表される」と言われているが，これは「$y$ が $x$ の代数関数であること」，すなわち，$y$ は $x$ の有理式を係数にもつ代数方程式の根として認識されることが含意されている．オイラーに淵源する代数関数の諒解様式である．

$f(x,y)$ は $x$ と $y$ の有理式である．$y$ が $x$ の代数関数であることに留意すると，代数関数を係数にもつ微分 $d\omega = ydx$ を「代数的微分式」と呼ぶのは自然であり，アーベル自身，ときおりこの言葉を使っている．また，「関数 $y$ の積分」ではなく，「微分の積分」が考えられている点も注目に値する．オイラーの著作『積分計算教程』（全3巻）の第1巻（1768年）の冒頭に積分の定義が記されているが，それによると，微分 $f(x,y)dx$ の積分というのは「その微分が $f(x,y)dx$ になるような変化量」のことで，オイラーはそれを積分記号を用いて $\int f(x,y)dx$ と表記した．アーベルの語法と同じであり，オイラーの影響がはっきりと感知される場面である．

最後に，アーベルは一般のアーベル積分を対象にして「対数や楕円関数（アーベルのいう楕円関数は楕円積分のことである）と類似の諸性質」を発見したと明記して，「アーベル積分の加法定理」の発見を宣言した．

**超楕円積分の加法定理**

待ち望んでいた「パリの論文」に対する反響はどこからも聞こえてこなかったが，故国ノルウェーにもどったアーベルは考察の対象を超楕円積分に限定したうえで，「ある種の超越関数の二，三の一般的性質に関する諸注意」（以下，「諸注意」と略称する）という論文を書いた．対象は限定されたが，その分だけ叙述は精密さを増している．次に引くのは「序文」の言葉である．

$\psi x$ はもっとも一般的な楕円関数を表すとしよう．すなわち

$$\psi x = \int \frac{r\,dx}{\sqrt{R}}$$

としよう．ここで $r$ は $x$ の任意の有理関数であり，$R$ は同じ変化量の 4 次を越えない整関数である．このような関数には，周知のように，任意個数のこれらの関数の和が，同じ形状の唯一の関数を用いて，ある種の代数—対数的表示式（註．代数的式と対数を用いて組み立てられる表示式）をそこに付け加えることにより書き表される，という非常に注目すべき性質が備わっている．

　超越関数の理論において，幾何学者たちはこの形の関数に考察の範囲を限定してきたように思われる．だが，他の関数の作る，ある非常に広範な関数族に対してもなお，このような楕円関数の性質と類似の性質が認められる．

　私は**何かある代数的微分式の積分**と見られる関数について語りたいと思う．楕円関数の場合におけるように，任意個数の与えられた関数の和を唯一の同種の関数を用いて書き表すことは不可能であるとしても，少なくとも，あらゆる場合において，そのような和を，まずはじめに与えられた諸関数と同じ性質をもつ一定個数の他の関数の和として，ある種の代数—対数的表示式をそこに付け加えることにより書き表すことができる．（アーベル『全著作集』，第 1 巻，444 頁）

ここには，「代数的微分式の積分」について語りたいという言葉がはっきりと読み取れる．この論文は『クレルレの数学誌』に掲載され，ヤコビの目にも触れることになった．次に挙げるのはアーベルがこの論文に附した脚註のひとつである．

　われわれはこの性質を，この雑誌（註．『クレルレの数学誌』）のこれから刊行される諸巻の中で証明したいと思う．さしあたり私は楕円関数を包含するひとつの特別な場合，すなわち，式

$$\psi x = \int \frac{r\,dx}{\sqrt{R}}$$

ここで $R$ は任意の整有理関数（註．多項式と同じ），$r$ は有理関数，に包含される関数の場合を考察する．（同上，445頁）

これで研究テーマは確立されたが，アーベルはもうひとつ，

私は1826年の終りころ，パリの科学アカデミーに，このような関数に関する論文を提出した．（同上，445頁）

という脚註を添えて，「パリの論文」の存在を示唆した．ヤコビはこの脚註を見て「パリの論文」を知り，論文「諸注意」の内容を見て，「アーベルの加法定理」の姿を洞察した．

「諸注意」は『クレルレの数学誌』，第3巻，第4分冊に掲載されたが，この分冊の刊行日は1828年12月3日である．翌年4月6日，アーベルは世を去ったが，アーベルの没後，ヤコビはアーベルの思索を継承し，「アーベルの加法定理」からひとつの問題を取り出した．それが**ヤコビの逆問題**である．

## 2　アーベルの加法定理

**加法定理（その1）　アーベルの定理**

アーベルの論文「諸注意」に見られる「定理I」は次のとおりである．

**定理 I.**（アーベルの定理）
$\varphi x$ は $x$ の整関数とし，何らかの仕方で二つの整因子 $\varphi_1 x$ と $\varphi_2 x$ に分解されて，

$$\varphi x = \varphi_1 x \cdot \varphi_2 x$$

となるとしよう．$fx$ はもうひとつの任意の整関数として，

I.2 アーベルの加法定理　171

$$\psi x = \int \frac{fx \cdot dx}{(x-\alpha)\sqrt{\varphi x}}$$

と置こう．ここで $\alpha$ は任意の定量である．$a_0, a_1, a_2, \ldots, c_0, c_1,$ $c_2, \ldots$ は任意の量を表すとし，それらのうち少なくともひとつは変化量であるものとしよう．このように状勢を設定したうえで，

$$(a_0 + a_1 x + \cdots + a_n x^n)^2 \varphi_1 x - (c_0 + c_1 x + \cdots + c_m x^m)^2 \varphi_2 x$$
$$= A(x - x_1)(x - x_2)(x - x_3) \cdots (x - x_\mu)$$

ここで $A$ は $x$ に依存しない，とするとき，私は

$\varepsilon_1 \psi x_1 + \varepsilon_2 \psi x_2 + \varepsilon_3 \psi x_3 + \cdots + \varepsilon_\mu \psi x_\mu$
$= -\dfrac{f\alpha}{\sqrt{\varphi\alpha}} \log \dfrac{(a_0 + a_1\alpha + \cdots + a_n\alpha^n)\sqrt{\varphi_1\alpha} + (c_0 + c_1\alpha + \cdots + c_m\alpha^m)\sqrt{\varphi_2\alpha}}{(a_0 + a_1\alpha + \cdots + a_n\alpha^n)\sqrt{\varphi_1\alpha} - (c_0 + c_1\alpha + \cdots + c_m\alpha^m)\sqrt{\varphi_2\alpha}}$
$+ r + C$

となると主張する．ここで $C$ は定量であり，$r$ は，関数

$$\frac{fx}{(x-\alpha)\sqrt{\varphi x}} \log \frac{(a_0 + a_1 x + \cdots + a_n x^n)\sqrt{\varphi_1 x} + (c_0 + c_1 x + \cdots + c_m x^m)\sqrt{\varphi_2 x}}{(a_0 + a_1 x + \cdots + a_n x^n)\sqrt{\varphi_1 x} - (c_0 + c_1 x + \cdots + c_m x^m)\sqrt{\varphi_2 x}}$$

を $x$ の降冪の順に展開して得られる式における $\dfrac{1}{x}$ の係数である．量 $\varepsilon_1, \varepsilon_2, \ldots, \varepsilon_\mu$ は $+1$ または $-1$ に等しい．それらの値は量 $x_1, x_2, \ldots,$ $x_\mu$ の値に依存する．（アーベル『全著作集』，第1巻，445-446頁）

整関数は多項式と同じである．積分 $\int \dfrac{fx \cdot dx}{(x-\alpha)\sqrt{\varphi x}}$ で表示される関数 $\psi x$ は特別のアーベル積分で，積分記号下の平方根内の多項式 $\varphi x$ の次数が3または4なら楕円積分（ルジャンドルの語法では楕円関数）だが，アーベルは一般に4次を越える多項式を考えている．そのような積分に対し，ルジャンドルは著作『楕円関数とオイラー積分概論 第3の補足』において fonctions ultra-elliptiques（超楕円関数）という名前を提案したが，ここでは**超楕円積分**と呼びたいと思う．

**加法定理（その2）　超楕円積分の加法定理**

定理 I は加法定理の名に相応しい形状を備えているが，次に挙げる「諸注

意」の定理 VIII もまた加法定理の名がぴったりあてはまる．

**定理 VIII.** （超楕円積分の加法定理）
$\psi x = \int \dfrac{r dx}{\sqrt{\varphi x}}$ としよう．ここで $r$ は $x$ の任意の有理関数であり，$\varphi x$ は次数 $2\nu - 1$ または $2\nu$ の整関数である．また $x_1, x_2, \ldots, x_{\mu_1}, x'_1, x'_2, \ldots, x'_{\mu_2}$ は与えられた変化量としよう．このように状勢を設定するとき，変化量の個数 $\mu_1 + \mu_2$ が何であっても，つねに，ある代数方程式を用いて $\nu - 1$ 個の量 $y_1, y_2, \ldots, y_{\nu-1}$ を適切に求めて，

$$\psi x_1 + \psi x_2 + \cdots + \psi x_{\mu_1} - \psi x'_1 - \psi x'_2 - \cdots - \psi x'_{\mu_2}$$
$$= v + \varepsilon_1 \psi y_1 + \varepsilon_2 \psi y_2 + \cdots + \varepsilon_{\nu-1} \psi y_{\nu-1}$$

となるようにすることができる．ここで $v$ は代数―対数的量であり，$\varepsilon_1, \varepsilon_2, \ldots, \varepsilon_{\nu-1}$ は $+1$ または $-1$ に等しい．（アーベル『全著作集』，第1巻，454-455頁）

この定理では，任意個数の同じ形の超楕円積分の総和（加えたり引いたりして作られる和）がある一定の個数 $\nu-1$ の同じ形の超楕円積分の総和に帰着される情景が語られたが，その一定個数 $\nu-1$ は超楕円積分 $\psi x$ の**種数**と呼ばれる定数である．$\nu=2$ の場合，超楕円積分は退化して楕円積分になり，その種数は $\nu-1=1$ となる．定理 VIII には種数の概念が認識された当初の状況が語られているが，種数は閉リーマン面の位相的性質である．これを明らかにしたのもまたリーマンであった．

超楕円積分 $\psi x$ のいくつかの上限 $x_1, x_2, \ldots, x_\mu$ がある一定の関係で結ばれているとき，積分 $\psi x_1, \psi x_2, \ldots, \psi x_\mu$ を加えたり引いたりした結果が代数式と対数を用いて表示される式に帰着されることがあるが，定理 I はそのような状況が出現するために積分の上限が満たすべき様式が記述されている．ルジャンドルはヤコビに教えられてアーベルの定理の重要性に気づき，1832年3月24日付でクレルレに宛てて手紙を書いて，monumentum aere perennius（モニメントゥム・アエレ・ペレッニウス）と，古代ローマの詩人ホラティウスの詩句の一片を引いて賞讃した（ヤコビ『全作品集』，第1巻，376頁）．高木貞治

は『近世数学史談』においてこのラテン語を「金鉄よりも久しきに堪ゆる記念碑」と訳出して紹介した（同書，135頁）．ヤコビはクレルレの依頼を受けてルジャンドルの著作『楕円関数とオイラー積分概論 第3の補足』の書評を書いたが，その際，1832年3月24日付のルジャンドルのクレルレ宛書簡の一節を引用したのである．

長文の書評を綴る途次，ヤコビは「この定理それ自体には，この並はずれた精神のもっとも美しい記念碑として，**アーベルの定理**という名が真に相応しい」（同上，379頁）と，アーベルに寄せる心情を書き留めた．これがアーベルの定理という言葉の初出である．書評の末尾に記入された日付は1832年4月22日．それからまもなくヤコビの論文「アーベルの定理に関する観察」が『クレルレの数学誌』，第9巻に掲載された．末尾の日付は1832年5月14日．「アーベルの定理」は論文の表題を飾る言葉になった．

同じ『クレルレの数学誌』，第9巻にはヤコビのもうひとつの論文「アーベル的超越物の一般的考察」も掲載された．末尾の日付は1832年7月12日．この論文でも「アーベルの定理」という言葉が使われているが，ルジャンドルが提案した「超楕円関数」ではなく「アーベル的超越物」という呼称が採用されている．次に引くのはヤコビの言葉である．

> 先ほどの定理（註．定理VIIIと同じ形の命題）には，あまりにも早すぎた死により奪い去られた驚くべき天才のもっとも高貴な記念碑として，**アーベルの定理**という名を与えるのがよいと思う．$X$ が4次を越える場合には，アーベル以前にはだれもそのような場合を考察しなかったのであるから，超越物 $\Pi(x)$ もまた**アーベル的超越物**と呼びたいと思う．ルジャンドルはこれを**超楕円関数**（fonctions ultra-elliptiques．註．ヤコビが書いた原語はラテン語の hyperellipticae）という適切な名で呼んでいる．（ヤコビ『全作品集』，第2巻，10頁）

ヤコビの心情を忖度すると，本当は**アーベル関数**と呼びたかったのではないかと思う．だが，ヤコビの目にはアーベルの定理の延長線上に広がる光景が映じ，そこに生育する新たな関数の姿が映じていた．アーベル関数の一語はその

関数のためにとっておきたかったのである.

　アーベルに先立ってオイラーは楕円積分を対象にして加法定理を発見したが, 定理 VIII はその延長線上に認識される命題である. ところがアーベルはこの形の加法定理に先立って定理 I を確立し, そこから定理 VIII を導出したのであるから, アーベルは 2 種類の加法定理を発見したのである. そこで本書では定理 I のタイプの加法定理を**アーベルの定理**と呼び, 定理 VIII のタイプの加法定理を**アーベルの加法定理**と呼んで区別することにしたいと思う.

　**加法定理の根底にアーベルの定理が横たわっている**という真にめざましい状勢を, アーベルは超楕円積分の世界の場で明示した. ところがこれに先立って, アーベルはすでに完全に一般的なアーベル積分の世界の場で同じ状勢を観察した. それを報告したのが「パリの論文」なのであった.

### 「2 頁の大論文」

　論文「諸注意」とは別に, アーベルは「パリの論文」のエッセンスのみを取り出して短い論文を書いた. それは「ある超越関数族のひとつの一般的性質の証明」という論文で, 『クレルレの数学誌』の第 4 巻 (1829 年) に掲載された. わずかに 2 頁を占めるにすぎず, ただひとつの定理が提示されただけだったが, それはまさしくアーベル積分に対するアーベルの定理そのものであり,「パリの論文」のエッセンスであった. そこで高木貞治は『近世数学史談』においてこれを「2 頁の大論文」(同書, 134 頁) と呼んだのである.

　「2 頁の大論文」で表明された定理は次のとおりである.

　　定理 (完全に一般的なアーベル積分に対するアーベルの定理.「パリの論文」のエッセンス)
　　　$y$ は

$$0 = p_0 + p_1 y + p_2 y^2 + \cdots + p_{n-1} y^{n-1} + y^n \tag{1}$$

という形の, ある既約方程式を満たす $x$ の関数としよう. ここで $p_0$, $p_1, p_2, \ldots, p_{n-1}$ は変化量 $x$ の整関数である. 同様に,

$$0 = q_0 + q_1 y + q_2 y^2 + \cdots + q_{n-1} y^{n-1} \tag{2}$$

もまたそのような方程式としよう．ここで $q_0, q_1, q_2, \ldots, q_{n-1}$ はやはり $x$ の整関数だが，これらの整関数における $x$ の種々の冪の係数は変化量と仮定しよう．それらの係数を $a, a', a'', \ldots$ で表そう．二つの方程式 (1) と (2) により，$x$ は $a, a', a'', \ldots$ の関数であり，その値は量 $y$ を消去することによって定められる．この消去の結果を

$$\rho = 0$$

で表そう．したがって $\rho$ には変化量 $x, a, a', a'', \ldots$ だけしか入っていない．この方程式の $x$ に関する次数を $\mu$ として，その $\mu$ 個の根を

$$x_1, x_2, x_3, \ldots, x_\mu$$

で表そう．これらは（$x$ の取りうる諸値のうち）$a, a', a'', \ldots$ の関数になるもののすべてである．このようにしたうえで，

$$\psi(x) = \int f(x, y) dx$$

と置こう．ここで $f(x,y)$ は $x$ と $y$ の何かある**有理**関数を表す．このとき，私は，超越関数 $\psi x$ には，方程式

$$\psi x_1 + \psi x_2 + \cdots + \psi x_\mu = u + k_1 \log v_1 + k_2 \log v_2 + \cdots + k_n \log v_n$$

で表される一般的性質が備わっている，と主張する．ここで $u, v_1, v_2, \ldots, v_n$ は $a, a', a'', \ldots$ の有理関数であり，$k_1, k_2, \ldots, k_n$ は定量である．（アーベル『全著作集』，第 1 巻，515-516 頁）

「2 頁の大論文」に言及するヤコビの言葉は見あたらないが，『クレルレの数学誌』に掲載されたことでもあり，知っていたと見てさしつかえないと思う．

## アーベルの加法定理

ヤコビはアーベルの「諸注意」に示唆を受けて「アーベル的超越物の一般的

考察」という論文を書いた．原語をそのまま訳出して「アーベル的超越物」という訳語を当てたが，実体は超楕円積分であり，特別の「アーベル関数」である．ヤコビは

> われわれが語ったオイラーの定理は，アーベルの手で，楕円積分では次数が4になるだけにすぎなかった関数 $X$ が，$x$ の任意の有理整関数であるという，およそ可能な限りのあらゆる拡張された場合へと，驚くべき仕方で押し広げられた．（ヤコビ『全作品集』，第2巻，9頁）

とアーベルの「諸注意」を回想し，そのうえで，

> （楕円積分よりも）いっそう一般的な場合に，その逆関数がアーベルの超越物である関数はどのようなものであり，アーベルの定理はそのような関数をどんなふうに知覚するのだろうかと問い掛けたいと思う．（同上，10頁）

と，ヤコビに固有の問題を提起した．ヤコビの逆問題がここに芽生えている．ここで，ヤコビのいう「アーベルの定理」は本書で採用した語法では「加法定理」を指すことにあらためて留意しておきたいと思う．アーベルの加法定理に糸口を求めて楕円関数論を越えた世界に踏み出していこうとしたのであり，アーベルの提案の継承に強固な意志を示したところにヤコビの創意が現れている．

　ヤコビは問題の解決に向けて，

> アーベルの定理がその代数的完全積分を与えるような微分方程式はどのようなものかと問いたいと思う．（同上，11頁）

と，具体的な指針も提示した．この言葉の意味合いを諒解するために，いくつかの「三つ組」を取り上げたいと思う．

## 3 加法定理と微分方程式

**指数関数と対数積分**

最初の三つ組は

(1) 指数関数 $x = e^u$ の加法定理 $e^{u+v} = e^u e^v$
(2) 対数積分 $u = \int_1^x \dfrac{dx}{x}$ の逆関数 $x = e^u$
(3) 微分方程式

$$\frac{dx}{x} + \frac{dy}{y} = 0$$

の代数的積分 $xy = c$ ($c$ は定量)

である．指数関数 $x = e^u$ は対数積分 $u = \int_1^x \dfrac{dx}{x}$ の逆関数として認識されるが，微分方程式

$$\frac{dx}{x} + \frac{dy}{y} = 0$$

の積分を作ると，$u = \int_1^x \dfrac{dx}{x}, v = \int_1^y \dfrac{dy}{y}$ と置くとき，等式

$$u + v = \int_1^x \frac{dx}{x} + \int_1^y \frac{dy}{y} = C \quad (C \text{ は定量})$$

が成立する．ここで，「$x = 1$ のとき $y = c$」という初期条件を課すと，定量 $C$ もまた対数積分 $C = \int_1^c \dfrac{dc}{c}$ の形に表示されることが判明する．それゆえ，三つの対数積分の間に等式

$$\int_1^x \frac{dx}{x} + \int_1^y \frac{dy}{y} = \int_1^c \frac{dc}{c}$$

が成立する．これが対数積分の加法定理である．

対数関数 $u = \log x, v = \log y$ の性質を示す等式 $\log(xy) = \log x + \log y$ により，三つの積分の上限 $x, y, c$ の関係は，等式

$$c = xy$$

で表されることが明らかになる．この等式は微分方程式 $\dfrac{dx}{x} + \dfrac{dy}{y} = 0$ の代数的積分だが，定数 $c$ は任意であるから，完全積分でもある．ところが $x = e^u, y = e^v, c = e^C, u+v = C$ であるから，$C = xy$ は $e^{u+v} = e^u e^v$ と表記される．それゆえ，この完全代数的積分 $C = xy$ は指数関数の加法定理そのものである．

**正弦関数と円積分**

第 2 の三つ組は

(1) 正弦関数 $x = \sin u$ の加法定理 $\sin(u+v) = \sin u \cos v + \cos u \sin v$
(2) 円積分 $u = \displaystyle\int_0^x \dfrac{dx}{\sqrt{1-x^2}}$ の逆関数 $x = \sin u$
(3) 微分方程式
$$\frac{dx}{\sqrt{1-x^2}} + \frac{dy}{\sqrt{1-y^2}} = 0$$
の代数的積分 $x\sqrt{1-y^2} + y\sqrt{1-x^2} = C$ （$C$ は定量）

である．

正弦関数 $x = \sin u$ は円積分 $u = \displaystyle\int_0^x \dfrac{dx}{\sqrt{1-x^2}}$ の逆関数として認識されるが，微分方程式
$$\frac{dx}{\sqrt{1-x^2}} + \frac{dy}{\sqrt{1-y^2}} = 0$$
の積分を作ると，$v = \displaystyle\int_0^y \dfrac{dy}{\sqrt{1-y^2}}$ と置くとき，
$$u + v = \int_0^x \frac{dx}{\sqrt{1-x^2}} + \int_0^y \frac{dy}{\sqrt{1-y^2}} = C \quad (C \text{ は定量})$$
という形の等式が得られる．ここで，$x = 0$ のとき $y = c$ となるという初期条件を課すと，$C$ もまた円積分 $C = \displaystyle\int_0^c \dfrac{dc}{\sqrt{1-c^2}}$ であることが明らかになる．それゆえ，三つの円積分の間に等式
$$\int_0^x \frac{dx}{\sqrt{1-x^2}} + \int_0^y \frac{dy}{\sqrt{1-y^2}} = \int_0^c \frac{dc}{\sqrt{1-c^2}}$$
が成立することが帰結する．これが円積分の加法定理である．

正弦関数に対する周知の加法定理により，等式

$$c = \sin C = \sin(u+v) = \sin u \cos v + \cos u \sin v$$
$$= x\sqrt{1-y^2} + y\sqrt{1-x^2}$$

が得られて，積分の上限 $x, y, c$ の間の関係が明らかになるが，この等式 $x\sqrt{1-y^2} + y\sqrt{1-x^2} = c$ は微分方程式

$$\frac{dx}{\sqrt{1-x^2}} + \frac{dy}{\sqrt{1-y^2}} = 0$$

の代数的積分を与えている．しかも $c$ は定量であるから，この積分は完全積分である．

**楕円関数と楕円積分**

第 3 の三つ組は

(1) 楕円関数 $x = \lambda(u)$ の加法定理
(2) 第 1 種楕円積分 $u = \int_0^x \dfrac{dx}{\sqrt{X}}$ の逆関数 $x = \lambda(u)$（$X$ は $x$ の 3 次または 4 次の多項式）
(3) 微分方程式 $\dfrac{dx}{\sqrt{X}} + \dfrac{dy}{\sqrt{Y}} = 0$（$X$ は (2) と同じ $x$ の多項式．$Y$ は $X$ と同型の $y$ の多項式）の代数的積分

である．この三つ組は前の 2 例に比して複雑さの度合いが高まっている．一例として $X = 1 - x^4$ と設定すると，**レムニスケート積分** $u = \int_0^x \dfrac{dx}{\sqrt{1-x^4}}$ が生じる．レムニスケート積分は第 1 種楕円積分であり，逆関数 $x = \varphi(u)$ が定まる．この逆関数は**レムニスケート関数**と呼ばれ，楕円関数の仲間である．$X = 1 - x^4, Y = 1 - y^4$ と取ると，微分方程式

$$\frac{dx}{\sqrt{1-x^4}} + \frac{dy}{\sqrt{1-y^4}} = 0$$

に直面するが，オイラーはこの微分方程式の完全代数的積分

$$x^2 + y^2 + c^2 x^2 y^2 = c^2 + 2xy\sqrt{1-c^4} \quad (c \text{ は定量})$$

を発見した．$x=0$ のとき $y=c$ となることに着目すると，上記の微分方程式の積分を作って得られる等式

$$\int_0^x \frac{dx}{\sqrt{1-x^4}} + \int_0^y \frac{dy}{\sqrt{1-y^4}} = C \quad (C \text{ は定量})$$

において，定量 $C$ もまたレムニスケート積分であること，すなわち $C = \int_0^c \frac{dc}{\sqrt{1-c^4}}$ と表示されることがわかる．それゆえ，二つのレムニスケート積分の和はひとつのレムニスケート積分に帰着され，等式

$$\int_0^x \frac{dx}{\sqrt{1-x^4}} + \int_0^y \frac{dy}{\sqrt{1-y^4}} = \int_0^c \frac{dc}{\sqrt{1-c^4}}$$

が成立する．これがレムニスケート積分の加法定理である．

$u = \int_0^x \frac{dx}{\sqrt{1-x^4}}, v = \int_0^y \frac{dy}{\sqrt{1-y^4}}$ と置くと $u + v = C$ となるから，

$$x = \varphi(u), y = \varphi(v), c = \varphi(C) = \varphi(u+v)$$

と表示される．それゆえ，代数的積分 $x^2 + y^2 + c^2 x^2 y^2 = c^2 + 2xy\sqrt{1-c^4}$ は三つのレムニスケート関数 $x = \varphi(u), y = \varphi(v), c = \varphi(u+v)$ の間の代数的関係を示していることが明らかになる．これがレムニスケート関数の加法定理である．

一般の第 1 種楕円積分 $u = \int_0^x \frac{dx}{\sqrt{X}}$ に対しても，その逆関数 $x = \lambda(u)$ と微分方程式 $\frac{dx}{\sqrt{X}} + \frac{dy}{\sqrt{Y}} = 0$ に対して同様の事柄が観察される．

## 4　超楕円積分とヤコビ関数

**ヤコビ関数**

ヤコビはこの状勢の一般化をめざし，論文「アーベル的超越物の一般的考察」において，超楕円積分の場で第 4 の三つ組を提案した．ヤコビの構想に沿って思索を進めると，まずはじめに正弦関数や楕円関数に相当する新しい関数が見出だされなければならない（三つ組の 1）．本書ではそれを**ヤコビ関数**の名で呼びたいと思う．ヤコビ関数に要請される不可欠の属性は「加法定理が成立すること」である．次に，ヤコビ関数は何らかの意味において「超楕円積

分の逆関数」として認識されなければならない（三つ組の 2）．最後に，ヤコビ関数の加法定理は，超楕円積分に由来する何らかの微分方程式の代数的積分と合致しなければならない（三つ組の 3）．ヤコビは，アーベルが発見した超楕円積分の加法定理のみから出発してこの問題を一般的に考察し（ヤコビの論文の表題のとおりである），次のような第 4 の三つ組に到達した．

　　(1) ヤコビ関数の加法定理
　　(2) 超楕円積分の何らかの意味での逆関数
　　(3) 1 階線型微分方程式系の完全代数的積分

　もう少し具体的に観察すると，ヤコビは二つの独立な第 1 種超楕円積分
$\int_0^x \frac{dx}{\sqrt{X}} = \Phi(x), \quad \int_0^x \frac{xdx}{\sqrt{X}} = \Phi_1(x)$ 　（$X$ は 5 次または 6 次の $x$ の多項式）
を取り上げて，連立積分方程式

$$\Phi(x) + \Phi(y) = u$$
$$\Phi_1(x) + \Phi_1(y) = v$$

を設定した．そうしてこの方程式において $x$ と $y$ をどちらも二つの変数 $u, v$ の関数と見て，

$$x = \lambda(u, v), \ y = \lambda_1(u, v)$$

と表記した（ヤコビ『全作品集』，第 2 巻，11 頁）．これが本書でいう**ヤコビ関数**であり，「超楕円積分の逆関数」に相当する関数である．楕円積分の場合のように個々の超楕円積分の逆関数を考えるのではなく，独立な超楕円積分が二つ存在するところに着目して連立方程式を設定したところに，ヤコビの卓抜な創意が現れている．そうすることにより首尾よく逆関数が見出だされ，ヤコビはみずからの思索に導かれるままに複素 2 変数の関数の世界へと踏み分けていった．この歩みから生まれたのが**ヤコビの逆問題**である．

## 微分方程式系の積分とアーベルの加法定理

　ヤコビ関数が存在することを証明し，加法定理を確立することが，超楕円積分の考察の場での基本的な課題になるが，微分方程式との関連において，ヤコビはアーベルの加法定理に示唆を得て歩みを進めた．超楕円積分に対するアーベルの加法定理は，連立積分方程式

$$\Phi(x) + \Phi(y) + \Phi(z) = \Phi(a) + \Phi(b)$$
$$\Phi_1(x) + \Phi_1(y) + \Phi_1(z) = \Phi_1(a) + \Phi_1(b)$$

を満たす量 $a, b$ を，$x, y, z$ を用いて代数的に定めることができることを示している．これを言い換えると，5個の変化量 $x, y, z, a, b$ の間に成立する二つの代数方程式が見出だされる．そこで $a, b$ を定量と見て上記の積分方程式の微分を作ると，変数分離型の二つの1階線型微分方程式

$$\frac{dx}{\sqrt{X}} + \frac{dy}{\sqrt{Y}} + \frac{dz}{\sqrt{Z}} = 0$$
$$\frac{xdx}{\sqrt{X}} + \frac{ydy}{\sqrt{Y}} + \frac{zdz}{\sqrt{Z}} = 0$$

（$Y, Z$ は $X$ と同型のそれぞれ $x, y$ の多項式．）

が得られるが，アーベルの加法定理が教える上記の二つの代数方程式は，この微分方程式系の二つの完全代数的積分（言い換えると，変化量 $x, y, z$ の間に成立する，2個の不定定量を含む代数方程式）と見ることができる．ヤコビはこんなふうにアーベルの加法定理を解釈した．

　今日の楕円関数論は，**加法定理は変数分離型の微分方程式の積分を与える**という状勢認識とともに歩み始めた．この状勢を自覚的に認識した一番はじめの人はオイラーその人だが，アーベルとヤコビの手にわたって大きく歩を進めることになった．リーマンが1841年に公表されたアーベルの「パリの論文」を見たのはまちがいなく，『クレルレの数学誌』に掲載された「諸注意」と「2頁の大論文」を承知していたこともまた疑いを挟む余地はない．アーベルは「アーベルの定理」から「アーベルの加法定理」を導出し，ヤコビは後者の「アーベルの加法定理」を微分方程式系の積分と受け止めた．そのうえで，加法定理に寄せるヤコビの解釈をリーマンもまた継承した．実際，リーマンは

「アーベル関数の理論」の第 14 節の冒頭で，

> 私はヤコビの『クレルレの数学誌』，第 9 巻，第 32 論文（註．「アーベル的超越物の一般的考察」），第 8 節にならって，微分方程式系を積分するために，アーベルの加法定理を利用したいと思う．（リーマン『全数学著作集』，116 頁）

と宣言し，ヤコビがたどった道を大きく延長することを試みた．ただし，リーマンのいう加法定理は本書でいう「アーベルの定理」のほうを指し，この点はヤコビといくぶん語法が異なっている．微分方程式系の積分の一般理論を作るには，「アーベルの加法定理」の根底に横たわる「アーベルの定理」に立ち返らなければならなかったのである．

アーベルの加法定理はある種の微分方程式系の代数的積分の存在を保証するが，前記の事例ではまだヤコビ関数の加法定理との連繋は見られない．そこで変数をひとつ増やして 4 個にすると，アーベルの加法定理により連立積分方程式

$$\Phi(x) + \Phi(y) + \Phi(x') + \Phi(y') = \Phi(a) + \Phi(b)$$
$$\Phi_1(x) + \Phi_1(y) + \Phi_1(x') + \Phi_1(y') = \Phi_1(a) + \Phi_1(b)$$

を書くことができる．5 個の量 $a, b, x, y, x', y'$ を連繋する二つの代数方程式が成立し，それらを用いて量 $a, b$ は $x, y, x', y'$ を用いて代数的に決定される．ここで，

$$\Phi(x) + \Phi(y) = u, \ \Phi(x') + \Phi(y') = u'$$
$$\Phi_1(x) + \Phi_1(y) = v, \ \Phi_1(x') + \Phi_1(y') = v'$$

と置くと，ヤコビ関数を用いて

$$x = \lambda(u, v), \ y = \lambda_1(u, v)$$
$$x' = \lambda(u', v'), \ y' = \lambda_1(u', v')$$
$$a = \lambda(u + u', v + v'), \ b = \lambda_1(u + u', v + v')$$

と表される．量 $a, b, x, y, x', y'$ の関係を明示する上述の二つの代数方程式はヤコビ関数 $\lambda(u,v)$, $\lambda_1(u,v)$ の加法定理にほかならず，それらはそのまま4個の変数 $x, y, x', y'$ の間の1階線型微分方程式系

$$\frac{dx}{\sqrt{X}} + \frac{dy}{\sqrt{Y}} + \frac{dx'}{\sqrt{X'}} + \frac{dy'}{\sqrt{Y'}} = 0$$

$$\frac{xdx}{\sqrt{X}} + \frac{ydy}{\sqrt{Y}} + \frac{x'dx'}{\sqrt{X'}} + \frac{y'dy'}{\sqrt{Y'}} = 0$$

の完全代数的積分を与えている．ヤコビ関数の加法定理，超楕円積分のある意味での逆関数，それに1階線型微分方程式系の完全代数的積分がこうして連繋した．

次に引くのは「アーベル的超越物の一般的考察」に見られるヤコビの言葉である．

> もし三角関数と楕円関数の類似物をアーベル関数においても所有したいなら，2個のアーギュメントに依存するこれらの関数
>
> $$\lambda(u,v), \quad \lambda_1(u,v)$$
>
> を解析学に導入しなければならない．（ヤコビ『全作品集』，第2巻，11頁）

ヤコビの数学的意図はこの数語に尽くされている．

ヤコビ関数は2個の複素変数の関数であるから，ヤコビはヤコビ関数の究明を通じておのずと一般理論へと導かれ，論文「アーベル的超越物の理論が依拠する2個の変化量の4重周期関数について」（1835年）に結実した．これが今日の多変数関数論の泉である．

## ヤコビの逆問題

アーベルに「2頁の大論文」があるように，ヤコビにもまた「2頁の大論文」がある．それは「アーベル関数ノート」（1846年）という論文である．1832年の論文「アーベル的超越物の一般的考察」において $\Phi(x), \Phi_1(x)$ と表

記された第1種超楕円積分をここでは $\Pi(x), \Pi_1(x)$ と書き，前のように連立積分方程式

$$\Pi(x) + \Pi(y) = u$$
$$\Pi_1(x) + \Pi_1(y) = v$$

を設定した．$x$ と $y$ を $u$ と $v$ の関数と見て，$x = \lambda(u,v), y = \lambda_1(u,v)$ と表すところは前と同じだが，これらの関数について，今度は

> アーベル的超越物の解析の場に導入しなければならないのはこれらの関数なのであることを私は示した．（ヤコビ『全作品集』，第2巻，85頁）

とヤコビは来し方を回想した．論文「アーベル関数ノート」の表題に見られる**アーベル関数**の一語はこれらの関数を指している．これがアーベル関数 (fonctions Abéliennes) という言葉の初出だが，本書ではヤコビ関数という名で呼ぶことにしたのは既述のとおりである．

「アーベル関数論ノート」の末尾に，次のような長文の註記が附されている．1843年10月の記事である．

> 『クレルレの数学誌』第27巻，185頁に掲載された論文（註．「楕円的およびアーベル的超越物に関する諸注意」）において，アイゼンシュタイン氏は関数 $\lambda(u,v), \lambda_1(u,v)$ の性質について，二つのアーギュメント $u$ と $v$ に関する周期の共存の基本原理を適切に把握しなかったために，考え違いをした．論文「アーベル的超越物の理論が依拠する2個の変化量の4重周期関数について」（『クレルレの数学誌』，第13巻，55頁）は，この解析学の新分野において正しい諸原理を確立した．
>
> 関数 $x = \sin \mathrm{am}(u)$ は1次方程式 $A + Bx = 0$ により $u$ に関して与えられる．ここで，$A$ と $B$ は，アーギュメント $u$ の実または虚の各々の有限値に対してただひとつの有限値をとる $u$ の関数である．

同様にして，上に確立された二つの方程式

$$\Pi(x) + \Pi(y) = u$$
$$\Pi_1(x) + \Pi_1(y) = v$$

が与えられたとき，量 $x$ と $y$ は2次方程式

$$A + Bt + Ct^2 = 0$$

の2根であることが見出だされる．ここで，$A, B, C$ は二つのアーギュメント $u$ と $v$ の実または虚のあらゆる有限値に対してただひとつの有限値をとる $u$ と $v$ の関数である．まさにそこのところが，関数 $x$ と $y$ の真実の性質なのである．関数 $\sin \mathrm{am}(u)$ の特徴は商 $-\dfrac{B}{A}$ であることである．そこでアイゼンシュタイン氏は，類推により，アーベル積分（註．ここでは「積分」という言葉が用いられている）の理論では「商の商（die quotients de quotients）」を考察しなければならないと言っている（190頁）．だが，「商の商」とは何なのであろうか．それはまったく単純にも「商」なのである．（ヤコビ『全作品集』，第2巻，86頁）

この註記に登場する量 $x$ と $y$ はヤコビ関数で，それらは2次方程式 $A + Bt + Ct^2 = 0$ の2根であると言われている．3個の係数 $A, B, C$ は $u, v$ の1価関数である．ヤコビはこのように語り，それから「まさにそこのところが，関数 $x$ と $y$ の真実の性質なのである」と明言した．**ヤコビの逆問題**の真意の所在がこうして語られたが，そこにはアイゼンシュタインに対する痛烈な批判さえ伴っている．

ヤコビはアーベルの論文「諸注意」から出発してヤコビ関数の模索を続け，それは2個の複素変数の，4重周期をもつ2価関数であることを洞察したが，そのヤコビ関数の本性の探索がヤコビの逆問題という衣裳をまとってここに具体的に出現した．ヘルマン・ワイルの美しい比喩（『リーマン面』，viii-ix 頁）を借りるなら，さながらアーベルの定理の海の中から真珠を採るような営為であった．

## 5 ヴァイエルシュトラスとヤコビの逆問題

### 「アーベル関数」をめぐって

ヤコビ関数 $x = \lambda(u, v)$, $y = \lambda_1(u, v)$ は2価関数だが，それらの基本対称式

$$x + y = -\frac{B}{C}, \ xy = \frac{A}{C}$$

は4重周期をもつ1価解析関数，言い換えると，今日の語法でいうアーベル関数である．それゆえ，ヤコビの逆問題の解決とは二つのアーベル関数 $-\frac{B}{C}, \frac{A}{C}$ の形を決定することと同等になるが，これを**原型のヤコビの逆問題**と呼ぶことにする．まずはじめにこの問題を解決したのはローゼンハインである（1846 年）．ローゼンハインとほぼ同じころ，ゲーペルもまた解決に成功した（1847 年）．ヴァイエルシュトラスは論文「アーベル関数の理論」の序文においてこの二人の探究に触れて次のように語っている．

ヴァイエルシュトラスの第 1 論文．初出誌の第 1 頁

> （ローゼンハインとゲーペルは）ヤコビが楕円関数を表示するために使う方法を教えてくれた無限級数（註．テータ関数）をもとにして，深い解析的洞察により創案された一般化を通じてある種の無限級数を獲得し，そこから出発する．そうして次に，二つの変化量 $u_1, u_2$（註．ここでの文脈に合わせると $u$ と $v$）を含むそのような無限級数を用いて，2次方程式の係数を適切に構成して，その方程式の根と $u_1, u_2$ との間に，先ほど確立されたとおりの形をもつ微分方程式が成立するようにする方法を示した．（ヴァイエルシュトラス『全数学著作集』，第 1 巻，299 頁．末尾で語られた「微分方程式」については，

後述する「微分型のヤコビの逆問題」参照）

　ローゼンハインとゲーペルに続いて，ヴァイエルシュトラスは原型のヤコビの逆問題の一般化を企図し，完全に一般的な超楕円積分を対象にして3篇の論文を執筆し，公表した．第1論文「アーベル積分の理論への寄与」（1849年）の序文を見ると，アーベル積分論の主問題に心身を傾けるヴァイエルシュトラスの決意に出会う．次に引くのはヴァイエルシュトラスの言葉である．

　　私は長い間，この理論に専念してきたが，わけても鋭意研究につとめてきたのは，ヤコビによって導入された第1種アーベル積分の逆関数を具体的に表示するという主問題である．（同上，第1巻，111-112頁）

　「この理論」というのはアーベル積分の理論のことである．「第1種アーベル積分の逆関数」は本書でいう「ヤコビ関数」と同じであり，それを「具体的に表示するという主問題」というのはヤコビの逆問題そのものである．ただし，ヴァイエルシュトラスの諸論文にはヤコビの逆問題という言葉は見られない．

　ヴァイエルシュトラスはさらに言葉を続け，「従来ゲーペルたちが踏み分けて整備してきた道とはまったく異なる道筋を通って，この問題を完全に解決することに成功した」（同上，113頁）と明言した．解決したということの意味は，ヤコビ関数を規定する「積分方程式から直接出発し，まずはじめにアーベルの定理の支援を受けて，それらの関数はすべて，ある同一の代数方程式の根であることを明示」（同上，113頁）し，そののちに，「その方程式の係数をいくつかの補助的関数を用いて書き表す」（同上，113頁）という手順のすべてをなし遂げたということにほかならない．しかもそれらの補助的関数は「$\overset{\text{テータ}}{\Theta}$関数の完全な類似物であり，そのうえ$\Theta$関数と同様に，ある簡単な規則により構成される収束冪級数を用いて表示される」（同上，113頁）のである．これが，ヴァイエルシュトラスによるヤコビの逆問題の解決の道筋のスケッチである．

ヤコビ関数が満たす代数方程式の係数は，一般化されたテータ関数，すなわちヤコビが楕円関数論に導入したテータ関数の類似物の商の形に表示され，多重周期をもち，高々非本質的特異点をもつにすぎない多変数の1価解析関数であることが明らかになる．第2論文「アーベル関数の理論に寄せて」(1854年) において，ヴァイエルシュトラスはそのような関数を特に**アーベル関数** (Abel'schen Functionen) と呼ぶことを提案した (同上, 135頁)．ヤコビのいうアーベル関数とは異なることにくれぐれも留意しなければならない．ヤコビは，ヴァイエルシュトラスのいうアーベル関数を係数にもつ代数方程式の根として認識される多価関数を指して，アーベル関数と呼んだのである．

第3論文「アーベル関数の理論」(1856年) の序文の冒頭で，ヴァイエルシュトラスは

> 超楕円積分に関するアーベルの定理は，ある新しい種類の解析関数の理論の土台となる定理である．(同上, 297頁)

と宣言し，そのうえで，そのような解析関数には「特にアーベル関数という名を与えるのが至当」(同上, 299頁) であるというふうに言葉がつながっていく．「超楕円積分に関するアーベルの定理」というのは超楕円積分を対象とするアーベルの加法定理のことで，アーベルの論文「ある種の超越関数の二，三の一般的性質に関する諸注意」において叙述された．ヤコビの逆問題はアーベルの定理に淵源するのであるから，ヴァイエルシュトラスの言葉には強い説得力が伴っていると思う．

ヴァイエルシュトラスの提案によ

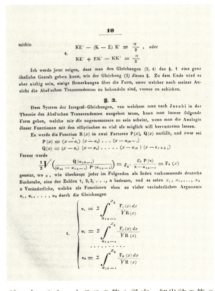

ヴァイエルシュトラスの第1論文．初出誌の第8頁

り，「アーベル関数」という言葉は三通りの意味で使われることになった．

1. ヤコビの逆問題を解くことにより認識される多価関数．ヤコビが提案した．リーマンのいう「ヤコビの逆関数」と同じ．本書ではこれをヤコビ関数と呼ぶことにした．

2. 今日のアーベル積分．ルジャンドルは今日の楕円積分を楕円関数と呼ぶことを提案したが，この語法の延長線上でアーベル関数という言葉が使われた．リーマンの論文「アーベル関数の理論」の表題に使用例がある．

3. 多重周期をもち，本質的特異点をもたない多変数の1価解析関数．ヤコビ関数を根にもつ代数方程式の係数に現れる．ヴァイエルシュトラスが提案した．

今日の語法にはヴァイエルシュトラスの提案が生きている．

**ヴァイエルシュトラスとヤコビの逆問題**

ヴァイエルシュトラスの第1論文「アーベル積分の理論への寄与」の記述に沿ってヤコビの逆問題を設定しよう．$2n+1$ 個の実量 $a_1, a_2, a_3, \ldots, a_{2n+1}$ をとり，不等式 $a_1 < a_2 < \cdots < a_{2n+1}$ が成立するものとする．次数 $2n+1$ の有理整関数

$$R(x) = (x-a_1)(x-a_2)\cdots(x-a_{2n+1})$$

を考え，これを2個の有理整関数

$$P(x) = (x-a_1)(x-a_3)\cdots(x-a_{2n+1}),$$
$$Q(x) = (x-a_2)(x-a_4)\cdots(x-a_{2n})$$

の積の形に分解する．$n$ 個の数

$$g_\mathfrak{a} = \frac{1}{2}\sqrt{\frac{Q(a_{2\mathfrak{a}-1})}{(a_{2\mathfrak{a}} - a_{2\mathfrak{a}-1})P'(a_{2\mathfrak{a}-1})}} \quad (\mathfrak{a} = 1, 2, \ldots, n)$$

を作り，これらを用いて再度 $n$ 個の関数

$$F_\mathfrak{a}(x) = \frac{g_\mathfrak{a} P(x)}{x - a_{2\mathfrak{a}-1}} \quad (\mathfrak{a} = 1, 2, \ldots, n)$$

を構成する．このような状勢のもとで，連立積分方程式

$$u_1 = \int_{a_1}^{x_1} \frac{F_1(x)dx}{\sqrt{R(x)}} + \int_{a_3}^{x_2} \frac{F_1(x)dx}{\sqrt{R(x)}} + \cdots + \int_{a_{2n-1}}^{x_n} \frac{F_1(x)dx}{\sqrt{R(x)}}$$

$$u_2 = \int_{a_1}^{x_1} \frac{F_2(x)dx}{\sqrt{R(x)}} + \int_{a_3}^{x_2} \frac{F_2(x)dx}{\sqrt{R(x)}} + \cdots + \int_{a_{2n-1}}^{x_n} \frac{F_2(x)dx}{\sqrt{R(x)}}$$

$$\cdots\cdots\cdots$$

$$u_n = \int_{a_1}^{x_1} \frac{F_n(x)dx}{\sqrt{R(x)}} + \int_{a_3}^{x_2} \frac{F_n(x)dx}{\sqrt{R(x)}} + \cdots + \int_{a_{2n-1}}^{x_n} \frac{F_n(x)dx}{\sqrt{R(x)}}$$

を設定し，変数 $x_1, x_2, \ldots, x_n$ の各々を $n$ 個の変数 $u_1, u_2, \ldots, u_n$ の関数として具体的な形に表示するという問題を考える．これが超楕円積分に対するヤコビの逆問題である．

リーマンの用語法によれば，ここに設定された方程式の個数 $n$ は，関数 $\sqrt{R(x)}$ のリーマン面 $R(\sqrt{R(x)})$ の種数に等しい．リーマン面 $R(\sqrt{R(x)})$ の上には $n$ 個の 1 次独立な第 1 種アーベル積分が存在するが，$n$ 個の積分

$$\int \frac{F_1(x)dx}{\sqrt{R(x)}}, \int \frac{F_2(x)dx}{\sqrt{R(x)}}, \ldots, \int \frac{F_n(x)dx}{\sqrt{R(x)}}$$

は，そのような積分系を具体的に与えているのである．

ヴァイエルシュトラスは，変数 $x_1, x_2, \ldots, x_n$ は次数 $n$ の代数方程式

$$\frac{a_2 - a_1}{x - a_1} p_1^2 + \frac{a_4 - a_3}{x - a_3} p_2^2 + \cdots + \frac{a_{2n} - a_{2n-1}}{x - a_{2n-1}} p_n^2 = 1 \quad (3)$$

の根になると主張した．ここで $p_1, p_2, \ldots, p_n$ の各々は複素変数 $u_1, u_2, \ldots, u_n$ の本質的特異点をもたない 1 価解析関数であり，しかも $2n$ 重周期関数である．ヴァイエルシュトラスはこれらを構成するのに足る一定個数の関数を規定して，第 2 論文「アーベル関数の理論に寄

ヴァイエルシュトラスの第 2 論文．初出誌の第 1 頁

せて」においてそれらを**アーベル関数**と呼ぶとともに，それらはまさしく楕円関数 $\sin \operatorname{am} u, \cos \operatorname{am} u, \Delta \operatorname{am} u$ に完全に対応することを指摘した．

第3論文「アーベル関数の理論」では，アーベル関数は楕円関数 $\sin \operatorname{am} u$, $\cos \operatorname{am} u, \Delta \operatorname{am} u$ の完全な類似物であることが再び指摘され，

> それらのアーベル関数こそ，考察の主要な対象となるべく，要請されているものなのである．（同上，299頁）

と明言した．

一般に $n$ 個の複素変数の本質的特異点をもたない解析関数で，しかも $2n$ 重周期をもつものをアーベル関数と呼ぶことにすると（ヴァイエルシュトラスの影響を受けた今日の用語法），上述の方程式 (3) を

$$x^n + A_1 x^{n-1} + \cdots + A_n = 0 \tag{4}$$

という形に書くとき，係数 $A_1, A_2, \ldots, A_n$ はすべてアーベル関数であり，しかもそれらの各々は**2個のテータ関数の商の形に表示される**ことを示すこと．これが，超楕円積分に対するヤコビの逆問題において証明する必要のある事柄のすべてである．

### 微分型のヤコビの逆問題

ヤコビの逆問題を主題とするヴァイエルシュトラスの3篇の連作のうち，はじめの2論文ではヤコビ関数を定める連立積分方程式から出発したが，第3論文「アーベル関数の理論」に移ると出発点の位置が変り，次のような微分方程式系が設定された．

ヴァイエルシュトラスの第3論文．初出誌の第1頁

$$du_1 = \frac{1}{2}\frac{P(x_1)}{x_1-a_1}\cdot\frac{dx_1}{\sqrt{R(x_1)}} + \frac{1}{2}\frac{P(x_2)}{x_2-a_1}\cdot\frac{dx_2}{\sqrt{R(x_2)}}$$
$$+\cdots+\frac{1}{2}\frac{P(x_\rho)}{x_\rho-a_1}\cdot\frac{dx_\rho}{\sqrt{R(x_\rho)}}$$
$$du_2 = \frac{1}{2}\frac{P(x_1)}{x_1-a_2}\cdot\frac{dx_1}{\sqrt{R(x_1)}} + \frac{1}{2}\frac{P(x_2)}{x_2-a_2}\cdot\frac{dx_2}{\sqrt{R(x_2)}}$$
$$+\cdots+\frac{1}{2}\frac{P(x_\rho)}{x_\rho-a_2}\cdot\frac{dx_\rho}{\sqrt{R(x_\rho)}} \qquad (5)$$
$$\cdots\cdots\cdots$$
$$du_\rho = \frac{1}{2}\frac{P(x_1)}{x_1-a_\rho}\cdot\frac{dx_1}{\sqrt{R(x_1)}} + \frac{1}{2}\frac{P(x_2)}{x_2-a_\rho}\cdot\frac{dx_2}{\sqrt{R(x_2)}}$$
$$+\cdots+\frac{1}{2}\frac{P(x_\rho)}{x_\rho-a_\rho}\cdot\frac{dx_\rho}{\sqrt{R(x_\rho)}}$$

ここに登場する諸記号の意味は次のとおりである．まず，

$$R(x) = A_0(x-a_1)(x-a_2)\cdots(x-a_{2\rho+1})$$

は $x$ の $2\rho+1$ 次の多項式である．ここで，量

$$a_1, a_2, \ldots, a_{2\rho+1}$$

については，どの二つも異なるという条件を課すが，それ以外には完全に任意である．また，$P(x)$ は積

$$(x-a_1)(x-a_2)\cdots(x-a_\rho)$$

を表している．そうして $u_1, u_2, \ldots, u_\rho$ は $\rho$ 個の変数であり，上記の微分方程式は，これらの量と，それらに依存する同個数の量 $x_1, x_2, \ldots, x_\rho$ との間に成立すると考えられているのである．

この微分方程式を解く問題は，超楕円積分を対象とする場合におけるヤコビの逆問題の，いわば「微分型」を与えている．

微分方程式系をこのように設定したうえで，量 $x_1, x_2, \ldots, x_\rho$ は

$$x^\rho + P_1 x^{\rho-1} + P_2 x^{\rho-2} + \cdots + P_\rho = 0 \qquad (6)$$

という形の代数方程式の根であるとヴァイエルシュトラスは主張した．ここで，$P_1, P_2, \ldots, P_\rho$ は $\rho$ 個の変数 $u_1, u_2, \ldots, u_\rho$ のアーベル関数である．

微分型のヤコビの逆問題を見る視点は多彩である．見出された方程式 (6) により $\rho$ 個の変数 $u_1, u_2, \ldots, u_\rho$ のヤコビ関数 $x$ が認識されたと見るのが第1の解釈であり，それがヤコビの逆問題というものの本来の姿である．他方，与えられた点系 $u_1, u_2, \ldots, u_\rho$ に対して点系 $x_1, x_2, \ldots, x_\rho$ が対応する様子が叙述されていると見ることも可能である．リーマンはこの後者の視点に立脚してヤコビの逆問題に対応した．

### Θ関数をめぐって

1857年，リーマンはヴァイエルシュトラスの論文と同じ表題をもつ論文「アーベル関数の理論」を公表し，もっとも一般的な状勢のもとでヤコビの逆問題を考察した．するとその解決を通じて $n$ 個の複素変数のヤコビ関数を規定する方程式，すなわち (4) もしくは (6) と同じタイプの代数方程式が得られる．リーマンの解法に際して鍵の役割を担って作用したのは，アーベルの定理，アーベルの定理から導かれるアーベルの加法定理，それに偏微分方程式論の視点に立脚してなされたアーベルの加法定理に対するヤコビの解釈であった．だが，リーマンによる解決はまだ完全とは言えなかった．なぜならリーマンの段階では，（今日の用語法での）アーベル関数を2個のテータ関数の商として表示する地点には達していないからである．

リーマンの解法を完全なものにするためには多変数関数論の深い知識が必要とされる．まさしくその点に，ヴァイエルシュトラスが多変数関数論に向けて歩を進めようとした主な動機が認められるのである．

1879年，ヴァイエルシュトラスはボルヒャルトに手紙を書き，その中でアーベル関数に関する研究を報告した．その書簡の末尾において，ヴァイエルシュトラスは「ここで考察された $r$ 個の $2r$ 重周期関数に関する私の研究にあたって，当初から視圏にとらえていた目的地」について語っている．その目的の地というのは，

そのような関数はどれも，$r$ 個の変数の Θ 関数を用いて書き表され

る．（同上，第 2 巻，133 頁）

という定理のことである．ヤコビの逆問題はこの命題が確立されたときにはじめて，ヤコビが企図したとおりの形で解決されたと言えるのである．

## 6　リーマンのアーベル関数論

**リーマンの論文に見るアーベルの定理**

二つの変化量 $s$ と $z$ は代数方程式

$$F(s,z) = 0$$

で結ばれているとすると，$s$ は $z$ の代数関数，$z$ は $s$ の代数関数として認識されるが，どちらもある同一の閉リーマン面 $T$ 上の非本質的特異点のみをもつ 1 価解析関数と見るのがリーマンのアイデアである．このような関数を $T$ 上の代数関数と略称すると，$T$ 上の代数関数は $s$ と $z$ の有理式の形に表される．その積分がアーベル積分である．リーマンは，楕円積分を 3 種に区分けしたルジャンドルの流儀にならって，アーベル積分を 3 種類に分類した．第 1 種の積分はいたるところで有限な積分，第 2 種の積分はある 1 点においてのみ 1 位の無限大になる積分，第 3 種の積分は 2 点において対数的に無限大になる積分である．$w$ は面 $T$ 上のいたるところで有限な積分，すなわち第 1 種積分とすると，$\varphi(s,z)$ は適切な多項式として，

$$w = \int \frac{\varphi(s,z)dz}{\frac{\partial F}{\partial s}} = -\int \frac{\varphi(s,z)dz}{\frac{\partial F}{\partial z}}$$

という形に表示されることをリーマンは示した．

$\zeta$ は $T$ 上の代数関数で，$T$ の $m$ 個の点において 1 位の極（非本質的特異点）をもつものとする．このような関数を独立変数として採用すると，$\frac{\partial w}{\partial z}$ は $\zeta$ の $m$ 価関数になる．今，$\zeta$ は $m$ 個の点 $P_1, P_2, \ldots, P_m$ においてある同一の値 $a$ をとるとし，これらの $m$ 個の点における $w$ の値を $w^{(1)}, w^{(2)}, \ldots, w^{(m)}$ と表すと，

$$\frac{\partial w^{(1)}}{\partial \zeta} + \frac{\partial w^{(2)}}{\partial \zeta} + \cdots + \frac{\partial w^{(m)}}{\partial \zeta}$$

は $\zeta$ の1価関数であり，しかもその積分はいたるところで有限である．それゆえ，積分

$$\int \partial(w^{(1)} + w^{(2)} + \cdots + w^{(m)})$$

もまたいたるところで1価かつ有限であるから，定量になるとリーマンは言明した．

これはアーベルが示した二つの加法定理のうち，「(第1種積分に対する)アーベルの定理」そのものだが，この状況を逆向きに見ると，リーマンの言葉は「$T$ 上の点系 $P_1, P_2, \ldots, P_m$ が関数 $\zeta - a$ の零点の全体として把握されるための必要条件」を与えているという解釈も可能である．ワイルは『リーマン面のイデー』においてそのように語り，それを「アーベルの定理」と呼んだが，この解釈を採用すると，加法定理と微分方程式との連繋が見失われてしまう．

リーマン自身のねらいはあくまでも微分方程式系の積分にあった．実際，アーベルの定理を用いると，方程式 $F(s, z) = 0$ を満たす $s$ と $z$ の $p+1$ 個の値の組 $(s_1, z_1), (s_2, z_2), \ldots, (s_{p+1}, z_{p+1})$ の間に成立する連立微分方程式系

$$\int \frac{\varphi_\pi(s_1, z_1) \partial z_1}{\frac{\partial F(s_1, z_1)}{\partial s_1}} + \int \frac{\varphi_\pi(s_2, z_2) \partial z_2}{\frac{\partial F(s_2, z_2)}{\partial s_2}} + \cdots + \int \frac{\varphi_\pi(s_{p+1}, z_{p+1}) \partial z_{p+1}}{\frac{\partial F(s_{p+1}, z_{p+1})}{\partial s_{p+1}}} = 0$$

$(\pi = 1, 2, \ldots, p)$

は一般的に積分されること，言い換えると完全積分可能であることが示される．リーマンに及ぼされたヤコビの影響がありありと見て取れる場面だが，ヤコビが取り上げたのは超楕円積分に関連する場合のみであったのに対し，リーマンが考察したのは完全に一般的な場合であった．

ヤコビからリーマンへの飛躍はあまりにも大きいが，ヤコビもリーマンも等しくアーベルから出発したのである．だが，出発点がいくぶん異なっていた．ヤコビはアーベルの「諸注意」に示唆を得て歩みを進めたが，「パリの論文」を見ることはできなかった．これに対しリーマンは「パリの論文」を参照し，

しかもヤコビにならって歩むことができた．リーマンが最高の高みにのぼりえた理由は，そのあたりに見出だされるであろう．

## ワイル『リーマン面のイデー』に見るアーベルの定理

ワイルがそうしたように，複素数域から離れて抽象的な閉リーマン面に移行すると，アーベルの定理の姿形も変容する．リーマンの論文に見られるアーベルの定理は加法定理の名に相応しい形を保っていたが，ワイルの『リーマン面のイデー』において語られるアーベルの定理はもはや加法定理ではなく，閉リーマン面上の解析関数の存在定理のようになっている．

ワイルの語るアーベルの定理は次のとおりである．

> 点 $\mathfrak{p}_h, \mathfrak{q}_h [h = 1, 2, \cdots, r]$ がそれぞれ $\mathfrak{F}$（註．閉リーマン面）上のある一つの関数のすべての零点とすべての極になるのは，各第1種積分 $w$ に対して——$\mathfrak{p}_h, \mathfrak{q}_h$ に至る積分の道を適当に，$w$ とは無関係に選ぶとき——
>
> $$\sum_{h=1}^{r} w(\mathfrak{p}_h) = \sum_{h=1}^{r} w(\mathfrak{q}_h)$$
>
> という関係が成り立つときであり，またそのときに限る．（ワイル『リーマン面』，145-146頁）

ワイルはこの定理を「アーベルの定理」と呼んでいるが，「ここで私が使う名称が完全に妥当なものであるとはいえない」（同上，145頁）と註記した．アーベルが得たのは，ここで述べられた条件が必要であるという定理のみにとどまっているというのが，その理由である．ただし，これもワイルの脚註に記されていることだが，アーベルが「2頁の大論文」で提出した命題は第1種積分に限定されていないという意味において，ワイルのいうアーベルの定理よりも一般性においてまさっている．

ワイルの指摘はみな正鵠を射ているが，アーベル，リーマン，ワイルと続くアーベルの定理の系譜において注視しなければならないのは条件の必要性や命

題の一般性に関する事柄ではない．肝心なのは論点の移り行きである．アーベルはオイラーの発見を継承してアーベル積分の加法定理を明るみに出し，リーマンは加法定理が成立するための条件をリーマン面上の関数の言葉で表明した．アーベルもリーマンも加法定理というものの姿形を注意深く観察したのである．ところが**ワイルは主客を入れ換えて，リーマン面上に零点と極の分布を指定して，それらを零点と極にもつ関数の存在条件として加法定理を理解した**．複素数域から切り離された場所に移ったために，アーベルの定理はもう加法定理の名に相応しい姿を保持することができなくなってしまったのである．

### リーマンのアーベル関数論におけるヤコビの逆問題

ヴァイエルシュトラスによるヤコビの逆問題の解法には，与えられた点系 $(u_1, u_2, \ldots, u_n)$ に対して点系 $(x_1, x_2, \ldots, x_n)$ が対応する様子が明示されている．リーマンはこの視点に立脚してヤコビの逆問題を観察した．

リーマンに立ち返り，リーマンによるヤコビの逆問題の解決の様子を摘記しよう．$w = w(z)$ は $z$ の代数関数とし，そのリーマン面を $T = T(w)$ で表そう．$T$ の種数を $p$ とすると，リーマン面 $T$ 上には $p$ 個の1次独立な第1種アーベル積分が存在する．それらを

$$u_1 = \int f_1(z,w)dz, u_2 = \int f_2(z,w)dz, \ldots, u_p = \int f_p(z,w)dz$$

($f_1(z,w), f_2(z,w), \ldots, f_n(z,w)$ は $z$ と $w$ の有理式)

としよう．このとき，積分型のヤコビの逆問題が連立積分方程式

$$\int_0^{z_1} f_1(z_1, w_1)dz_1 + \int_0^{z_2} f_1(z_2, w_2)dz_2 + \cdots + \int_0^{z_p} f_1(z_p, w_p)dz_p = e_1$$
$$\int_0^{z_1} f_2(z_1, w_1)dz_1 + \int_0^{z_2} f_2(z_2, w_2)dz_2 + \cdots + \int_0^{z_p} f_2(z_p, w_p)dz_p = e_2$$
$$\cdots\cdots\cdots$$
$$\int_0^{z_1} f_p(z_1, w_1)dz_1 + \int_0^{z_2} f_p(z_2, w_2)dz_2 + \cdots + \int_0^{z_p} f_p(z_p, w_p)dz_p = e_p$$

によって提示される．すなわち，任意に与えられた点系 $e_1, e_2, \ldots, e_p$ に対して，上記の方程式系を満たすリーマン面 $T$ 上の点系 $z_1, z_2, \ldots, z_p$ を見つけることがヤコビの逆問題の課題である．リーマンはこれを次のように解決した．

リーマン面 $T$ を自己回帰する曲線,すなわち閉曲線の作る二通りの切断線系 $a_1, a_2, \ldots, a_p$ および $b_1, b_2, \ldots, b_p$ に沿って切り開き,単連結面 $T'$ に変換しよう. $u_1, u_2, \ldots, u_p$ を適切に選定し,切断線 $a_\mu$ における $u_\mu$ の周期モジュールが $\pi i$ に等しく,$a_\mu$ 以外の切断線 $a_v$ における $u_u$ の周期モジュールは $0$ に等しくなるようにする.また,切断線 $b_\nu$ における $u_\mu$ の周期モジュールを $a_{\mu,\nu}$ で表すとき,$a_{\mu,\nu} = a_{\nu,\mu}$ となるようにする.このように状勢を設定したうえで,無限 $p$ 重テータ級数

$$\vartheta(\nu_1, \nu_2, \ldots, \nu_p) = \left(\sum_{-\infty}^{\infty}\right)^p e^{\left(\sum_1^p\right)^2 a_{\mu,\mu'} m_\mu m_{\mu'} + 2\sum_1^p \nu_\mu m_\mu}$$

を導入した.ここで,冪指数における総和は $u$ と $u'$ に関して行われ,外側の総和は $m_1, m_2, \ldots, m_p$ に関して行われる.この級数が収束するようにするために,2 次形式 $\left(\sum_p^1\right)^2 a_{u,u'} m_u m_{u'}$ の実部は本質的に負となるように定めておく.この級数をリーマンのテータ関数と呼ぶことにする.

関数

$$\vartheta(u_1 - e_1, u_2 - e_2, \ldots, u_p - e_p)$$

を考えると,この関数は単連結リーマン面 $T'$ 上の $p$ 個の点において 1 位の無限小になることが判明する.そこでそれらの点を $\eta_1, \eta_2, \ldots, \eta_p$ と表記して,点 $\eta_\nu$ における $u_\mu$ の値を $a_u^{(v)}$ で表そう.このときリーマンは「アーベル関数の理論」において,

> 任意に与えられた量系 $(e_1, e_2, \ldots, e_p)$ は,もし $\left(-\sum_1^{p-2} \alpha_1^{(\nu)}, \ldots, \sum_1^{p-2} \alpha_p^{(\nu)}\right)$ という形の量系と合同にならないなら,$\left(\sum_1^p \alpha_1^{(\nu)}, \ldots, \sum_1^p \alpha_p^{(\nu)}\right)$ という形のただひとつの量系と合同である.もしそのようなことが起るなら,無限に多くの量系と合同になる.(リーマン『全数学著作集』,129-130 頁)

と言明した．例外の場合もあり，その場合には対応の一意性が破れるが，それについても精密な記述がなされている．こうして点系 $\eta_1, \eta_2, \ldots, \eta_p$ は一般にヤコビの逆問題の解決を与えていることが諒解される．

リーマンは「$p$ 個の変化量のヤコビの逆関数（Jacobi'schen Umkehrungsfunctionen）が，$p$ 重無限 $\vartheta$-級数を用いて表示される」（同上，94 頁）と言っているが，この言葉の意味は，ヤコビの逆問題の解を与える点系がリーマンのテータ関数の零点系として認識されるということにほかならない．

### 隠されたヤコビ関数

リーマンによるヤコビの逆問題の解法は，量系 $e_1, e_2, \ldots, e_p$ に対応するリーマン面上の点系 $\eta_1, \eta_2, \ldots, \eta_p$ の存在を教えている．ここにはヤコビ関数の姿が見られないが，観察の精度をもう少し高めれば，覆いをかけられて物陰にひそんでいるヤコビ関数を見つけることができる．

点系 $\eta_1, \eta_2, \ldots, \eta_p$ は関数ではないが，リーマン面 $T$ は無限遠点付きの複素 $z$ 平面，すなわちリーマン球面上に浮かんでいるのであるから，これらの点を支えている $z$ 平面上の数系 $z_1, z_2, \ldots, z_p$ が確定する．このとき，これらの数の基本対称式はすべて，$p$ 個の変化量 $e_1, e_2, \ldots, e_p$ のアーベル関数になる．量系 $e_1, e_2, \ldots, e_p$ と点系 $\eta_1, \eta_2, \ldots, \eta_p$ との間の対応関係には例外規定があるから，これらの基本対称式がすべての $e_1, e_2, \ldots, e_p$ に対して定まると先天的に言明できるわけではないが，除外される量系 $e_1, e_2, \ldots, e_p$ は次元の低い（すなわち，余次元が 2 以上の）解析的集合を作るにすぎず，そのために，$z_1, z_2, \ldots, z_p$ の基本対称式はすべて，あらゆる $e_1, e_2, \ldots, e_p$ に対して高々非本質的特異点しかもたない 1 価解析関数として確定する（ワイル『リーマン面』，152 頁に証明が記されているが，ワイルはヴァイエルシュトラスの『全数学著作集』，第 4 巻，451-456 頁を参照するように指示している）．

こうして $z_1, z_2, \ldots, z_p$ は $e_1, e_2, \ldots, e_p$ の（今日の語法での）アーベル関数を係数にもつある代数方程式の根として認識されること，言い換えると $p$ 個の変数 $e_1, e_2, \ldots, e_p$ の $p$ 価ヤコビ関数の取りうる $p$ 個の値であることが明らかになる．リーマンの目には点系 $\eta_1, \eta_2, \ldots, \eta_p$ の各々がヤコビのいうアーベル関数（本書でいうヤコビ関数）のように見え，まさしくそれゆえにそれらを

ヤコビの逆関数と呼んだのであろう．

**ワイル『リーマン面のイデー』に見るヤコビの逆問題**

　ワイルの著作『リーマン面のイデー』に移ると，リーマンのアーベル関数論は一段と高い抽象性を獲得し，面目を一新したかのような感慨に襲われる．リーマンのリーマン面は複素次元 1 の複素多様体へと変容し，複素数域との大域的なきずなは断ち切られてしまう．解析性という属性のみが純粋に生きている場が提示されたのである．積分の対象はここでは代数関数ではなく，「微分」である．ワイルのいう微分はアーベルのいう代数的微分式に相当する概念であり，「アーベル微分」という呼称が相応しい．

　ヴァイエルシュトラスの理論では，ヤコビの逆問題の眼目はヤコビ関数そのものであり，ヤコビ関数の認識の可能性を問うことがそのままヤコビの逆問題であった．リーマンの理論ではすでに両者の間に若干の空隙が認められるが，ワイルの著作に移るとその隔たりは拡大し，もう飛び越えることはできない．次に引くのはヤコビの逆問題を語るワイルの言葉である．

> $p=1$ の場合に楕円関数によって解かれる "逆問題" は，任意の示性数 $p$ をもつ面 $\mathfrak{F}$ に対しても次のような形で成立する：$dw_h^*[h=1,2,\cdots,p]$ が $\mathfrak{F}$ 上の第 1 種微分の複素基底であるとき，あらかじめ任意に与えられた数 $\mathcal{F}_1,\cdots,\mathcal{F}_p$ に対して，（積分の道を適当に選ぶとき）
> 
> $$\sum_{l=1}^{p} w_h^*(\mathfrak{p}_l) = \mathcal{F}_h \quad [h=1,2,\cdots,p]$$
> 
> となるように，$\mathfrak{F}$ 上の点 $\mathfrak{p}_1,\cdots,\mathfrak{p}_h$ を見出すこと．（ワイル『リーマン面』，147 頁）

　点系の対応が語られているが，ヤコビ関数の姿はもうどこにも見られない．超楕円積分の逆関数の存在を確信して追い求め，苦心を重ねてついに 2 変数 4 重周期関数を提案するにいたったヤコビの心情は顧みられることもなくなって

しまったが，その大きな代償として，ヤコビの逆問題の数学的意義が不明になった．そこでワイルは註記を附して，

> 逆問題の大きな意義はわれわれ現代人にとって単に問題そのものの価値のなかにあるばかりではなく（そしてまたそれが決して主要なものでもなく），リーマンやヴァイエルシュトラスの壮大な一連の思想——逆問題を解決するための努力を通して，彼らがその創造に駆り立てられた一連の思想——のなかにある．（同上，147頁）

と，弁明めいた言葉を重ねるのである．こうしてヤコビの逆問題においてヤコビ関数の姿が消失したばかりではなく，ヤコビの逆問題それ自体の意義もまた見えなくなった．複素数域から切り離された場所に移ったことに起因して，失われ，変質したこともまた多いのである．

**ヤコビの逆問題の解析的な解決**

だが，ワイルはヤコビの逆問題の「解析的な解決」についても語っている（同上，152頁）．ワイルの表記法に沿って再現すると，$dw_h^*[h=1,2,\cdots,p]$ は $\mathfrak{F}$ 上の第1種微分の複素基底とするとき，あらかじめ任意に与えられた数 $\mathcal{F}_1, \mathcal{F}_2, \cdots, \mathcal{F}_p$ に対して，（積分の道を適当に選ぶとき）

$$\sum_{l=1}^{p} w_h^*(\mathfrak{p}_l) = \mathcal{F}_h \quad [h=1,2,\cdots,p]$$

となるように，$\mathfrak{F}$ 上の点 $\mathfrak{p}_1, \cdots, \mathfrak{p}_h$ を見つけることがヤコビの逆問題の課題であった．$\mathfrak{F}$ 上で非本質的特異点のみしか特異性をもたない解析関数 $f(\mathfrak{p})$ を取り，これを補助手段にする．これらの点 $\mathfrak{p}_1, \mathfrak{p}_2, \cdots, \mathfrak{p}_h$ における関数 $f$ の値が $\mathcal{F}_1, \mathcal{F}_2, \cdots, \mathcal{F}_p$ に依存する様子を観察すると，これらの量 $f(\mathfrak{p}_1), f(\mathfrak{p}_2), \cdots, f(\mathfrak{p}_p)$ はその順序を除いてしか定まらない．そこでそれらの基本対称式を作ると，$f(\mathfrak{p}_1), f(\mathfrak{p}_2), \cdots, f(\mathfrak{p}_p)$ を根とする $p$ 次の代数方程式

$$\lambda^p + A_1 \lambda^{p-1} + \cdots + A_p = 0$$

の係数が生成される．それらの係数 $A_1, A_2, \cdots, A_p$ は $\mathcal{F}_1, \mathcal{F}_2, \cdots, \mathcal{F}_p$ のアーベル関数である．ワイルは，「（これらの係数は）ヤコビの提案によって」アーベル関数と呼ばれると書いているが，ここは「ヴァイエルシュトラスの提案によって」と訂正したいと思う．ヤコビは代数方程式 $\lambda^p + A_1\lambda^{p-1} + \cdots + A_p = 0$ により規定される多価関数 $\lambda$ を指して（$p=2$ の場合に）アーベル関数と名づけたのである．

　ワイルはこのような道筋の解法を解析的と呼んだ．ワイルが書いた代数方程式は原型のヤコビの逆問題の提示にあたってヤコビが書いた2次方程式と形が同じだが，複素多様体としてのリーマン面から出発してワイルがたどった道筋は，ヤコビ関数の自覚的発見を起点にして新たな世界を開こうとするヤコビの構想が描き出す道筋に比して，相互に逆の方向に向っている．ワイルのように歩みを進めると，アーベルの定理は閉リーマン面上の代数関数の存在定理となり，アーベルの加法定理はリーマン面の種数との関連のもとで諒解され，ヤコビの逆問題は点系の対応の様子を問う問題になった．あれこれが乖離して相互の親密感はもう感知されないが，ヤコビはアーベルの定理とアーベルの加法定理の内陣に参入し，「逆関数の存在に寄せる確信」に支えられてヤコビの逆問題を取り出したのである．ワイルのリーマン面は解析性という解析関数の本質的属性が純粋に遍在する場所である．幾何学的な究明の対象にはなりうるが，関数そのものの探究の場としては複素数域との密接な連繋を堅持して，ヴァイエルシュトラスの解析的形成体やリーマンの「面」に立ち返るのが望ましいのではあるまいか．

## 7　複素多様体と多変数関数論との別れ

### トポスアトポス ($\tau\acute{o}\pi o\varsigma\ \check{\alpha}\tau o\pi o\varsigma$)――場所のない場所から

　ワイルは著作『リーマン面のイデー』の「緒言および序文」においてリーマン面の理念（イデー）に言及し，論理を越えた何物かであることを強調した．

　『リーマン面のイデー』が刊行されたのは1913年．「緒言および序文」の末尾に記入された日付は同年の4月である．論理的な厳密性がきびしく要求される時代のさなかにあって，リーマンが前世紀の半ばに描写したリーマン面

の姿形は厳密性に欠けると見られたようで，時代の要請に応えるためには「その表現のために多量の抽象的な，微妙な概念と思考とを要求する」（ワイル『リーマン面』，viii 頁）とワイルは指摘した．ワイルはクラインの示唆を受けてみずからこれを遂行し，複素次元 1 の複素多様体という独自のリーマン面を提案した．そのリーマン面の土台の上に，アーベル関数論の全体系が「論理の糸によってきめ細かく」（同上，viii 頁）織り上げられていくが，それは単なる網にすぎないとワイルは言い添えた．この網を使って，「本質的において単純であり偉大であり崇高である本来の理念を，プラトンの表現によれば $τόπος$ $άτοπος$ のなかから——海のなかから真珠を採るように——われわれの悟性界の表面にとり出すのである」（同上，viii-ix 頁）とワイルは言うのである．

ワイルの言葉が続く．「この精緻なそして煩瑣な諸概念の編みものに包まれた核心——これこそ理論の生命，真の内容，内的な価値をつくるものである——をとらえること」（同上，ix 頁）に対しては，書物も教師もただ貧弱な暗示を与えうるだけである．そこで「各個人が毎回新たに，みずから理解を求めて格闘しなければならない」というのがワイルの感慨である．リーマンのリーマン面に複素多様体という衣裳をまとわせて，アーベル関数の理論を精緻に織り上げることはできたが，肝心なのはその織物に遍在する生命感に共鳴することであるとワイルは言いたそうである．

ワイルが提案したリーマン面は関数の解析性が純粋な姿で息づいている場所であり，リーマン面において関数が与えられたなら，解析関数であるか否か，たちまち判断する力が備わっている．リーマンのリーマン面のように複素平面上に浮かぶ曲面ではなく，悟性界に浮遊する一個の自立した図形である．だが，まさしくそのためにアーベル関数論の世界もまた大きな変容を強いられるのである．

リーマンのアーベル関数論の主題はヤコビの逆問題であり，リーマンはこの問題を解決するためにリーマン面上の複素変数関数論を構築したのである．ヴァイエルシュトラスもまたヤコビの逆問題の解決をめざし，独自の思索に誘われるままに代数的形成体を構成した．ヤコビの逆問題を提示したのはヤコビであり，ヤコビはアーベルの加法定理に深く共鳴し，その根底にあるものを取り

出したのである．ヤコビが提示した原型のヤコビの逆問題は連立積分方程式

$$\Phi(x) + \Phi(y) = u$$
$$\Phi_1(x) + \Phi_1(y) = v$$

を書き下すことから歩み始めた．リーマンの視点に立つと，$x$ と $y$ はリーマン面 $R(\sqrt{X})$ 上の点であり，二つの複素数の組 $(u,v)$ に対してリーマン面 $R(\sqrt{X})$ 上の 2 点 $x,y$ が対応するだろうかと問うのがヤコビの逆問題である．リーマンは 1857 年の論文「アーベル関数の理論」においてそのようにヤコビの逆問題を解決した．ここまでなら $(u,v)$ と $x,y$ の対応の確立にとどまるが，リーマンはなお一歩を進めて「ヤコビの逆関数」を語っている．

リーマン面 $R(\sqrt{X})$ が（無限遠点を付加して拡大された）複素数域 $\boldsymbol{C}(z)$ 上に広がっているなら，$x$ と $y$ を加えたり乗じたりすることができて，$x$ と $y$ はいずれも 2 変数 $u,v$ の 2 価関数と見ることができるが，基本対称式 $A = x + y, B = xy$ を作ると $u,v$ の本質的特異点をもたない 1 価解析関数が発生し，しかもそれらは 4 重周期をもっている．すなわち，$A$ と $B$ は今日の語法でいう**アーベル関数**であり，$x$ と $y$ は 2 次方程式

$$t^2 - At + B = 0$$

の根として認識される．それゆえ，$x$ と $y$ は異なる関数ではなく，**2 個の複素変数 $u,v$ の空間 $\boldsymbol{C}^2(u,v)$ 上に一般に分岐点をもって広がる 2 葉の被覆領域 $R(t)$ 上の，4 重周期をもち，非本質的特異点のみをもつ 1 個の 1 価解析関数**である．ヤコビはこれをアーベル関数と呼び，リーマンはヤコビの逆関数と呼んだが，本書ではヤコビ関数という呼称を提案した．

$\boldsymbol{C}^2(u,v)$ の 2 点が $A,B$ の周期の差のみの相違が認められる場合には同一視することにすると，(今日の語法での) 複素 2 次元のアーベル多様体 $\Gamma^2(u,v)$ が生じ，これに対応して $R(t)$ は $\Gamma^2(u,v)$ 上に広がる内分岐領域とみなされる．これがヤコビ関数の存在領域である．

リーマンのアーベル関数論においてヤコビ関数が認識されるのは，リーマンのリーマン面がどこまでも複素数域と連繋しているためである．これに対し，ワイルのリーマン面は複素数域から乖離しているため，ヤコビの逆問題の解

決は空間 $\boldsymbol{C}^2(u,v)$ の点 $(u,v)$ とリーマン面 $R(t)$ 上の 2 点 $x,y$ の対応を教えるのみにとどまり，ヤコビ関数との連繋は絶たれている．ヤコビ関数が消失し，ヤコビの逆問題の本来の意味は失われた．ヤコビの逆問題は主役の座から降り，代って重い役割を担って取り上げられたのは，ヤコビの逆問題の根底に横たわるアーベルの定理である．ところがそのアーベルの定理もまた前提条件と結論の主客が転倒し，アーベル積分の加法定理のためにアーベルが発見した十分条件は解析関数の存在を保証する必要条件と見られるようになった．

**多変数関数論への道**

ワイルのリーマン面から出発してアーベル関数論を構築すれば，主眼は関数よりもむしろリーマン面それ自体に注がれるようになり，複素多様体論という新たな幾何学の構想が大きく描かれるであろう．これに対し，リーマンがそうしたように，あるいはヴァイエルシュトラスもまたそうしたように，どこまでも複素数域から離れずに歩みを進めていけば，ヤコビの逆問題の解決の中からヤコビ関数が出現し，多複素変数解析関数論への道がおのずと開かれていく．複素多様体論と多変数関数論という，交叉することのない 2 本の流れがこうして発生したのである．

## II　アーベル積分の等分と変換に関するヤコビとエルミートの理論

### 1　歴史的概観

アーベル関数論はアーベルの名高い「パリの論文」

ある非常に広範な超越関数族のひとつの一般的性質について（以下，「パリの論文」と略称する．）

とともに始まるが，この論文が執筆されたのは，長篇「楕円関数研究」

(1827-1828年)を皮切りに，今日の楕円関数論の根底を形作る諸論文を次々と公表していった時期（1827年と1828年の2年間）よりも前のことであった．アーベルはパリに滞在中の1826年の後半期に「パリの論文」を書き，10月30日に科学アカデミーに提出した．この事実に端的に表象されているように，アーベル積分の理論は本来，楕円関数論と同一の思想圏内において究明されるべきテーマである．だが，19世紀の数学史の流れの中では楕円関数論のような高い完成度を獲得するだけの十分な広がりは見られず，多くの本質的な問いが手つかずのままに放置されているように思われる．そこで本節では，19世紀のアーベル積分論の形成史を概観し，数学史の立場から見て解明されるべき諸論点を取り出してみたいと思う．

アーベル積分の理論の主要な担い手を思い浮かべると，アーベル自身をはじめとして，ヤコビ，エルミート，リーマン，ヴァイエルシュトラスという人びとの名が次々と念頭に浮かぶが，ゲーペルとローゼンハインの名もこの系列に加えたいと思う．また，孤高の神秘的な貢献者ガロアの名も逸することはできない．

エルミート

アーベルは完全に一般的なアーベル積分を対象として加法定理を探究し，わけても「アーベルの加法定理」を発見した．ヤコビはアーベルを継承して「アーベルの加法定理」から「ヤコビの逆問題」を抽出し，「ヤコビ関数」というものの存在を示唆した．「アーベル関数論」という言葉は，アーベル積分，（今日の語法での）アーベル関数，それにヤコビ関数を包括する理論の総称と理解するのがもっとも適切であろう．

ヤコビはまた，超楕円積分に限定されてはいたが，楕円関数論の場合と同様にアーベル積分の等分と変換の問題を考察し，若干の具体的な結果を書き留めた．証明は欠如していたが，エルミートが継承して証明を試みた．そうしてガ

ロアが友人のオーギュスト・シュヴァリエに当てた名高い遺書に見られる断片的な記述によれば，ガロアは上記の諸論点を包摂する高い立脚点を確保していたかのような感慨に襲われるのである．

こうしてアーベル関数論の形成史の探究の場において，考察しなければならない三つのテーマが浮上する．

　　アーベルの加法定理
　　ヤコビの逆問題
　　アーベル積分の等分と変換

ここでは主としてヤコビとエルミートによる等分と変換の理論に焦点をあてながら，全体像のスケッチを試みたいと思う．

アーベル関数論の背後には，今も依然として隠されている深遠な領域が存在する．それは数論である．楕円関数論の担い手の系譜には，レムニスケート関数と 4 次剰余相互法則の関係を示唆したガウス，実際にレムニスケート関数の諸性質に基づいて 4 次剰余相互法則の証明に成功したアイゼンシュタイン，「クロネッカーの青春の夢」を提出したクロネッカーなど，数論との間に認められる神秘的な関係に着目した人びとの姿が見られるが，アーベル関数論の場においても類比をたどろうとする試みが許されるであろう．

アーベル関数論と数論との関係の探究は，アーベル関数論というものの本質の把握の様式を根本的に規定するであろう．

## 2　楕円積分と楕円関数

本論に移る前に，ひんぱんに用いられる基本用語について概念規定を行っておきたいと思う．今日の流儀では，楕円積分と楕円関数，それにアーベル積分とアーベル関数という言葉にはそれぞれに独自の意味が附与されている．アーベル積分は代数関数もしくは代数的微分式の積分を意味する言葉であり，アーベル関数とは，一般に $2n$ 個の周期をもつ $n$ 個の複素変数の本質的特異点をもたない解析関数，言い換えるとアーベル多様体上の解析関数のことにほ

かならない．楕円積分と楕円関数の用語上の区別もこれに準じている．だが，ルジャンドル，アーベル，ヤコビ，エルミート，リーマン等々が生きた時代には必ずしもそうではなく，いくぶん様相を異にする流儀の用語法が行われていた．実際，ルジャンドルは著作『楕円関数とオイラー積分概論』(全 3 巻，1825-1828 年) において，今日の語法での楕円積分そのものを指して，楕円関数もしくは「楕円的な超越的物」と呼んでいる（同書，第 1 巻，14 頁）．

広く知られているようにアーベルは論文「楕円関数研究」において第 1 種楕円積分の逆関数を考察したが，その関数に特別の名前を与えたわけではなく，ごくまれに「第 1 種逆関数」という便宜的な呼称を用いるのみであった（1828 年 11 月 25 日付で書かれたアーベルのルジャンドル宛書簡に使用例が見られる）．ところがヤコビはルジャンドルが楕円関数もしくは楕円的な超越物と呼んだものを即物的に楕円積分と呼び，アーベルが提案した第 1 種逆関数に対して新たに楕円関数の名を与え，そのようにして両者を区別することを提唱した（1829 年 8 月 19 日付で書かれたヤコビのルジャンドル宛書簡）．

楕円関数という言葉の指し示すものの実体はあるときは楕円積分それ自体であり，またあるときは今日の語法での楕円関数である．たとえば，ルジャンドルの著作『楕円関数とオイラー積分概論』やアーベルの論文「楕円関数研究」の表題に見られる楕円関数は楕円積分にほかならないが，ヤコビの著作『楕円関数論の新しい基礎』(1829 年) を見ると，第 1 種楕円積分の逆関数を楕円関数と呼ぶことが明記されている．それゆえ，書名に見られる楕円関数の一語は今日の語法での楕円関数を指していると考えるのが至当だが，実際にはヤコビの提案が受け入れられて今日の語法が成立したのである．

## 3 アーベル積分とアーベル関数

アーベル積分とアーベル関数についても事情は基本的に同様であり，エルミートの論文

「アーベル関数もしくは超楕円関数の等分について」(1848 年)
「アーベル関数の変換理論について」(1855 年)

の表題においてアーベル関数, 超楕円関数と呼ばれているものは, それぞれ今日の語法でのアーベル積分, 超楕円積分にほかならない. リーマンの論文「アーベル関数の理論」(1857年) におけるアーベル関数もまたアーベル積分を指している.

だが, ヤコビの場合にはひときわ注意深い観察が要請される. 後述するヤコビの論文

「アーベル的超越物の一般的考察」(1832年. 以下,「一般的考察」と略称する.)

「アーベル的超越物の理論が依拠する2個の変化量の4重周期関数について」(1835年. 以下,「2変数4重周期関数」と略称する.)

の表題に見られる「アーベル的超越物」の実体は正しく今日のアーベル積分そのものである. 他方, 同じヤコビの論文

「アーベル関数ノート」(1846年)

の表題に見られる「アーベル関数」は, ヤコビが「アーベル積分の解析に導入するのが適切であって, しかも三角関数と楕円関数に類似なもの」(ヤコビ『全作品集』, 第2巻, 85頁) として認識した新しい関数を指し示している. これによって明らかなように, ヤコビは, 楕円積分と楕円関数の場合にそうしたように, ここでもまたアーベル積分とアーベル関数という二つの言葉をはっきりと区別して使用しているのである.

ところがヤコビのいうアーベル関数は今日のアーベル関数, すなわちアーベル多様体上の本質的特異点をもたない解析関数, あるいは多重 ($2n$ 重) 周期をもつ多変数 ($n$ 変数) の1価解析関数ではなく, アーベル多様体上のある種の代数的分岐被覆域上の解析関数, いわば多重 ($2n$ 重) 周期をもつ多変数 ($n$ 変数) の有限多価 ($n$ 価) 解析関数であり, ヤコビ以降, 適切な名称を欠いたまま今日にいたっている. そうしてそのために, ここに多少の用語上の混乱が発生する余地が認められるのである.

リーマンは論文「アーベル関数の理論」において「ヤコビの逆関数」という呼称を使用しているが，本書ではこれを参考にして，**ヤコビ関数**という名を与えることにした．

## 4　アーベルの加法定理

アーベル自身はアーベル積分論もしくはアーベル関数論の領域において，「パリの論文」のほかに次の 2 篇の論文を公表した．

「ある種の超越関数の二，三の一般的性質に関する諸注意」（1828 年．以下，「諸注意」と略称する．）
「ある超越関数族のある一般的性質の証明」（1829 年）

論文「ある超越関数族のある一般的性質の証明」はアーベルが病にたおれる直前に書かれた「2 頁の大論文」（高木貞治の言葉．『近世数学史談』，134 頁．本書 174 頁参照）であり，アーベルは「パリの論文」の主定理の簡潔な再現をめざしたのである．論文「諸注意」では「パリの論文」の主題が超楕円積分を対象として繰り広げられて，ひときわ精密な諸結果が導かれている．行方不明になった「パリの論文」が発見され，公表されたのはようやく 1841 年のことなのであるから，アーベル積分論におけるアーベルの思想は，その片鱗は「2 頁の大論文」に示されたとはいえ，実際には論文「諸注意」の中に具体的に描写された．ヤコビもまたこの論文を通じて，アーベル積分論への糸口を見出だしたのである．

アーベルによる加法定理の究明は二段階に分かれている．「パリの論文」において，アーベルはまずはじめに今日のいわゆる「アーベルの定理」を確立し，この主定理に基づいて，リーマンの理論におけるリーマン面の種数に相当するものの自覚的認識へと歩みを進め，平面代数曲線の種数公式の確立を試みた．主定理はもとより加法定理の名に相応しい形態を備えているが（**アーベルの定理**といえばつねにこの主定理を指す），種数の決定もまた加法定理という呼称がぴったりあてはまる（これを**アーベルの加法定理**と呼ぶ．本書 182 頁

参照).なぜなら,任意個数のレムニスケート積分の和が1個のレムニスケート積分と等置されるように(レムニスケート積分の加法定理),一般に種数 $g$ の第1種アーベル積分

$$\int f(x,y)dx$$
($y = y(x)$ は $x$ の代数関数で,そのリーマン面の種数は $g$ に等しい.
$f(x,y)$ は $x$ と $y$ の有理式)

の和

$$\int_a^{x_1} f(x_1,y_1)dx_1 + \int_a^{x_2} f(x_2,y_2)dx_2 + \cdots + \int_a^{x_n} f(x_n,y_n)dx_n$$
$$(y_1 = y(x_1), y_2 = y(x_2), \ldots, y_n = y(x_n))$$

は,加えられる積分の個数がどれほど多くとも,つねに一定個数,すなわち $g$ 個の積分の和

$$\int_a^{a_1} f(a_1,b_1)dx + \cdots + \int_a^{a_g} f(a_g,b_g)dx$$
$$(b_1 = y(a_1), \ldots, b_g = y(a_g))$$

に帰着されると予想されるからである.アーベルはこれを超楕円積分の場合に具体的に遂行した(論文「諸注意」).また,取り上げられている積分が第2種もしくは第3種の場合には,代数—対数的な付加項が現れる.

このような状況を,超楕円積分を越えて一般的にあらしめることこそ,「パリの論文」の主題である.アーベルは任意個数の(同型の)アーベル積分は一定個数の(同型の)アーベル積分の和に帰着されていくことを発見し,その「一定個数」として,種数の概念を認識したのであった.後にリーマンはヤコビの逆問題の解決にあたってアーベルの定理を利用した.また,リーマン面の概念を根底に据えて,種数の意味を完全に解明したのも同じリーマンであった.これらの2点はアーベルとリーマンを緊密に連結する接点である.

## 5 ヤコビの逆問題

　ヤコビのアーベル積分論はアーベルの2種類の加法定理の解釈の試みを契機にして歩みを運び始めたが，直接の出発点がアーベルの論文「諸注意」であったことに起因して，考察の対象はおのずと超楕円積分，すなわち

$$\int \frac{(A + A_1 x + A_2 x^2 + \cdots + A_{m-2} x^{m-2})dx}{\sqrt{X}} = \Pi(x)$$

という形の積分に限定されていた．ここで $A, A_1, A_2, \ldots, A_{m-2}$ は定数であり，$X$ は $X$ の $2m$ 次もしくは $2m-1$ 次の多項式である．アーベルの定理に対するヤコビの解釈は微分方程式論の立場に立つものであり，それによれば，アーベルの定理はある種の代数的偏微分方程式系の代数的積分を求めるための解法理論とみなされるのである．リーマンがアーベルの定理をヤコビの逆問題の解決に応用した際にも，このヤコビの解釈が採用された．

　これに対し，アーベルの加法定理は，楕円積分に対する楕円関数のように，広くアーベル積分の世界の中で，加法定理を満たすある種の逆関数を発見するためのかけがえのない手掛かりとして機能した．特に上記の超楕円積分 $\Pi(x)$ において，多項式 $X$ が5次もしくは6次の場合には一段と深い解析が行われ，その結果，首尾よく2変数ヤコビ関数の発見への道が開かれたのであった．

　この領域におけるヤコビの諸論文はヤコビの全集の第2巻に収録されているが，ヤコビ関数に関連して重要なのは2論文「一般的考察」と「2変数4重周期関数」である．もうひとつの論文「アーベル関数ノート」はそれ自体としては簡単なメモにすぎないが，注目に値するのは，末尾の註記の中にヤコビの逆問題が明確な形で表明されていることである．前に観察したヤコビの言葉に，ここでもう一度，耳を傾けたいと思う．

　　関数 $x = \sin \operatorname{am}(u)$ は **1 次方程式** $A + Bx = 0$ によって $u$ に関して
　　与えられる．ここで，$A$ と $B$ はアーギュメント $u$ の実もしくは虚の
　　各々の有限値に対してただひとつの有限値をとる $u$ の関数である．

同様にして，上に確立された二つの方程式

$$\Pi(x) + \Pi(y) = u$$
$$\Pi_1(x) + \Pi_1(y) = v$$

(註. $\Pi(x) = \int \dfrac{dx}{\sqrt{X}}$, $\Pi_1(x) = \int \dfrac{xdx}{\sqrt{X}}$. $X$ は $x$ の 5 次または 6 次の多項式)

が与えられたとき，量 $x$ と $y$ は **2 次方程式**

$$A + Bt + Ct^2 = 0$$

の 2 根であることが見出される．ここで $A, B, C$ は，二つのアーギュメント $u$ と $v$ の実もしくは虚のあらゆる有限値に対してただひとつの有限値をとる $u$ と $v$ の関数である．(ヤコビ『全作品集』，第 2 巻，86 頁)

ここでは，係数 $A, B, C$ は 2 変数 $u, v$ の 1 価関数であることが明瞭に主張されているが，そればかりではなく，論文「2 変数 4 重周期関数」における精密な解析によれば，$x$ と $y$ の基本対称式

$$x + y = -\frac{B}{C}, \ xy = \frac{A}{C}$$

は 4 重周期をもつ 2 変数 1 価関数であること，すなわち今日の語法でのアーベル関数であることが判明する．ゲーペルとローゼンハインはこれらを 2 変数テータ関数の商の形に表示することに成功し，そのようにして上記の事実を確定したのである．

この出来事の意味を考えるために，ヤコビにならって連立方程式 $\Pi(x) + \Pi(y) = u, \Pi_1(x) + \Pi_1(y) = v$ の解 $x, y$ を $u, v$ の関数として

$$x = \lambda(u, v), \quad y = \lambda'(u, v)$$

を書き表そう．また，積分 $\Pi(x), \Pi_1(x)$ の基本周期によって与えられる 2 次元アーベル多様体（関数 $\sqrt{X}$ のリーマン面 $R(\sqrt{X})$ のヤコビ多様体）を $\Sigma$ で

表そう．すると $\lambda$ と $\lambda'$ は $\Sigma$ 上の関数 $\dfrac{B}{C}$, $\dfrac{A}{C}$ を係数にもつ 2 次方程式

$$t^2 + \frac{B}{C}t + \frac{A}{C} = 0$$

を満たすこと，すなわち $\lambda(u,u')$ と $\lambda'(u,u')$ は 4 重周期をもつ 2 変数 2 価関数であること，それゆえ **$\lambda(u,u')$ と $\lambda'(u,u')$ の存在域は $\Sigma$ 上に広がる 2 葉の分岐被覆域である**ことを教えている．超楕円積分 $\Pi(x)$, $\Pi_1(x)$ の多価性は $\lambda(u,u')$ と $\lambda'(u,u')$ の 4 重周期性に反映し，$\lambda(u,u')$ と $\lambda'(u,u')$ の 2 価性は関数 $\sqrt{X}$ のリーマン面 $R(\sqrt{X})$ の種数が 2 であるという事実に由来する．これがヤコビの逆問題とその解決の雛形である．

## 6　2 変数 4 重周期関数

ここで二つの基本的な論点に着目したいと思う．第 1 の論点は 2 変数関数の導入という出来事の契機に関するものである．円積分 $u = \displaystyle\int_0^x \frac{dx}{\sqrt{1-x^2}}$ の逆関数として正弦関数 $x = \sin u$ が出現し，第 1 種楕円積分の逆関数への着目を通じて楕円関数というものの認識が生起したように，超楕円積分，一般にアーベル積分の世界にもある種の逆関数が存在し，等分と変換の理論の本来の対象を形成すると考えられるであろう．ヤコビはその光景を明るみに出そうとする意図をもって，論文「2 変数 4 重周期関数」において，まず簡明直截に超楕円積分

$$u = \int_0^x \frac{(\alpha + \beta x)dx}{\sqrt{X}} \quad (X \text{ は } x \text{ の 5 次もしくは 6 次の多項式})$$

の逆関数 $x = \lambda(u)$ を考察した．

ヤコビに追随してこの間の状況を具体的に観察してみよう．$\kappa, \lambda, \mu$ は不等式 $1 > \kappa^2 > \lambda^2 > \mu^2$ を満たす実数として，5 次多項式

$$X = x(1-x)(1-\kappa^2 x)(1-\lambda^2 x)(1-\mu^2 x)$$

を定め，超楕円積分 $u = \displaystyle\int_0^x \frac{(\alpha + \beta x)dx}{\sqrt{X}}$ を考える．このとき，定数

を作ると，等式

$$u_1 = \int_{-\infty}^{0} \frac{(\alpha + \beta x)dx}{\sqrt{-X}}$$

$$\lambda(u + 2u_1\sqrt{-1}) = \lambda(u)$$

が成立する．すなわち，$2u_1\sqrt{-1}$ は関数 $\lambda(u)$ の周期である．同様に，

$$u_2 = \int_{0}^{1} \frac{(\alpha + \beta x)dx}{\sqrt{X}}, u_3 = \int_{1}^{\frac{1}{\kappa^2}} \frac{(\alpha + \beta x)dx}{\sqrt{-X}}, u_4 = \int_{\frac{1}{\kappa^2}}^{\frac{1}{\lambda^2}} \frac{(\alpha + \beta x)dx}{\sqrt{X}},$$

$$u_5 = \int_{\frac{1}{\lambda^2}}^{\frac{1}{\mu^2}} \frac{(\alpha + \beta x)dx}{\sqrt{-X}}, u_6 = \int_{\frac{1}{\mu^2}}^{\infty} \frac{(\alpha + \beta x)dx}{\sqrt{X}}$$

と置くと，等式

$$\lambda(u + 2u_2) = \lambda(u),\ \lambda(u + 2u_3\sqrt{-1}) = \lambda(u),\ \lambda(u + 2u_4) = \lambda(u),$$
$$\lambda(u + 2u_5\sqrt{-1}) = \lambda(u),\ \lambda(u + 2u_6) = \lambda(u)$$

が成立する．これらの等式は，関数 $\lambda(u)$ は 3 個の実周期 $2u_2, 2u_4, 2u_6$ と 3 個の虚周期 $2u_1\sqrt{-1}, 2u_3\sqrt{-1}, 2u_5\sqrt{-1}$ をもつことを示している．

一見すると，これで全部で 6 個の周期が見つかったように見えるが，ヤコビはさらにこれらの周期の相互関係を探索し，等式

$$u_1 + u_5 = u_3,\ u_2 + u_6 = u_4$$

を見出だした．これによって周期の個数は 4 個になる．二つは実周期であり，他の二つは純虚周期である．そこでそれらを

$$2u_2, 2u_6\ (\text{実周期})\ \text{および}\ 2u_1\sqrt{-1}, 2u_5\sqrt{-1}\ (\text{純虚周期})$$

とすると，$u_2$ と $u_6$ は互いに通約不能（inter se incommensurabiles）であり，これらの 2 個の実周期を 1 個の実周期に帰着させることはできない．同様に，$u_1\sqrt{-1}$ と $u_5\sqrt{-1}$ もまた互いに通約不能（inter se incommensurabiles）であり，これらの二つの虚周期を 1 個の虚周期に帰着させるのは不可能である．ところが，このとき，二つの実周期 $2u_2, 2u_6$ を用いて，あらかじめ与えられたどれほど小さな量よりも小さな実周期 $\triangle$ を作ることができること，および，

二つの純虚周期 $u_1\sqrt{-1}$ と $u_5\sqrt{-1}$ を用いて，あらかじめ与えられたどれほど小さな量よりも小さな純虚周期 $\triangle'\sqrt{-1}$ を作ることができることをヤコビは示した．

ヤコビは論文「2変数4重周期関数」においてこのように論証した．関数 $\lambda(u)$ の6個の周期が具体的な形で指定され，それらの個数は4個に還元された．しかもそれ以上の還元は不可能であることも確認されたのであるから，関数 $\lambda(u)$ は4重周期関数のように見えるが，それらの4個の周期を素材にしてどれほどでも小さな周期を作ることができるというのである．これが，超楕円積分の逆関数の考察の場においてヤコビの直面した状況である．

このような状況を観察して，ヤコビは「$x$ を $u$ の解析的な関数（functio analytica）と考えることはできないのは明らかである」と，関数 $x = \lambda(u)$ の考察を断念し，放棄しようとする考えに傾いた．三角関数や楕円関数を円積分や第1種楕円積分の逆関数として把握しようとしたアイデアは，アーベル的超越物（アーベル積分）に対しては適用することができないのである．

単独の超楕円積分の逆関数の考察を断念したヤコビは，与えられた $u, u'$ に対して連立方程式

$$\int_a^x \frac{(\alpha + \beta x)dx}{\sqrt{X}} + \int_b^y \frac{(\alpha + \beta x)dx}{\sqrt{X}} = u$$
$$\int_a^x \frac{(\alpha' + \beta' x)dx}{\sqrt{X}} + \int_b^y \frac{(\alpha' + \beta' x)dx}{\sqrt{X}} = u'$$

定数 $\alpha, \alpha', \beta, \beta'$ は二つの積分 $\int \frac{\alpha + \beta x}{\sqrt{X}} dx, \int \frac{\alpha + \beta x}{\sqrt{X}} dx$ が1次独立になるように選択する．$X$ は $x$ の5次または6次の多項式．
を立て，$x$ と $y$ を2変数 $u, u'$ の関数

$$x = \lambda(u, u'), \ y = \lambda'(u, u')$$

として把握した．本書でヤコビ関数と呼ぶことにした関数である．8個の定量

$$2\int_{-\infty}^{0}\frac{(\alpha+\beta x)dx}{\sqrt{-X}}=i_1,\ 2\int_{0}^{1}\frac{(\alpha+\beta x)dx}{\sqrt{X}}=i_2$$

$$2\int_{\frac{1}{\lambda^2}}^{\frac{1}{\mu^2}}\frac{(\alpha+\beta x)dx}{\sqrt{-X}}=i_3,\ 2\int_{\frac{1}{\mu^2}}^{\infty}\frac{(\alpha+\beta x)dx}{\sqrt{X}}=i_4$$

$$2\int_{-\infty}^{0}\frac{(\alpha'+\beta' x)dx}{\sqrt{-X}}=i_1',\ 2\int_{0}^{1}\frac{(\alpha'+\beta' x)dx}{\sqrt{X}}=i_2'$$

$$2\int_{\frac{1}{\lambda^2}}^{\frac{1}{\mu^2}}\frac{(\alpha'+\beta' x)dx}{\sqrt{-X}}=i_3',\ 2\int_{\frac{1}{\mu^2}}^{\infty}\frac{(\alpha'+\beta' x)dx}{\sqrt{X}}=i_4'$$

を定めると，等式

$$\lambda(u,u')=\lambda\begin{pmatrix}u+mi_1\sqrt{-1}+m'i_2+m''i_3\sqrt{-1}+m'''i_4,\\ u'+mi_1'\sqrt{-1}+m'i_2'+m''i_3'\sqrt{-1}+m'''i_4'\end{pmatrix}$$

$$\lambda'(u,u')=\lambda'\begin{pmatrix}u+mi_1\sqrt{-1}+m'i_2+m''i_3\sqrt{-1}+m'''i_4,\\ u'+mi_1'\sqrt{-1}+m'i_2'+m''i_3'\sqrt{-1}+m'''i_4'\end{pmatrix}$$

が成立し，$i_1\sqrt{-1}, i_2, i_3\sqrt{-1}, i_4$ はヤコビ関数の $u$ に関する周期であること，$i_1'\sqrt{-1}, i_2', i_3'\sqrt{-1}, i_4'$ は $u'$ に関する周期であることが判明する．

楕円積分の場合と異なり，超楕円積分 $\int_0^x \frac{(\alpha+\beta x)dx}{\sqrt{X}}$ の多価性がその逆関数の周期性に完全に反映するという現象はもう見られない．だが，ヤコビは「このほとんど絶望的な状勢において幸いにも生起する事柄（quod feliciter evenit in hac quasi desperatione）」（ヤコビ『全作品集』，第2巻，45頁），すなわち2変数の4重周期関数の出現という現象に目を留めて，この諒解しがたい困難を克服したのであった．このヤコビの卓抜な着眼こそ，多変数解析関数論の真実の起源である．

## 7 ヤコビの逆問題とリーマン面

第2の論点はヤコビの逆問題の困難の所在に関するものである．ヤコビは連立方程式 $\Pi(x)+\Pi(y)=u,\ \Pi_1(x)+\Pi_1(y)=v$ を立てて，任意に与えられた $u,v$ に対して $x,y$ が定まることを示したが，一般に種数 $g$ のアーベル積分

の世界に移ると状況は一段と複雑さの度合いを増してくる．$y = y(x)$ は $x$ の代数関数，そのリーマン面 $R = R(y(x))$ の種数を $g$ とし，$R$ 上の $g$ 個の1次独立なアーベル積分を

$$\int f_1(x,y)dx, \quad \int f_2(x,y)dx, \quad \ldots, \quad \int f_g(x,y)dx$$

として，連立方程式

$$\int_a^{x_1} f_1(x_1,y_1)dx_1 + \int_a^{x_2} f_1(x_2,y_2)dx_2 + \cdots + \int_a^{x_g} f_1(x_g,y_g)dx_g = u_1$$

$$\int_a^{x_1} f_2(x_1,y_1)dx_1 + \int_a^{x_2} f_2(x_2,y_2)dx_2 + \cdots + \int_a^{x_g} f_2(x_g,y_g)dx_g = u_2$$

$$\cdots\cdots\cdots$$

$$\int_a^{x_1} f_g(x_1,y_1)dx_1 + \int_a^{x_2} f_g(x_2,y_2)dx_2 + \cdots + \int_a^{x_g} f_g(x_g,y_g)dx_g = u_g$$

$$(y_1 = y_1(x_1), y_2 = y(x_2), \ldots, y_g = y(x_g))$$

を考察すると，今度は与えられた $u_1, u_2, \ldots, u_g$ に対応する $x_1, x_2, \ldots, x_g$ の存在は全然明らかではない．それどころかむしろこの論点はヤコビの逆問題における困難のすべてであり，逆問題そのものでもある．なぜなら，$x_1, x_2, \ldots, x_g$ の存在が確立されたとき，もしリーマン面の概念（これはヤコビの逆問題が正しく設定されるための不可欠の大前提である）さえ前もって獲得されていたならば，$x_1, x_2, \ldots, x_g$ の基本対称式が $u_1, u_2, \ldots, u_g$ の $2g$ 重周期をもつ1価関数になること，すなわち今日の用語でのアーベル関数になることは明白だからである．そうしてこの意味において，リーマン面という高い立脚点に立つとき，ゲーペルとローゼンハインの研究は副次的な性格のものになってしまうのである．

ただし，アーベル関数のテータ関数による商表示の確立という出来事はそれ自体において重要である．この事実の一般的背景を解明しようとする試みを通じて，やがて「ポアンカレの問題」という多変数関数論の問題が現れた．

## 8　超楕円積分の等分と変換

アーベル関数とヤコビ関数の発見を受けて，われわれが次に取り組むべき

テーマは等分と変換の理論である．実際，ヤコビは論文「2変数4重周期関数」の最終節（第11節）において超楕円積分の等分と変換に言及し，若干の基本的結果を書き留めている．連立方程式

$$\int_a^x \frac{\alpha+\beta x}{\sqrt{X}}dx + \int_b^y \frac{\alpha+\beta x}{\sqrt{X}}dx = u$$

$$\int_a^x \frac{\alpha'+\beta' x}{\sqrt{X}}dx + \int_b^y \frac{\alpha'+\beta' x}{\sqrt{X}}dx = u'$$

（定数 $\alpha, \alpha', \beta, \beta'$ は二つの積分 $\int \frac{\alpha+\beta x}{\sqrt{X}}dx, \int \frac{\alpha'+\beta' x}{\sqrt{X}}dx$ が1次独立になるように選択する．）

によって定まる $x, y$ を $u, u'$ のヤコビ関数と見て

$$x = \lambda(u, u'),\ y = \lambda'(u, u')$$

と書き表そう．このとき，アーベルの加法定理の教えるところによれば，自然数 $n$ に対し，関数

$$x_n = \lambda(nu, nu'),\ y_n = \lambda'(nu, nu')$$

は2次方程式

$$U_n t^2 - U_n' t + U_n'' = 0$$

の根として与えられる．ここで，アーベルの加法定理により $U_n, U_n', U_n''$ は $x, y, \sqrt{X}, \sqrt{Y}$（$Y$ は $X$ と同型の $x$ の多項式）の有理関数である．

逆関数に移らずに積分の形のままで書き表すと，$x_n, y_n$ は連立方程式

$$n\int_a^x \frac{\alpha+\beta x}{\sqrt{X}}dx + n\int_b^y \frac{\alpha+\beta x}{\sqrt{X}}dx = \int_a^{x_n} \frac{\alpha+\beta x}{\sqrt{X}}dx + \int_b^{y_n} \frac{\alpha+\beta x}{\sqrt{X}}dx$$

$$n\int_a^x \frac{\alpha'+\beta' x}{\sqrt{X}}dx + n\int_b^y \frac{\alpha'+\beta' x}{\sqrt{X}}dx = \int_a^{x_n} \frac{\alpha'+\beta' x}{\sqrt{X}}dx + \int_b^{y_n} \frac{\alpha'+\beta' x}{\sqrt{X}}dx$$

を満たす量である．それゆえ，逆に $x_n$ と $y_n$ が与えられたとき，連立方程式

$$U_n x_n^2 - U_n' x_n + U_n'' = 0$$
$$U_n y_n^2 - U_n' y_n + U_n'' = 0$$

の解法を通じて $x, y$ の値を定めることができるであろう．$y$ を消去すれば $x$ に関する方程式が得られ，$x$ を消去すれば $y$ に関する方程式が得られるが，$x$ と $y$ の対称性に留意すると，どちらも同じ形の方程式である．これが一般等分方程式である．特に，周期等分点では $x_n = y_n = 0$ であるから，方程式 $x_n, y_n$ を2根とする方程式 $U_n t^2 - U_n' t + U_n'' = 0$ は周期等分点において重根をもつ．それゆえ，連立方程式

$$U_n' = 0, \quad U_n'' = 0$$

が成立し，ここから $x$ もしくは $y$ を消去すると $x$ または $y$ に関する同じ形の方程式が得られる．それが周期等分方程式である．

このような状勢のもとでなされたヤコビの言明は次のとおりである．

(1) 一般 $n$ 等分方程式の次数は $n^4$ である．
(2) 一般2等分方程式の次数は $16(=2^4)$ である．
(3) 周期等分方程式の根は既知という前提のもとで，一般 $n$ 等分方程式の解法は4個の $n$ 次方程式の解法に帰着される．この現象は，与えられた変換は相次いで適用される4個の $n$ 位変換の積に帰着されるという性質に基づいている．
(4) $n$ は奇素数とするとき，周期 $n$ 等分方程式の解法は $1+n+n^2+n^3$ 次の方程式と $\dfrac{n-1}{2}$ 次方程式の解法に帰着される．前者の方程式は一般に可解ではない．後者の方程式は，前者の方程式の根が既知であれば解ける．（ヤコビ『全作品集』，第2巻，50頁）

今日の用語では第1種楕円積分の逆関数を指して楕円関数と呼んでいるが，アーベルが明らかにしたことによれば，$n$ は奇素数とするとき，楕円関数の一般 $n$ 等分方程式は周期 $n$ 等分方程式の根を既知とするとき，つねに代数的に可解である．周期 $n$ 等分方程式は二つの方程式に分解される．ひとつは $1+n$

次の方程式で，一般に代数的に解くことはできない．この方程式はモジュラー方程式と呼ばれている．もうひとつは $\frac{n-1}{2}$ 次の方程式で，モジュラー方程式の根を既知とすれば，この方程式は代数的に解ける．ヤコビ関数の等分方程式に関するヤコビの四つの言明の織り成す数学的状勢は，楕円関数の等分方程式の場合ととてもよく似ている．

超楕円積分の変換について，ヤコビは

(5) $n$ は奇素数とするとき，$1+n+n^2+n^3$ 個の $n$ 位変換が存在する．（同上，50頁）

と言明した．

## 9　隠された領域——数論とアーベル積分論

1843年1月，エルミートはヤコビに宛てて手紙を書き，等分理論に関するヤコビの四つの言明 (1)-(4) のうち，基礎的事実認識 (1) を踏まえたうえで，(3) と (4) の証明を報告した．エルミートの論文「アーベル関数もしくは超楕円関数の等分について」でも，同じ証明が再現されている．また，エルミートは「アーベル関数の変換理論について」において，超楕円積分の変換理論の組織的考察を展開した．

アーベルにはじまるアーベル関数論の歴史を概観する者はだれしも，楕円関数論の場合を回想して，数論との関係，すなわち「一般化された虚数乗法論」の存在を感知して深く思いを寄せることであろう．楕円関数論ではモジュラー方程式の代数的可解条件が追い求められて，そこから虚数乗法論が生い立った．では，ヤコビ関数の場合にも，同様の道筋の存在を期待することができるであろうか．あるいはまた，数学史の流れの中に，いわば「一般化された虚数乗法論」ともいうべき理論展開の軌跡を見出だそうとする試みは，はたして語るに足るだけの成果をおさめうるであろうか．この論点の解明こそ，アーベル積分論の歴史的究明において，われわれに課されている最大のテーマである．

# 第5章　多変数代数関数論の夢
## ——リーマンを越えて

## 1　ガウスの『アリトメチカ研究』とヒルベルトの第12問題

### ガウスの『アリトメチカ研究』に由来する数学の五つの流れ

　ガウスの著作『アリトメチカ研究』（1801年）の原書名の表記は Disquisitiones Arithmeticae（ディスクイジチオネス・アリトメチカエ）というラテン語であり，「アリトメチカに関するさまざまな研究」というほどの意味の言葉である．頭文字をとって単に D.A.（ディーエー）と表記されることも多い．「アリトメチカ」という言葉は「数の理論」というほどの古い歴史を担う言葉だが，今日ではあまり見かけなくなり，代って「数論」という即物的な言葉が使われている．「数論」という言葉は，『アリトメチカ研究』に先立って刊行されたルジャンドルの著作『数の理論のエッセイ』（1798年）の書名に現れたのが最初の使用例であろう．

　ガウスの『アリトメチカ研究』とヒルベルトの第12問題の間にはきわめて親密な関係が認められ，『アリトメチカ研究』を共通の泉とするさまざまな数学の流れ（相互に分かちがたく

ヒルベルト

結ばれている5筋の流れがある）はヒルベルトの第12問題の解決を俟って，ある同じ場所に合流するであろう．現在の段階ではヒルベルトの第12問題はなお解けたとは言えず，『アリトメチカ研究』以来の数学の流れは依然として流れ続けている．

1900年夏，8月6日から12日にかけてパリで開催された国際数学者会議においてヒルベルトは「数学の将来の諸問題について」と題して講演を行い，23個の問題を提示した．このときヒルベルトは満38歳である．これらの問題は「ヒルベルトの問題」と呼ばれ，20世紀の数学の進むべき道を明るく照らす光源になった．第12番目の問題は「アーベル体に関するクロネッカーの定理の，任意の代数的有理域への拡張」というもので，「クロネッカーの青春の夢」の延長線上に描かれる一場の夢のような問題である．ヒルベルトがこの問題を提示した時点ではクロネッカーの青春の夢もなお未解決だったのである．

第1の流れは「相互法則」である．相互法則はガウスの数論的世界の表看板であり，『アリトメチカ研究』の段階ですでに，異なる原理に基づく2種類の証明，すなわち数学的帰納法による証明（第4章）と2次形式の種の理論に基づく証明（第5章）が記述されている．

第2の流れは「アーベル方程式の理論」である．『アリトメチカ研究』の第7章のテーマである円周等分方程式の解法理論から，性格を異にする二通りのタイプの代数方程式論が生れた．ひとつはガロア理論であり，もうひとつはアーベル方程式の理論である．ガロアは円周等分方程式を代数的に解く技術をガウスに学び，ガロア理論を創造した．アーベルは，代数方程式の代数的可解性を左右する基本原理を「諸根の相互依存関係」に求めようとするガウスのアイデアを把握して，そこからアーベル方程式の概念を抽出した．しかもアーベルはなお一歩を進め，ある固定された数体上の代数的可解方程式の根の一般形を，具体的な表示式を用いて書き表そうとした．根底にあるのは「代数的可解方程式をことごとくみな手にしたい」という数学的意志であり，そのままの形でクロネッカーに継承されて，虚数乗法論の泉を形成した．

虚数乗法論は『アリトメチカ研究』に由来する第3の流れである．はじめクロネッカーは「有理数体上のどのアーベル方程式も円周等分方程式である」という，クロネッカーの定理を提出したが，同時に「虚2次数体上のアーベ

ル方程式は特異モジュールをもつ楕円関数の変換方程式で汲み尽くされる」という，いわゆる**クロネッカーの青春の夢**（クロネッカー自身の言葉では"meinen liebsten Jugendtraum"．「私の一番好きな青春の夢」の意）を早くから心に抱いていた．「青春の夢」は 1880 年 3 月 15 日付のデデキント宛書簡において表明されたが，クロネッカーの青春の夢の広がりはこれにとどまらず，完全に一般化された虚数乗法論のアイデアさえ，1880 年の時点ですでに視圏にとらえられていた．この事実も注目に値すると思う．実際，クロネッカーは同じデデキント宛書簡の中で，「一般の複素数を対象にして特異モジュールの類似物を見つける」（クロネッカー『全著作集』，457 頁）という問題の核心をつかみたいという希望をわずかに口にした．この神秘的なイメージを伴う片言こそ，ヒルベルトの第 12 問題の母胎である．

「一般化された虚数乗法論」が語られた文脈を見ると，相当に早い時期から思索の対象に据えられていた様子がうかがわれる．これも「青春の夢」に包摂されると見なければならないであろう．

『アリトメチカ研究』に始まる第 4 の流れは「ヤコビの逆問題」である．ガウスは『アリトメチカ研究』の段階においてすでにレムニスケート関数の等分理論と 4 次冪剰余相互法則との密接な関係を洞察した模様であり，『アリトメチカ研究』の第 7 章の場を借りて，示唆に富む数語とともにレムニスケート積分を書き留めた．アーベルはそこから新しい様式の楕円関数研究のヒントを得たが，さらに歩を進めて一般のアーベル積分論の究明へと向い，「アーベルの定理」に到達した．その「アーベルの定理」を見るヤコビの数学的思索の目の働きの中から，ヤコビの逆問題が生れたのである．

ヤコビの逆問題の歴史叙述は本章の主題のひとつだが，ここではひとまず，ヤコビの論文「アーベル的超越物の理論が依拠する 2 個の変化量の 4 重周期関数について」の中に，多変数関数論の起源が認められるという事実を強調しておきたいと思う．

「アーベル的超越物」の原語は transcendentium Abelianarum で，今日の語法でいうアーベル積分を指す言葉だが，この論文では特に種数 2 の超楕円積分が取り上げられている．このタイプの積分の究明において，ヤコビは楕円関数の類似物を見出だそうと試みて，ひとたびほとんど希望のもてない状

勢におちいったが，ある特定のタイプの2複素変数関数の支援を受けることにより，困難を克服することに成功した．ヤコビはアーベルの名を冠してそのような関数に「アーベル関数」という名前を与えたが，本書では，すでに第4章で提案したように，**ヤコビ関数**という名で呼びたいと思う．

多複素変数解析関数の理論は非明示的な様式で『アリトメチカ研究』に由来する．これが，ガウスの数論の世界に秘められている第5番目の数学の流れである．

### 岡潔の第7論文「三，四のアリトメチカ的概念について」

岡潔の連作「多変数解析関数について」の第7番目の論文「三，四のアリトメチカ的概念について」の諸言において，岡は，

> 分岐点を許容するともうひとつのアリトメチカ的概念に出会う．分岐点がなければ，**代数関数さえ取り扱うことはできないであろう．**（岡潔『数学論文集』，92頁．鍵を握る語句をゴシック体で表記して引用した．）

岡 潔

と述べている．明らかに多複素変数の代数関数論を念頭に置いてなされた発言であり，印象は鮮明である．岡の意図は，リーマンが1複素変数の場合にそうしたように，完全に一般的な基礎理論，すなわち**内分岐する存在領域の理論**の上に多複素変数の代数関数の理論を建設しようとするところにあったと見てよいと思う．

内分岐領域の理論へと向かう岡の関心は1941年ころすでに芽生えていた．岡は一般に内分岐する領域を対象にして「ハルトークスの逆問題」の解決をめざし，20年余にわたって思索を重ねた．不定域イデアルの

理論のアイデアを把握して2篇の論文を書き，基礎理論（連作「多変数解析関数について」の第7論文「三，四のアリトメチカ的概念について」）の土台の上に「上空移行の原理」を確立することに成功した（同，第8論文「基本的な補助的命題」）．この上空移行の原理を補助的命題と見て，ハルトークスの逆問題の解を構成するというのが岡の構想であった．一般的に解けたと確信した時期もあったようで，第9論文が企画されたが，実際には二分され，公表されたのは前半の第9論文「内分岐点をもたない有限領域」のみであった．これで，標題に見られるタイプの領域においてハルトークスの逆問題が解決された．後半は Domaines finis généraux（一般の有限領域）という表題（秋月康夫が提案した）で執筆されるはずだったが，ついに日の目を見なかった．内分岐領域ではハルトークスの逆問題は解けなかったのである．

「リーマンの定理」という表題を附して書かれた晩年の研究記録が大量に遺されていて，多変数代数関数論に寄せる岡の，言わば「晩年の夢」を今日に伝えている．しかしこの岡の数学的構想を継承する人は現れない．

多変数関数論の起源を求めて歴史の流れを遡行すると，E. E. レビ，ハルトークス，クザン，ポアンカレ，リーマンという一群の数学者たちを経て，最後にヴァイエルシュトラスに出会う．ヴァイエルシュトラスは1879年11月5日付でボルヒャルトに宛てた手紙において，

> $r$ 個の複素変数 $u_1,\ldots,u_r$ の領域から，ある $2r$ 重に広がる連続体を任意の仕方で切り分けよう．そのときつねに，その連続体の内部のあらゆる点においてさながら有理関数であるかのように振る舞うが，しかもどの境界点においても決してそのようには振る舞わないという性質を備えた $u_1,\ldots,u_r$ の1価関数を定めることができる．（ヴァイエルシュトラス『全数学著作集』，第2巻，129頁）

と語り，有理型領域（ある有理型関数の存在領域でありうる領域）は任意であると主張した．後に，ハルトークスの研究（1906年．「コーシーの積分公式からのひとつの帰結」）を継承してなされた E. E. レビの研究（1910年．「2個またはもっと多くの複素変数の解析関数の本質的特異点に関する研究」）により

誤っていることが判明した言明だが，多変数関数論の一般理論への道が開かれていく有力な契機として作用したのは，このヴァイエルシュトラスの正しいとは言えない言葉だったのである．

E. E. レビは上記の論文の冒頭に脚註を附して上記のヴァイエルシュトラスの一文を引用し，ヴァイエルシュトラスの言明を覆そうとする企図を表明した．多変数の場合，有理型関数の特異点，すなわち本質的特異点の作る形成体の形状は任意ではなく，正則関数の特異点の場合にハルトークスが明らかにしたのと同様，「ハルトークスの連続性定理」を満たすという制限を受けるのである．

ヴァイエルシュトラスの関心を多複素変数解析関数に関する一般理論へと誘ったのは，1変数代数関数論に所属するヤコビの逆問題であった．そこでヴァイエルシュトラスを起点にしてさらにヤコビの逆問題の形成史を遡行すると，リーマン，ヴァイエルシュトラス，ローゼンハイン，グーペル，それにヤコビの逆問題を提示した当のヤコビを経て，そのヤコビの先行者アーベルに出会い，アーベルの数学的世界の端緒を開いた名高い論文「楕円関数研究」を通じてガウスの『アリトメチカ研究』第7章にたどりつく．ガウスの数論的世界のどこにも多複素変数解析関数の姿は見られないが，それにもかかわらず，この書物は（非明示的な様式において）多変数関数論の源泉である．『アリトメチカ研究』第7章にただ一度だけ明記されたレムニスケート積分の姿から岡の理論まで，一世紀半に及ぶ歳月にわたり，一本の連続線が途切れることなく流れ続けている．

### 「アーベルの定理」と「アーベルの加法定理」

1826年10月30日，パリに滞在中のアーベルはいわゆる「パリの論文」を科学アカデミーに提出した．この論文において，アーベルは完全に一般的なアーベル積分を対象にして「アーベルの定理」を提示し，そこから「アーベルの加法定理」を導いた．「アーベルの定理」は加法定理の根底に横たわる定理であり，しかもそれ自身，「加法定理」の名に値する形態を備えている．すなわち，アーベル積分の世界には，近接する位置に置かれている2種類の加法定理が存在するのである．ヤコビが論文「アーベル的超越物の一般的考察」に

おいて「アーベルの定理」と呼んだのは「アーベルの加法定理」のことであり，リーマンが論文「アーベル関数の理論」において「アーベルの加法定理」と呼んだのは「アーベルの定理」のほうである．

1828 年，アーベルは論文「ある種の超越関数の二，三の一般的性質に関する諸注意」を公表し，超楕円積分を対象にして「アーベルの定理」と「アーベルの加法定理」を記述した．「パリの論文」に比して考察の対象は限定されているが，その代り計算は細部まで精密に遂行された．超楕円積分というのは，

$$\psi x = \int \frac{rdx}{\sqrt{R}} \quad (アーベルの表記法)$$

という形の積分をいい，アーベルは上記の論文においてこれを「ある種の超越関数」と呼んでいる．ここで，$r$ は $x$ の任意の有理関数である．$R$ は $x$ の有理整関数（多項式と同じ）だが，その次数は 4 を越えている．

第 1 種超楕円積分という限定された場合においてアーベルの 2 定理を記述するために，$\varphi x$ と $fx$ をそれぞれ $\nu, \nu'$ の有理整関数としよう．ここで，$\nu$ の偶奇に応じてそれぞれ $\nu' = \dfrac{\nu}{2} - 2, \nu' = \dfrac{\nu-1}{2} - 1$ と設定する．このとき，積分

$$\psi x = \int \frac{fxdx}{\sqrt{\varphi x}}$$

は第 1 種超楕円積分の一般形を与える．$\varphi x$ は二つの有理整関数の積に分解されるとして，$\varphi x = \varphi_1 x \cdot \varphi_2 x$ と置こう．また，任意の有理整関数 $\theta x, \theta_1 x$ をとって有理整関数

$$Fx = (\theta x)^2 \varphi_1 x - (\theta_1 x)^2 \varphi_2 x$$

を作り，これを因子分解すると，

$$Fx = A(x-x_1)^{m_1}(x-x_2)^{m_2}\cdots(x-x_\mu)^{m_\mu}$$

という形になるとする．このとき，方程式

$$\varepsilon_1 m_1 \psi x_1 + \varepsilon_2 m_2 \psi x_2 + \cdots + \varepsilon_\mu m_\mu \psi x_\mu = (定量) \tag{1}$$

が成立する（アーベル『全著作集』，第 1 巻，451-452 頁）．ここで，$\varepsilon_1$,

$\varepsilon_2, \ldots, \varepsilon_\mu$ は $+1$ または $-1$ を表す．これが，第1種超楕円積分に対する「アーベルの定理」である．

リーマンの理論の語法に沿えば，点系 $x_1, x_2, \ldots, x_\mu$ は，関数 $\sqrt{\varphi x}$ のリーマン面 $R(\sqrt{\varphi x})$ 上の関数 $\sqrt{\varphi x} - \dfrac{\theta_1 \varphi_2}{\theta}$ の零点系にほかならない．

有理整関数 $fx$ の次数が任意のときは，超楕円積分 $\psi x = \displaystyle\int \dfrac{fx\, dx}{\sqrt{\varphi x}}$ は一般に第2種である．$fx$ の次数はやはり任意として，

$$\psi x = \int \frac{fx\, dx}{(x-\alpha)\sqrt{\varphi x}}$$

という形の積分を考えると，第3種の超楕円積分が手に入る．このようなタイプの超楕円積分に対してアーベルの定理を記述することも可能である（本書170-171頁，定理 I 参照）．その場合，方程式 (1) の右辺に，代数—対数的（algébrigue et logarithmetique）に構成される付加項（代数的式と対数を組み合せて作られる量）が加わる．

あらためて $\varphi x$ は次数 $2\nu - 1$ または $2\nu$ の有理整関数，$r$ は任意の有理整関数として，超楕円積分

$$\psi x = \int \frac{r\, dx}{\sqrt{\varphi x}}$$

を考えよう．$r$ は任意であるから，この積分は必ずしも第1種ではない．任意個数の変化量 $x_1, x_2, \ldots, x_{\mu_1}, x'_1, x'_2, \ldots, x'_{\mu_2}$ が与えられたとき，ある代数方程式の支援のもとで $\nu - 1$ 個の量 $y_1, y_2, \ldots, y_{\nu-1}$ を適切に定め，

$$\psi x_1 + \psi x_2 + \cdots + \psi x_{\mu_1} - \psi x'_1 - \psi x'_2 - \cdots - \psi x'_{\mu_2}$$
$$= v + \varepsilon_1 \psi y_1 + \varepsilon_2 \psi y_2 + \cdots + \varepsilon_{\nu-1} \psi y_{\nu-1}$$

という形の方程式が成立するようにすることができる（既出．本書172頁，定理 VIII 参照）．ここで $\varepsilon_1, \varepsilon_2, \ldots, \varepsilon_{\nu-1}$ は $+1$ または $-1$ を表し，$v$ は，はじめに与えられた変化量 $x_1, x_2, \ldots, x_{\mu_1}, x'_1, x'_2, \ldots, x'_{\mu_2}$ を用いて対数的かつ代数的に組み立てられる量である（アーベル『全著作集』，第1巻，454-455頁．積分 $\psi x$ は必ずしも第1種ではないから一般に付加項 $v$ が現れる）．これが「アーベルの加法定理」である．

量 $y_1, y_2, \ldots, y_{\nu-1}$ は関数 $r$ の形状とは無関係に定められる．数 $\nu - 1$ は，

リーマンの語法によれば，関数 $\sqrt{\varphi x}$ のリーマン面 $R(\sqrt{\varphi x})$ の種数に等しい．

アーベルは論文「諸注意」に註記を添えて，

> 私は 1826 年の終りころ，パリの科学アカデミーに，このような関数に関する論文を提出した．（同上，445 頁）

と，「パリの論文」の存在を示唆した．このメッセージに気づいたヤコビは「パリの論文」に着目し，1829 年 3 月 14 日付のルジャンドル宛書簡の中で，

> このオイラー積分の一般化は，なんというすばらしいアーベル氏の発見でしょう．われわれが生きているこの世紀が数学において成し遂げたおそらく一番重要なものであろうこの発見は，もう 2 年も前にあなたの所属するアカデミーに提出されましたが，あなたやあなたの同僚の方々の注意を引くことはありませんでした．これはいったいどうしてなのでしょうか．（ヤコビ『数学著作集』，第 1 巻，439 頁）

と，ルジャンドルの注意を喚起した．この指摘が効を奏したのであろう．「パリの論文」は後に発見され，1841 年になって公表された．リーマンはその「パリの論文」により「アーベルの定理」と「アーベルの加法定理」を学び，ヤコビの逆問題の解決のために利用することができたのである．

**ヤコビの逆問題**

超楕円積分の一般形 $\psi x = \int \dfrac{r dx}{\sqrt{R}}$ において，有理整関数 $R(x)$ の次数を 5 または 6 に設定すると，もっとも簡単なタイプの（すなわち種数 2 の）超楕円積分が手に入る．そのうえでさらに有理整関数 $r = r(x)$ の次数を高々 1 とすると，種数 2 の第 1 種超楕円積分の一般形が得られる．それらの間にはきっかり 2 個の 1 次独立な積分が存在する．

種数 2 の第 1 種超楕円積分の世界では，たとえば 2 個の積分

$$\Pi(x) = \int_0^x \frac{dx}{\sqrt{X}}, \; \Pi_1(x) = \int_0^x \frac{x dx}{\sqrt{X}} \quad \text{（ヤコビの表記法）}$$

は 1 次独立である. ここで $X$ は $x$ の 5 次または 6 次の多項式である. 連立積分方程式

$$\Pi(x) + \Pi(y) = u,$$
$$\Pi_1(x) + \Pi_1(y) = v$$

を設定すると, この方程式の中に**ヤコビの逆関数**（リーマンの用語. 『全数学著作集』, 101 頁）

$$x = \lambda(u, v), \ y = \lambda_1(u, v)$$

が認識される.

　アーベルは（ヤコビも）楕円関数を第 1 種楕円積分の逆関数として認識したが, ヤコビはそれと同様の様式をもって, 種数 2 の超楕円積分の世界において楕円関数の類似物, すなわち「その逆関数がアーベル的超越物になるという性質を備えた関数」（『数学著作集』, 第 2 巻, 10 頁. 「アーベル的超越物」は超楕円積分と同じ）を見出だして, そのような関数の本性を明るみに出そうとした. このヤコビのアイデアが「ヤコビの逆問題」の出発点であり, 同時に多変数関数論の形成にあたりもっとも直接的な契機として作用した.

　1832 年の論文「アーベル的超越物の一般的考察」（以下, 「一般的考察」と略称する）の段階では関数 $\lambda(u, v), \lambda_1(u, v)$ はまだ特定の呼称をもたなかった. ところが 1846 年のヤコビの短篇「アーベル関数ノート」を見ると, 標題に見られるように「アーベル関数」という名前が与えられた. ヤコビのいうアーベル関数は本書におけるヤコビ関数にほかならず, リーマンの用語でいえばヤコビの逆関数（一般的に言うと, $2n$ 重周期をもつ $n$ 価の $n$ 複素変数関数）と同じものである. ヤコビはこれらの関数を「アーベル的超越物の解析に導入するのが適切と見られる関数であり, しかも三角関数と楕円関数の類似物であるもの」（同上, 85 頁）と認識したが, 本書では**ヤコビ関数**という呼称を提案した. この言葉はヴァイエルシュトラスに使用例が見られるが, 文脈が異なることに加えて, 何よりも流布していないのであるから混乱の恐れはないであろう.

　**三角関数と楕円関数の多変数の場合の類似物として当初よりヤコビの念頭に**

あったのはヤコビ関数だったのであり，今日のアーベル関数ではない．

　1832年の論文「アーベルの定理に関する観察」（以下，「観察」と略称する）の段階ではまだヤコビ関数の周期性への言及は見られないし，ヤコビ関数のもっとも基本的な性質，すなわち関数 $\lambda(u,v)$, $\lambda_1(u,v)$ は $u,v$ の1価関数を係数にもつ2次方程式の根になるという性質もまだ記述されていない．

　次の論文「アーベル的超越物の理論が依拠する2個の変化量の4重周期関数について」（以下，「2変数4重周期関数」と略称する）に移ると関数 $\lambda(u,v)$, $\lambda_1(u,v)$ の4重周期性（この論文の「基本定理」）が明記され，しかもこれらの二つの関数は，2個の複素変数 $u,v$ の関数を係数にもつ2次方程式の根であることも表明された．これらの事実はこの論文においてはじめて明示的に表明されたのであり，これにより，ヤコビはヤコビの逆問題というものの本性をいっそう深く自覚したと言えるのである．だが，この時点ではまだ係数の1価性への言及は見られない．

　『クレルレの数学誌』，第30巻に掲載されたヤコビのノート「アーベル関数ノート」は「ペテルブルク帝国科学アカデミー物理・数学部門報告集」，第2巻，第7号からの転載であり，もとの報告には1843年5月29日という日付が附されている．ヤコビの逆問題の形成史の流れの中で「アーベル関数」という言葉にはじめて出会うのは，このヤコビの論文においてである．転載にあたり，ヤコビは新たに短い註記を添え，論文「観察」で導入されたヤコビ関数 $x = \lambda(u,v)$, $y = \lambda_1(u,v)$ は2次方程式

$$A + Bt + Ct^2 = 0$$

の根であると主張した．ここで $A, B, C$ は2個の変数 $u,v$ の関数であり，しかも $u,v$ の実または虚のあらゆる有限値に対応して「ただひとつの有限値」をとる．係数の1価性の認識がここにはじめて明記され，ヤコビはこのような2次方程式の2根であるという，「まさしくその点が，関数 $x$ と $y$ の真実の性質なのである」（ヤコビ『数学著作集』，第2巻，86頁）と強調した．

　脚註を通じて判明する性質をもう少し拾うと，ヤコビの逆問題の姿形がいっそうくっきりと浮かび上がるように思う．楕円関数 $x = \sin \operatorname{am}(u)$ は2個のテータ関数の商として表示されるから，1次方程式 $A + Bx = 0$ を通じて与え

られるとも言える（同上，86頁）．ここで係数 $A, B$ は 1 個の変数 $u$ のテータ関数である．同様に，超楕円積分の場合にも，2 次方程式 $A + Bt + Ct^2 = 0$ の係数 $A, B, C$ は何かしら「テータ関数」という名前に相応しいある特定の種類の関数であること，ただし今度は 2 個の変数 $u, v$ の関数であることが期待されるであろう．そのような状勢が具現したなら，そのとき商

$$x + y = -\frac{B}{C}, \; xy = \frac{A}{C}$$

は 1 価関数であり，しかも 4 重周期関数であること，すなわち今日の用語法でいうアーベル関数であることが（「2 変数 4 重周期関数」における究明を通じて）帰結する．それゆえ，ヤコビ関数は代数的なタイプの 2 価関数であり，**その存在領域は複素 2 次元のアーベル多様体上に代数的に分岐する**．

これがヤコビの主張のすべてであり，ここで主張されている事柄に証明を与えようとする試みの数々が連なって，ヤコビ以降の「ヤコビの逆問題形成史」が構成された．ヤコビのノートの末尾に記入された日付「1845 年 12 月」は脚註が書かれた時期を示しているが，1832 年の時点から数えて，この間，足掛け 14 年という歳月が流れている．ヤコビの逆問題が問題として成熟するためには，ガウスとアーベルの数学的思索を背景にしたうえで，なおこれだけの日時が必要だったのである．

アーベルの論文「ある種の超越関数の二，三の一般的性質に関する諸注意」に深い影響を受けて書かれたヤコビの第 1 論文は「一般的考察」ではなく，それに先立って「観察」が公表された．その末尾の日付は「1832 年 5 月 14 日」．「一般的考察」の日付は「1832 年 7 月 12 日」である．ほぼ 2 箇月を隔てた連作であり，この間にガロアの死（5 月 31 日）という事件があった．

### ヒルベルトの第 12 問題とヤコビ関数

ヒルベルトの第 12 問題に視線を向けると，多変数関数論への道を開くもうひとつの契機が目に留まる．この神秘的な問題において，ヒルベルトは数学の三つの基本的領域，すなわち数論と代数学と複素変数関数論は相互に親密な関係で結ばれていると言明し，そのうえで，もし有理数体に対する指数関数，虚 2 次数体に関する楕円モジュラー関数と同じ役割を果たす関数を，任意の代数

的数体を対象にして見出だして究明することができたなら，わけても「多変数解析関数論は本質的な利益を受けるであろう（insbesondere die Theorie der analytischen Funktionen mehrerer Variablen eine wesentlicthe Bereicherung erfahren würde)」（ヒルベルト『全著作集』，第 3 巻，313 頁）という確信を表明した．

　ヒルベルト自身は具体的には多変数モジュラー関数のアイデアを抱いていたようで，後に「ヒルベルトのモジュラー関数」をテーマにしたブルメンタールの二，三の論文が現れた．ヒルベルトのノートに基づいて書かれたと言われているが，ノートそれ自体は今も行方がわからない．

　当時の多変数関数論はまだ萌芽的で，どのような一般理論が構成されることになるのか，海のものとも山のものともまったく見通しのたたない状態であったから，ヒルベルトはモジュラー関数の一般化，すなわち類似物の発見に希望を託すほかはなかったのであろう．だが，ヤコビの論文「2 変数 4 重周期関数」にはすでに，ヤコビ関数 $x=\lambda(u,v), y=\lambda_1(u,v)$ の等分理論と種数 2 の超楕円積分の変換理論のアウトラインが描かれている．ヒルベルトの手になく，今もなお依然として欠けているのは，ヤコビ関数を論じるに足る多変数関数論の豊饒な一般理論である．

　今ではヴァイエルシュトラス，リーマン，それに他の多くの数学者の力の集積により，ヤコビの逆問題を一般的な形で解くことができるから，われわれは任意個数の複素変数のヤコビ関数というものの一般概念を手にしていることになる．だが，多変数関数論の視点から見るとき，ヤコビ関数の諸性質はほとんど何も知られていない．

　私見によれば，**ヤコビ関数はある特定の範疇の数体に対して，有理数体に対する指数関数，虚 2 次数体に対する楕円モジュラー関数と同じ役割を果たすであろう**．もしそのような数体の範疇を見出だして，ヤコビ関数との関連において本性を明らかにすることに成功したなら，言い換えると，もしヤコビ関数がヒルベルトの第 12 問題に対して一定の解決をもたらすことが明らかにされたなら，そのとき多変数関数論の得るものは多大であり，半世紀前に岡の行く手をはばんだ困難を克服する道もおのずと開かれてくることであろう．

　ガウスの『アリトメチカ研究』が刊行されてからすでに 200 年を越える歳

月が経過した．この西欧近代の数学史上屈指の作品は，新たな数学的可能性が今しも立ち上ろうとするめざましい光景を，今も依然としてわれわれの眼前に提示し続けていると言えるのではあるまいか．

## 2　岡潔の遺稿「リーマンの定理」と多変数代数関数論の夢

### 「リーマンの定理」まで

　岡潔が遺した研究記録の中に「問題 F（境界問題）」（F は「境界」を意味するフランス語 Frontière の頭文字）という言葉が最後に現れるのは昭和 36 年（1961 年）3 月 9 日の記事だが，そこにはまた「代数函数論の問題」という神秘的な一語が併記されている．岡の研究記録に「代数函数論」が登場するのはこれがはじめてというわけではなく，3 日前の 3 月 6 日の記録にも冒頭に「代数函数論」と記され，さらにさかのぼると，5 年前の昭和 31 年（1956 年）4 月 3 日の日付で書かれた記事に，

　　代數函數論は多變數函數論の骨格-ピュイゾー展開　描寫　觀察　探
　　索　心の中にものの見えたる光　未だ消えざる中に云ひとむべし（芭
　　蕉）

という文言が見て取れる．代数関数論は多変数関数論の骨格であることが簡潔に指摘されていて，晩年の岡の研究の実相を伝える貴重な数語である．それでも代数関数論に深く分け入っていくためには内分岐領域においてハルトークスの逆問題を解決しておくことが不可欠であるから，この時期の岡は絶えず代数関数論を心に抱きつつ，境界問題の究明に専念していたのである．

　それだけに昭和 36 年（1961 年）3 月 9 日の記事に「境界問題」と「代数函数論の問題」が並んでいるのはいっそう象徴的であり，岡の研究記録を 1 枚また 1 枚と見ていったとき，はじめてこの光景に出会ったときの衝撃は忘れられない．昭和 16 年（1941 年）の春，連作「多変数解析関数について」の第 6 論文「擬凸状領域」を書き進めながら仏訳版リーマン全集をノートに書き写す作業を続けていた岡は，きっかり 20 年の後，今度は長年の境界問題を放棄

して代数関数論へと向おうとしていたのである．

境界問題は，上空移行の原理とともに，内分岐領域においてハルトークスの逆問題を解くための鍵をにぎる基本問題であった．どうしても糸口をつかむことのできないたいへんな難問で，岡は讃美歌の文言に借りて「北の涯の氷の山のやうな氣がする」などと慨嘆したほどであった．境界問題が解けず，そのため肝心のハルトークスの逆問題が内分岐領域において解けないのであるから，多変数関数論の基礎理論は依然として未確定である．研究の行く末に明るい展望を思い描くことはできなかったであろう．それでも押し切って新たな領域に踏み込んでいったのは，ともかく研究構想の全体像を描いておきたいと願ったからに相違なく，還暦を迎えてなお衰えを見せない岡の激しい気迫がひしひしと伝わってくるような思いがする．はたしてこの年の大晦日，12月31日の日付で岡は6枚のメモを書いたが，そこには「リーマンの定理」という魅惑的な標題が書き付けられた．それからしばらくの間，昭和39年（1964年）の夏あたりまで，この標題のもとで一連の記述が続くのである．

岡の晩年の未完の研究「リーマンの定理」の様相を概観する前に，リーマンと代数関数論に関心を寄せる岡の姿を拾うと，表紙に「研究ノ記録 其ノ六」と記された丸善製のノート1冊が目にとまる．昭和20年（1945年）12月14日の「立案」から12月29日まで，合計193頁に及ぶ記録だが，冒頭の第3頁から第37頁にかけて（1頁目と2頁目は空白），リーマンの1851年の学位論文「1個の複素変化量の関数の一般理論の基礎」が目次と本文の第6節まで書き写されている．また，晩年，亡くなる直前まで書き継いだエッセイ『春雨の曲』を見ると，岡は昭和16年（1941年）当時を回想し，

> これまでは領域は絶えず単葉に限定して研究して来たが，この制限を取り去る積りならば … が代数的分岐点を持ってもよいとしなければ徹底しない．そうでなければ，たとえばこれからの研究の成果を多変数代数函数の分野に適用することさえできない．これで腹が決った．この拡張に全力を挙げよう．

と内分岐領域研究に向う決意が宣言されている．ここで語られているのははっ

きりと「多変数代数函数」である．若い日にポアンカレの『科学の価値』を読んでリーマンに親しみを深めた岡は，多変数関数の世界においてリーマンと同じ道をたどろうとして，最後に「リーマンの定理」という未定稿を遺したのである．代数関数論にはリーマンと岡の青春の夢がかけられている．

岡の連作「多変数解析関数について」の第7論文「三，四のアリトメチカ的概念について」には二つのテキストが存在する．ひとつはフランスの学術誌『フランス数学会会誌』に掲載された初出テキスト，もうひとつはそのもとになった言わば「原テキスト」である．昭和36年（1961年）に岡の数学論文集『多変数解析関数について』が編まれたとき，収録されたのは原テキストのほうであった．どちらのテキストにも序文に代数関数が登場するが，両者を読み比べるとまったく同じというわけではなく，心に刻まれる印象は大きく異なっている．初出テキストのフランス文をそのまま訳出するとこんなふうになる．

> すでに第1報の定理II，第2報の定理Iおよび第5報の条件 ($\beta$) において，いくつかのアリトメチカ的概念に出会っている．後に，我々は分岐点の研究においてもうひとつのアリトメチカ的概念に出会うであろう．それがなければ，代数関数を取り扱うことができなくなってしまう．（岡潔『数学論文集』，92頁）

第1報「有理関数に関して凸状の領域」の定理IIは有理多面体に対する上空移行の原理，すなわち「基本的な補助的命題」であり，第2報「正則領域」の定理Iは解析的多面体に対する上空移行の原理である．第5報「コーシーの積分」の「条件 ($\beta$)」は「アンドレ・ヴェイユの条件」である．第7論文の表題に見られるアリトメチカの一語は算術的とか数論的という意味合いの言葉である．岡は多変数関数論に算術的もしくは数論的概念が見られることを洞察し，そこに内分岐領域の研究の基礎を求めようとしたが，その内分岐領域の研究は代数関数論のために不可欠であるというのが，岡が表明した所見である．第7論文の原テキストではこの点がより強調され，浮き彫りにされている．

第1報の定理II（基本的な補助的命題），第2報の定理I，それに第

5報の条件 ($\beta$)（アンドレ・ヴェイユの条件）において，ある種のアリトメティカ的概念が目に留まるであろう．そうしてもし分岐点を受け入れるなら，もうひとつのアリトメティカ的概念に出会うであろう．分岐点を許容しなければ，代数関数さえ取り扱うことができなくなってしまう．我々はこのような事情に促されて，この種の概念の研究を始めたのである．（同上，92頁）

　岡の言葉の切れ切れを拾い集めると，多変数関数論において岡潔の登場を待って生起した事柄の深い意味合いが，次第に眼前に現れてくるような感慨に襲われる．岡の内分岐領域研究の究極の目的が多変数の代数関数論の建設にあったことに，疑いをはさむ余地はない．

**晩年の遺稿「リーマンの定理」**
　岡潔が晩年の日々をすごした奈良市高畑町の岡家の庭に「研究室」と呼ばれる小さな建物があり，平成11年（1999年）6月まで，岡が遺した大量の文書が集積されていた（この年の6月，奈良女子大学附属図書館に寄贈された．6月3日，寄贈式．実際に搬出されたのは6月30日）．大半を占めるのは日付入りの研究記録で，おおまかに区分けされて大型の封筒に入っていて，研究室の書棚に重ねて置かれていた．岡の学問と人生がここに集約されているという感慨に襲われて，見つめるほどに心を打たれたが，研究記録のほかにも，

　　ベンケとトゥルレンの著作『多複素変数関数の理論』
　　論文草稿（日本語とフランス語）
　　日記
　　エッセイ草稿
　　書簡（受け取った手紙と，投函された手紙の下書き）

など，心を惹かれる書物や文書がいたるところに目に留まったものであった．ベンケとトゥルレンの著作は岡の多変数関数論研究の端緒を開いた有名な作品だが，研究室所蔵の1冊には，研究が始められた当時の雰囲気を伝える生々

しい書き込みが随所に散りばめられている．日記も何冊もあり，いろいろな形のノートが使われている．日記とはいうものの，書かれているのは日常の出来事ばかりではなく，数学研究の具体的な足取りの記録でもある．ただの身辺雑記というのはひとつもなく，コーヒーを買うために大阪に出るのも，畑を耕して作物の増産をめざすのも，故郷の村を歩き回るのも，高木貞治に手紙を書くのも，どれもみな数学研究の織り成す無限多面体の側面のひとつである．

　はじめて「研究室文書」を閲覧したのは平成10年（1998年）10月2日の午後のことだが，真っ先に目を射たのは，「Riemannの定理（リーマンの定理）」という不思議な通し標題をもつ一系の研究ノートであった．即座に連想を誘われたのは代数関数論である．「不定域イデアル」の理論に始まる岡の後期の研究のねらいが代数関数論にあったことは明白に諒解されたが，公表された論文はひとつもなく，どのように歩みが運ばれていたのか，知るすべはなかった．ところが，その幻影の代数関数論が「リーマンの定理」の名のもとにいきなり目の前に立ち現れたのである．意表をつかれ，唐突な印象に襲われたが，封筒の中味を見るまでもなく，標題を一瞥しただけで，代数関数論にちがいないという確信だけは明晰であった．やはりあったのだという，発見の喜びにも似た感慨も深々と伴っていたことが，今もありありと思い出されるのである．

### 「研究室文書」を見て

　岡家の庭の離れに蓄積されていた文書群を「研究室文書」と呼ぶことにしたいと思う．この文書を参照すると，岡の心が不定域イデアルの理論へと向う具体的な歩みの痕跡がまずはじめに現れてくるのは，昭和16年（1941年）の春まだ浅いころであったことが明らかになる．典拠は丸善製の1冊のノートである．表紙に

「皇紀二千六百一年三月十日ニ始メル」
「昭和十六年三月十八日終ル」
（註．皇紀2601年は昭和16年，西暦1941年）

と記され，本文には見開き右下すみに通し番号が打たれて，48頁に及んでいる（通し番号はここまで．次の頁にも記述があるが，そこには頁番号は記入されていない）．

さまざまな記述が見られるが，第23頁に

B. L. van der Waerden
Moderne Algebra
Erster Teil
（B. L. ファン・デア・ヴェルデン
『現代代数学』
（全2巻のうちの）第1巻）（引用者による註記）

と，抽象代数学への道を開いたファン・デア・ヴェルデンの有名な著作名が書き留められている．ここから出発して9年ないし10年という歳月を経て第7論文（1950年）と第8論文「基本的な補助的命題」（1951年）が執筆されたが，これらはともに遠い目標に代数関数論を見て設置した一里塚である．「基本的な補助的命題」（これはそのまま第8論文のタイトルでもある）を駆使して内分岐領域の基礎理論を確立し，その土台の上に（多変数の）代数関数論を建設するというのが，昭和16年（1941年）の春，満39歳から40歳に移ろうとしつつある岡が心に描いた雄大な構想なのであった．

1複素変数関数論の世界では，これはかつてリーマンが歩んだ道であった．19世紀中葉，ドイツ数学史の流れの中でリーマンは学位取得論文「1個の複素変化量の関数の一般理論の基礎」（1851年）により1複素変数関数論の基礎を確立し，6年後の続篇「アーベル関数の理論」（1857年）において，アーベルとヤコビに淵源する「ヤコビの逆問題」の解決に成功したが，この一系の出来事はそのまま（1変数の）代数関数論の建設に通じていた．

多変数関数論の場合には，多変数に固有の事情に起因して基礎理論が格段にむずかしく，ハルトークスの逆問題を解かなければならなかった．岡が企図した事柄を具体的に観察すると，基礎理論の建設というのは内分岐領域においてハルトークスの逆問題を解決することと同義である．もしこれができたなら，

「内分岐する正則領域とは擬凸状の領域のことにほかならない」という簡潔な言明が可能になり，そのときはじめて，内分岐正則域の姿を，抽象的な概念規定の枠を離れて生きた形象として認識することができるようになるのである．基礎理論から代数関数論へ．岡はリーマンに範を求め，多変数の世界においてリーマンと同じ道筋を歩もうとしたのであった．

### ピカールとシマールの著作『2個の独立変数の代数関数の理論』

　岡潔の第7論文と第8論文には，多変数の代数関数論へと向う岡潔の心情を示唆する言葉がわずかに散りばめられていた．それらのひとつひとつに強い印象を受け，かねがね「岡理論の魂は（多変数の）代数関数論にある」と推測していたが，岡の「多変数代数関数論」は実際には公表されなかったのであるから確認のすべはなく，長い間，推定は想念の域にとどまらざるをえなかった．ところがその幻の理論は実在したのである．「リーマンの定理」という標題を見た瞬間にそう直観し，標題の岡の手書きの文字からしばらく目を離すことができなかった．

　研究記録「リーマンの定理」は13個のグループに分けられて，それぞれ紐つきの大型封筒に入っていた．第1日目が書かれたのは昭和36年（1961年）の大晦日で，12月31日の日付が記入された6枚の記録が遺されている．この年，明治34年（1901年）生れの岡は満60歳であった．以来，昭和39年（1964年）9月22日に至るまで2年9箇月にわたって書き継がれ，総計489枚（表紙8枚，本文481枚）に及んだ．

　13個の大型封筒を成立年代順に並べ，全容を概観したいと思う．

　第1の封筒は，表に

Riemann の定理 I（あとの方）其の一
I. 1961.12.31-1962.1.30

と記されている．「あとの方」という言葉の意味するところは不明である．本文の1枚目は表紙になっていて，封筒の表書きと同じ言葉が繰り返された．1961年12月31日，第1頁から第6頁まで，出だしの6枚のメモが書かれた

後，元旦も含めてほぼ連日のように記述が続くが，11日から14日まで，20日から21日まで，23日，25日から27日までの10日間の記録は空白である．1月30日に「以上 Riemannの定理 其の一」と記入されて，一段落した．

2月1日，「省察」という小見出しがつけられて，63頁から66頁まで，4枚のメモが書き加えられた．66枚目の記録には，2月2日の日付で，

　状勢が予想とは全く違ふやうだからもう一度始めからやり直す．

と明記され，再度，「以上 Riemannの定理 其の一」と記入された．ここまでが「リーマンの定理I」である．

「リーマンの定理」という言葉が何を指しているのかはこの時点ではまだわからないが，1月9日の記事を振り返ると，

　先づPicard-Simart（註．エミール・ピカールとジョルジュ・シマール）がやつたことをrappeler（註．回想）しよう．

という方針が表明され，以下，ピカールとシマールの共著の作品『2個の独立変数の代数関数の理論』の参照が続く．代数曲線に関するリュローの定理とクレブシュの定理への言及もあり，「Picard（註．ピカール）でそれを見ておこう」(57頁．1月22日)と前置きしたうえで，ピカールのテキスト『解析概論』第2巻，411-417頁への参照指示が明記された．同書，417頁，421頁，422頁への指示も見られるが，『解析概論』のこのあたりは，第13章「1変数代数関数に関する一般的な事柄　ネーターの定理　リーマン面」の一部分である．

62頁（1月30日）の末尾には，

　Intégrales de première espèce et celles de deuxième espèce（註．第1種積分と第2種積分）の存在．それから代数関数論の基本を組み上げること（補助の代数面を使はないで．使ふと正確なことが云へなくなる）

という言葉が書き留められた．「積分」というのは代数関数の積分，すなわちアーベル積分のことで，ここで考えられているのは多変数のアーベル積分の存在証明である．

これだけの記述ではまだ精密な諸事情を把握するのは困難だが，全般にピカールの『解析概論』の中の1変数代数関数論とピカール，シマールの『2個の独立変数の代数関数の理論』を手がかりとして，理論形成の規範をそこに求めようとしている様子が見て取れるように思う．

**代数的リーマン領域**

リーマンの定理をめぐる思索が綴られた文書を保管する第2の封筒の表には，「Riemannの定理 II（前の方）（其の二）1962.2.2 以向」（「以向」は「以降」の意）と書かれている．第1の封筒の表に「あとの方」とあり，意味をつかめなかったが，第2の封筒の「前の方」という言葉の意味もやはりよくわからない．封筒の中に保管されているのは，表紙1枚，本文84枚，計85枚の文書である．

2月2日から書き始められ，6日までに15頁まで進んだが，柱状空間と射影空間に関する考察を迫られて，「リーマンの定理 II」の記述はいったん中断された．最終日（2月6日）の記事を拾うと，

> 大体函数論は cylindrical space（註．柱状空間）に於てでなければたてられないのではなからうか．projective espace（註．射影空間）へのものはその application（註．応用）に過ぎないのではないか（13頁）

と記された．続いて「そうしよう．$(x, y)_C$ 上に代数函数論をたてよう」と基本方針が打ち出された．そののちに，

> 先づ $(x, y)_C$ 上に於ける代数的 Riemann 領域とはどう云ふものかを少しみておこう．

と，第一歩が踏み出されていく．ここに現れる $(x,y)_C$ は二つのリーマン球面 $P(x)$ と $P(y)$ の積を表す記号で，柱状領域である．

　リーマンは1変数関数論の基礎をリーマン面の概念に求めた．リーマン面というのは，1変数解析関数の存在領域の幾何学的形状を観察し，その姿形の描写を重ねていくことによって得られる概念である．特に（1変数の）代数関数の存在領域を考えるには，まずはじめに1個の複素変数の描く平面，すなわち複素平面に無限遠点を加えてリーマン球面を作り，その上に拡がる有限葉のリーマン面を設定しなければならない．多変数の場合も事情は同様で，リーマンにならって代数関数の存在領域を描くには，まず複素変数が生成する空間に無限遠点（岡の用語法では「無窮遠点」）を付け加えて閉じた空間を作り，その後にその上に拡がる有限葉のリーマン領域（岡の用語法では「代数的リーマン領域」）を考えるという順序で進んでいく．例として，岡がそうしているように2個の複素変数 $x, y$ の空間を考えると，この空間に無限遠点を添加して閉じた空間を作る仕方は二通り考えられる．ひとつは上述の柱状空間 $(x,y)_C$ であり，もうひとつは射影空間 $(x,y)_P$ である．

　2月2日に始まった「リーマンの定理 II」の記述は2月6日の時点で中断されて，2月8日から2月20日まで，13日間にわたって別の研究記録「リーマンの定理 III 柱状空間と射影空間」が書き継がれた．岡は柱状空間と射影空間について思索を迫られたのである．この13日間の記録は第3の封筒に保管され，2月22日，「Rappelées（回想）」という小見出しが書かれて「リーマンの定理 II」が再開し，3月19日まで書き継がれた．通算して84頁に及んだが，最終日（3月19日）の最終頁（第84頁）にいたって目に映るのは，「これは到底出来ない．むしろ微分方程式の方が可能性がある」という，切迫感の伴う数語である．思うように事が運ばなかった様子がしのばれるが，新たに「微分方程式」の一語が登場した点は注目に値する．

## 第10論文

　第3の封筒まで概観を続けてきたが，岡潔のいうリーマンの定理というものの姿は依然として不明瞭である．第3の封筒から第4の封筒を経て第5の封筒に移ると，1962年4月13日付で，

> 省察 Riemann の定理を使ふんならばなるだけ Picard にあるものが
> 使ひたい．Picard にはどうかいてあるか

と記され，リーマンの定理の一語が見える．次の第 6 の封筒に入っているのは，8 月に入って書かれた 1 枚の表紙と 2 枚の断片である．

　この時期の岡の数学の研究状況を見ると，9 月 20 日付で，昭和 11 年（1936 年）以来の連作「多変数解析関数について」の第 10 報告「多変数解析関数について X　擬凸状領域を創り出すひとつの新しい方法」が『日本数学輯報』に受理されている．論文の末尾に附されている日付は 1962 年 9 月 10 日．8 月 24 日の日付で書かれた仏文草稿が遺されている．数学の内容は第 9 論文の続篇というわけではなく，連作以前の時点に立ち返るというおもむきの作品である．

### 新代数関数論

　第 7 の封筒には 29 枚の記録が収録されているが，これらは 12 月に入って書かれたものである．年があらたまって 1963 年になり，2 月 10 日まで記述が続き，第 8，第 9，第 10 の三つの封筒が残された．途中，第 9 の封筒内の 2 月 2 日の記事を参照すると，

> 関数の存在を云ふ（の）に微分方程式を使ふ方法があるかもしれない．

という言葉に出会う．代数関数論の舞台は柱状空間または射影空間の上に広がる代数的リーマン領域であり，理論構成に向けて第一歩を踏み出していくには，リーマンがそうしたように，極や零点の分布を指定して，それを許容する関数を作り出す手段を探らなければならないであろう．ここに引いた言葉には，その手がかりを微分方程式に求めようとする着想が得られたことが示唆されている．

　第 10 の封筒の表には「リーマンの定理 VIII」と記されている．初日の 2 月 3 日には 2 枚の記事が書かれたが，第 1 頁の中ほどに短い「メモ」が挿入され

ていて，そこに，

> 代数域及びそれにごく近いもの（固有面を引いたもの）の上で微分方程式を考えよう．これが私の新代数函数論である．

という明快な宣言が読み取れる．続いて，

> $z$ 平面だと $x$ とすると
> $$\frac{dy}{dx} = f(x)$$
> $$y = \int f(x)dx$$
> 矢張りこれの拡張である．
> 2 変数以後は total differential（註．全微分）では足りない．

という言葉も見られるのであるから，ここに表明されているのはやはり，代数関数の存在定理を微分方程式論の上に確立しようとする意図と見てさしつかえないであろう．ただし，岡のいう「新代数函数論」の実体がこれで明るみに出されたというわけではない．

第 11 番目の封筒に入っているのはわずかに 9 枚の断片にすぎないが，印象に残る言葉が散りばめられている．いくつかを拾いたいと思う．みな 1963 年の記事である．

> （2 月 12 日）
> (R) 上の 1st kind の intégral（註．第 1 種積分）や 2nd kind の intégral（註．第 2 種積分）はどうだらう．これも微分方程式とみて順々にやつて行こう．それにしても $(x)$ 有限で微分方程式がどのような條件で解けるかを見ることがもとである．ともかく眼前の問題よくみよう．それにもどる．それがうまく行つて，1st kind の intégral や 2nd kind の intégrals の数が少いようだと反つて面白いのだが．（註．(R) は代数的リーマン領域）

次は代数函数の表現（Weierstrass（註．ヴァイエルシュトラス）の定理）

補助関数の存在をどうして云ふか
矢張り 1st kind の intégral（註．第1種積分）2nd kind の intégral（註．第2種積分）か一変数のときでも困難だが
代数函数論が出来てないのである．
（2月13日）
代数的固有面
分岐面
Première problème de Cousin（註．クザンの第1問題）
2次元の compact な複素体は其の上に compact（註．コンパクト）な固有面 $C$ があつて，$C$ に対して $E \leqq -P$ であつて，$C$ に汎つて（i.e.$V(C)$ に）有理型関数が一つあつて，$C$ 上で常数にならないならば，2次元代数体であると思ふ．（註．「複素体」は「複素多様体」，「代数体」は「代数多様体」）
定理　第一種 Cousin mass は，内分岐した領域上に於ても，三環定理をみたす．

意味の汲みにくいところもあるが，このような引用句には代数関数論への志向が明瞭に現れている．その反面，全体にどこかしら停滞した感じもまた色濃いことは否めない．岡はリーマンの1変数代数関数論を範として，多変数に特有の事情を考慮に入れながら「新代数関数論」の建設をめざしたが，歩みは必ずしも順調とは言えず，頓挫しがちだったのである．その理由として第1に挙げるべき事柄は，内分岐領域においてハルトークスの逆問題が解けなかったことで，そのために岡は多変数関数論の基礎理論が未完成のままの状態で代数関数論を試みなければならなかった．基礎理論の欠如に起因する大小の困難はそのつど壁を形成し，行く手をはばんだに違いない．

第2の理由はいっそう本質的と思われるが，多変数の代数関数論の領域では，1変数の場合に理論建設の推進力となったヤコビの逆問題に相当する問題

が見つかっていなかったという一事である．この欠如のために代数関数論は大きなビジョンを描くことができず，明るい登攀路(とうはん)の発見に至らなかったのであろう．この事情は今も変らない．

　多変数関数論の基礎理論建設の場面では，岡はハルトークスの逆問題を発見し，クザンの問題や展開の問題との間に存在する有機的関連を洞察し，その解明をめざして歩みを進めていった．果実は大きく実り，ハルトークスの逆問題が解けた地点，すなわち内分岐点をもたない有限領域の世界まで，基礎理論の開拓は進んだ．内分岐領域ではハルトークスの逆問題は未解決だが，その解決を念頭に置いて書かれた岡の第八論文「基本的な補助的命題」は，さながら内分岐領域の広漠とした世界に打ち込まれた1本の杭のようである．

　リーマンにはヤコビの逆問題があり，初期の岡の手にはハルトークスの逆問題があった．それなら多変数代数関数論のためには二つの基本問題が設定されなければならない．ひとつは多変数関数論の基礎理論への道を開く問題で，ハルトークスの逆問題もしくは何かしらそれに代るべき問題である．長い歳月にわたる岡の努力にもかかわらずハルトークスの逆問題は解けなかった．この問題は内分岐領域では解けないであろうと思われるが，代るべき問題は見つかっていない．もうひとつの基本問題として期待されるのは，多変数代数関数論の建設を促進する力を備えた問題だが，これもまた未発見である．

**微分方程式に向う**

　第11番目の封筒に封入された研究記録は「リーマンの定理IX」である．この後，しばらくの間，リーマンの定理の研究は跡を絶ち，翌1964年8月に再開されるまで，1年半という歳月を待たなければならなかった．「リーマンの定理」の続編に先立って，1963年6月22日，新たに「微分方程式」という標題で記述が再開した．この日は表紙1枚と2頁のノートのみにとどまったが，7月に入ると8日，10日，12日と記述が続き，3枚の表紙と8枚のノートが残された．微分方程式はリーマンの定理の考察を通じて次第に注目の度合いが高まっていったテーマであり，岡としても一度は組織的究明を試みてみたかったことと思われるが，この6，7月の研究はなお断片の域を出なかった．

　8月以降，岡はしばらく数学以外のあれこれの出来事に忙殺されたが，12

月に入ると再び微分方程式に手がもどり，7日から翌1964年1月2，3日までの日付をもつ24枚のノートが書き継がれた．表紙は2枚あるが，2枚目の表紙には，

 第一種積分
  1963.12.29

と，リーマンの定理との関連が思われて関心を誘われる言葉が読み取れる．
 再開された微分方程式の研究はなお継続し，1964年1月4日から新たに第1頁から番号がつけられて，日々の記録が書き始められた．15日までに31頁まで進み（ただし9頁から18頁までは欠），1箇月ほど間をおいて2月12日に32頁目が書かれた．
 8月9日，岡は半年ぶりに微分方程式に立ち返った．連作「多変数解析関数について」の第11番目の論文のような体裁になっていて，表紙に仏文で，

 Sur les fonctions analytiques
  de plusieurs variables
  XI- Lemme
 sur les équations differentielles
 aux derivées partielles
   Par
  Kiyoshi Oka
  1964.8.9（日）
   其の一
 （多変数解析関数について
  XI-偏微分方程式に関する補助的命題
  岡潔
  1964.8.9（日）
   其の一）（引用者による註記）

と標題が書き込まれた．9日に12枚の「其の一」が書かれ，翌10日から12日にかけて23枚の「其の二」が書かれた．「其の二」の最終頁の末尾に，8月14日の日付で，「第二次研究（今年1月のそれ）は間違っていると思ふ（1964.8.14）」という言葉が書き留められた．これが，前年6月末以来1年余に及ぶ微分方程式の研究の終焉を告げる言葉である．

大きな構想をもって取り組んだテーマと思われるが，具体的な実りはなかった模様である．胃潰瘍に悩まされたためもあるが，この時期の岡は，講演やエッセイの執筆など，数学以外のことに忙しすぎて，思索に専念することができなかったのが一番の原因と見るべきではないかと思う．

**微分方程式と代数関数論**

　微分方程式の研究の終わりに踵を接するようにして，1964年8月14日からリーマンの定理の究明が再開された．前年2月以来のことであるから，微分方程式の断続的な研究を間にはさみつつ，1年半ぶりという久々の取り組みであった．多忙な日々を送る中でも，リーマンの定理は岡の念頭を去っていなかったのである．

　研究記録は2群に分かれ，それぞれ別個の封筒に入っている．ローマ数字による通し番号はなく，二つの封筒の表にはただ「Riemannの定理」とのみ記された．

　第12番目の封筒内の8月18日の記録の最終頁を参照すると，

　　　根本原理が成立しない．
　　　2nd kind の intégral の existence（註．第2種積分の存在）はどうして云ふか

という言葉が見られ，それに続いて，

　　　微分方程式
　　　代数函数論
　　　Hodge 多葉体（註．ホッジ多様体）

と，三つの言葉が書き留められた．「代数函数論」の一語が際立っている．

8月20日，冒頭にまたしても「Riemann の定理」という標題が記入され，頁番号「1」をもつ記録が書かれた．標題以下の本文は次のとおりである．リーマンの定理と第2種アーベル積分との関連が語られている．

> 次元による induction（註．帰納法）で解く方法
> 2nd kind の intégral の existence（註．第2種積分の存在）を使つていると思う．だから $n = 2$ のときしか解けないと思う．
> 然し $n = 2$ のときならば解けると思う．本当だとすれば，順々に 2nd kind の intégral 等の existence をやつて行けないか．Riemann の定理，2nd kind の intégral の existence の順にやるのである．

岡潔の心の世界に描かれたリーマンの定理の風光は，ここまで歩んできてもなお曖昧模糊とした状態が続いているが，それはそれとしてアーベル積分の存在定理の確立をめざしていたのはまちがいなく，しかも依然として証明の方針を模索する段階にとどまっていた．

### リーマンの定理とは

1964年8月20日，またも「リーマンの定理」という標題が設定されて研究記録の記述が開始され，9月22日までの1箇月間に31枚のメモが書きつけられた（第13番目の封筒）．実際に書かれた紙片は31枚よりも多かったであろうと思われるが，残されている記録で見るかぎり，記入されている日付は8月20日，8月21日，8月23日，9月22日の4日間のみであり，これが，リーマンの定理をめぐる岡潔の最後の究明になった．

初日（8月20日）の7枚のメモのうちの7枚目を見ると，1変数の場合のリーマンの定理とその証明法を語る言葉に出会う．

> $x = x_0$ で pole$(P_i)$ を與へると，$i = 1, 2, \ldots, N$ $\sum c_i P_i$（$c$ const（註．定数）すべて 0 でない）をえらべば $x_0$ で與へられた pole（註．極）$\sum c_i P_i$ をとり他に極をもたない．

$$N = \nu(\nu - 1)\mu + 1$$

ととれば充分である.

これが $n = 1$ のときの Riemann の定理及び其の証明法である.

注目すべきは $(P_i)$ の order（註．位数）には indep.（註．独立）なことである.

　文意が汲みにくいが，極の分布を指定して，それを許容する関数を作ろうとしているかのようであり，それなら代数的リーマン領域においてクザン型の問題が考えられていたことになりそうである．1 変数代数関数論での「アーベルの定理」「ヴァイエルシュトラスの定理」「リーマン＝ロッホの定理」などが次々と連想される場面である．岡はおそらくピカールの『解析概論』に叙述されている（1 変数の）代数関数論に範をとり，「リーマン＝ロッホの定理」の類比の獲得をめざしたのであろう．ピカールの『解析概論』（全 3 巻）を参照すると，リーマン＝ロッホの定理は第 2 巻，第 15 章「リーマン面上の 1 価関数」に記載され，「代数関数論において基本的な次の問題」に解決を与える定理とされている．それは，

　　リーマン面上に $\mu$ 個の点が与えられたとき，それらの $\mu$ 個の点においてのみ，もしくはそれらのうちのいくつかの点においてしか極（すべて単純極とする）をもたないような有理関数は，何個の任意定数に依拠しているのだろうか．（ピカール『解析概論』，第 2 巻，474-475 頁）

という問題である．このリーマン＝ロッホの定理こそ，「リーマンの定理」という呼称の由来であり，岡のいうリーマンの定理の真意もまたリーマン＝ロッホの定理にあったと見るのが至当であろう．

　8 月 21 日の記録は第 8 頁目からはじまり，順調に進んでこの日のうちに 22 頁に達した（全部で 15 枚）．第 11 頁に出ている言葉にも興味深い響きがある．

微分方程式は $\rho < 1$ ならば出来るだろう．$\because s - 1 \leqq r$ だから $p$ の代わりに $r$ について云へばよい．これは Riemann の定理の次にまとめて出す．今は Riemann の定理一本で行こう．そのあとは Hodge 多様体つまり小平さん（註．小平邦彦）の仕事を Grauert（註．グラウエルト．ドイツの数学者）のように追おう．Grauert はつまり $E$ (Nombre Extérieur（註．外数．岡潔が導入した概念））を知らないのである．

　ここに見られるのは微分方程式とリーマンの定理とホッジ多様体への言及であり，多彩な連想を誘われる言葉が並んでいる．リーマンの 1 変数代数関数論では，各種の特異性をもつアーベル積分の存在定理の証明はディリクレの原理に依拠して遂行されるが，多変数の場合，岡はディリクレの原理の代りに微分方程式論を土台に据えようとしたのであろう．その土台の上にリーマンの定理をのせていくことができたなら，それで代数関数論の根幹が確立されるという認識をもっていたのではないかと思う．
　「ホッジ多様体」という言葉でただちに想起されるのは，「ホッジ多様体は代数多様体である」という小平邦彦の定理である．この仕事を「グラウエルトのように追う」という言葉の意味は正確にはわからないが，岡はおそらく，代数関数の存在領域でありうるような代数的リーマン領域の幾何学的特性を抽出したうえで，その性質を通じて代数関数の存在領域を規定しようとしていたのではないかと思う．もしそのような問題が見つかったなら，それは多変数関数論の一般理論においてハルトークスの逆問題がそうであったように，代数関数論の基礎理論建設のための第一着手と見るべき問題であり，しかもその解決は小平の定理と同質の意義をもつ仕事になるであろうと期待されるのである．
　8 月 23 日に書かれた 2 枚の記録には 13-14 頁という頁番号が記入されている．これは 8 月 21 日の記録の続きではなく，8 月 22 日もしくは 23 日（22 日付の記録は見あたらない）から新たに書き始められたノートの断片と思われる．
　9 月 22 日の 7 枚の記録も断片で，23-29 頁という頁番号が附されている．26 頁目にリーマンの定理への言及があり，「条件 (C)」と，その条件のもとで

成立するというひとつの「定理」が述べられているが，これもクザン型の問題の提示と解答の試みである．

　この結果を使って Riemann の定理を証明する．$n=2$ の場合をよく見る．上のことは $(x)_p$ で云へる．射影空間と柱状空間の研究はいる．このときの条件はまづ $(x,y)_p$ 上に compact（註．コンパクト）な固有面 $L$ があって次の Condition (C)（註．条件 (C)）をみたす（三変数以後は order を入れなければならないと思う）．條件 (C)：$L$ の近傍に (R) 上の meromorphic fu（註．有理型関数）があって $L$ 上に於てのみ 1st order の zéro（註．1位の零点）となり他で zéro（註．零）にならない．

　定理　そうすると $L$ で order $p, p \leqq N$ の zéro となり他で 0 にならないような (R) 上の一価 meromorphic fu（註．有理型関数）が存在する．（註．(R) は射影空間 $(x,y)_p$ 上の代数的リーマン領域．固有面 $L$ は (R) 内に描かれている．）

　岡のいうリーマンの定理の実体の精密な姿は依然として不明瞭だが，それでもこのような「定理」を見れば，岡の念頭に描かれていた数学的情景がわずかに彷彿するように思う．それは，「代数的リーマン領域において固有面が指定されたとき，きっかりその面に沿って零または極をもつような代数関数を自在に作り出す手法」を獲得することであり，もしこの夢のような手段が本当に日の目を見たなら，優に代数関数論の基礎でありうるであろう．

　同じ9月22日の記録の第29頁（最終頁）を見ると，

　　Periodic pole（註．周期的な極）さへあたえれば関数（Abelian fn.
　　（註．アーベル関数））があると云ふのなら，代数函数論は其處へ持つ
　　て行くべきである!!　少し違つて来るだらう．

という言葉が目に留まる．これが，リーマンの定理をめぐる一連の研究記録の

最後の言葉になった.「アーベル関数」の一語はヤコビの逆問題への連想を誘う. だが, 岡が代数関数論をもっていこうとした先はどのような世界だったのか, これだけではなお判然としないというほかはない.

**最後の研究**

年が明けて昭和 40 年 (1965 年) を迎えると, 再び研究記録が現れ始める. 今度の研究テーマは内分岐領域で, 研究記録は三つの封筒に分かれて整理されている.

第 1 の封筒　研究 I

封筒の表に「研究 I」と書かれている. 2 月 1 日から 4 月 3 日にかけての記録で, 本文九十八枚. 2 月は 1 日付と 2 日付の記録が 2 枚遺されているのみで終る. 次の記録は 3 月 6 日付に飛び, その次の記録は 3 月 15 日付. それからは 5 月 11 日までほぼ連日にわたって記述が続いていく. 失われた記録もありそうである.

第 2 の封筒　研究 II

封筒の表に「研究 II」と記されている.「研究 I」の続きで, 4 月 4 日から 4 月 16 日までの記録である. 本文 89 枚.

第 3 の封筒　内分岐した擬凸状域について

封筒の表に「内分岐した擬凸状域について」と書かれている.「研究 II」の最終日 (4 月 16 日) の翌 17 日から記述が始まり, 5 月 11 日まで続いた. 本文 31 枚.

11 月に入り, 19 日に 6 枚のメモが書かれた. この月はこれだけで終ったが, 12 月に入ると, 19 日, 21-23 日, 26-27 日, 28-29 日と, わずかずつではあるが記述が続く.「Rothstein (註. ロートスタイン) の定理」「二環定理」「一環定理」などという言葉が散見する.

12 月 30 日と 31 日に 1 枚の表紙と 8 枚の研究記録が書かれ, 封筒におさめ

られた．封筒の表には，

 XI-Rothstein（註．ロートスタイン）の定理に就て
  1966.12.31
 （註．ロートスタインはドイツの数学者）

と記入された．これが岡の今生での最後の研究記録になった．以後，昭和53年（1978年）3月1日に世を去るまで，数学の研究記録はもう見られない．数学研究はこうして終焉した．懸案の境界問題はついに解けず，内分岐領域の理論と代数関数論は未完成のままに放置され，数学の世界では今日もなお継承者の出現を見ない状態が続いている．「研究室文書」の全容を概観するだけでも至難であり，かろうじて継承の可能性が開かれてくるだけのためにも，岡の没後20年余という，迂遠というほかはない歳月の流れを俟たなければならなかったのである．

**落穂拾い——リーマンを語る**

 岡潔の研究記録の中から心に響く言葉を拾ってみたいと思う．「研究室文書」の中に，表紙に「研究ノ記録　其ノ六」と書かれた丸善製のA5ノートがある．昭和20年（1945年）12月14日の「立案」から12月29日にいたる日々の研究の記録で，思索のテーマは不定域イデアルである．その途中，昭和20年12月27日の記事の中に，

  定義が次第に變つて行くのは，それが研究の姿である．

という言葉が見られる．終戦の年の年末の記事だが，岡の思索の姿をありのままに伝える言葉であり，率直で，しかも神秘的な印象を読む者の心に刻む．解説や解釈は不要であろう．
 次に挙げるのは昭和26年（1951年）7月31日の記事である．

  それで數學の better half は藝術であつて，これを缺いては私のやり

方ではやりようがないのであります.

　"better half"と言えば「良き伴侶」というほどのことであろうか. 岡の数学の研究の仕方というのは, 数学のカンバスに理想を投影し, 理想を追い求める心のままに問題群を造型し, その解決をめざしていくのであるから, 単純なサイエンスではない. 数学者は数学の問題を解く機械ではなく, 心に抱かれた数学の理想をよく表現する問題群の造型の場において, 詩の心が現れるのである. だれもがみなそのようにやっているというわけではないが, 岡の数学研究の歩みはそのようであった. この間の心情を指して, 数学の道連れは芸術なのだと岡は言うのであろう.
　同年8月13日に記された言葉も感銘が深い.

　　研究對象が面影に立つやうになれば, それまで見えなかつた秘密や聞きとれなかつたささやき声が, 見えたり聞えたりするやうになつて來るものです. まるで對象自身が生きてゐてさうしてくれるかのやうに.

　これもまた, 数学を芸術と見る心から流露した言葉である.
　次に挙げるのは,「事實(又は現象)の感知と時代精神(の察知)」という小見出しのもとで, 昭和28年(1953年)5月18-19日付で書かれたエッセイ風の記事である.

　　さて私達の立脚點 (I) に立つてはるかに積分の所を遠望してみませう. この當時知られてゐたこと以外は何もしらないとして, 問題はここから今日 Cauchy (註. コーシー) の第一定理の名でよばれてゐる定理の存在が感知出來るかどうかと云ふことです.
　　それで感知と云ふ言葉の意味ですが, これは私達の新語であつて定理やその證明法の想像や模索をおこさせるもとになる, 何がしかの…であつて, 現れ方はアツと思つたりチラツト見えたりするのです. 普通正しい意味で數學と云つてゐるものは, 主觀の世界に生ひ立つた

數學を文章の世界へ客觀的に投影した云はゞ影ですから，これがなければ眼前三寸に一切が備つてゐても，誰も何時までも氣付かないのです．

　数学は「主觀の世界に生ひ立つた數學を文章の世界へ客觀的に投影した云はゞ影である」と岡は言うが，これをもう少し簡潔に言い表せば，「数学は情緒の表現」という，岡に独自の言い回しになりそうである．
　昭和34年（1959年）10月18日の記事では「知」と「情」が語られている．

感情の形がさきに出來る．それに知性を會せようとする．それが意志．人自身さうして成長するのではないか．

「知」に先立って「情」があり，「知」は「情」の自由な動きを助ける場面で本領を発揮すると，岡は言いたいのであろう．
　昭和35年（1960年）12月26日，還暦を翌年に控えた岡はリーマンを語った．

數學とは人の心から現はれて數の大海の表面に自身を表現して行くものでありまして，齡數千を數へて人で云へば四月生れとして數へて四つ位であつて四つになつたのは Georg Friedrich Bernhard Riemann（註．ゲオルク・フリードリッヒ・ベルンハルト・リーマン）のときからであると私は思つてゐます．

　昭和35年（1960年）11月，岡は文化勲章の親授式に出席するために上京し，奈良にもどった後，一時行方不明と報じられたが，年末になって所在地が明らかになった．奔命に疲れ果ててひと休みしていたのである．
　ここに引いた言葉はその時期の研究記録に書き留められたものだが，数学を情緒の表現と見る視点が鮮明に打ち出され，しかもその延長線上でリーマンが語られた．19世紀のドイツの数学者リーマンに深い親近感を抱き，数学に寄

せる同型の心情を共有する「数学の友」と見ていたのである．数学という不思議な学問が時空を越えて人から人へと受け継がれていく姿が，ここにくっきりと現れている．

# あとがき

## 上村先生の問い

　近代数学史研究に本格的に取り組む決意を固め，おおまかな見取り図を作成し，ガウスの著作『アリトメチカ研究』とアーベルの論文「楕円関数研究」に手掛かりを求めて読み始めたのは昭和 57 年（1982 年）の春 4 月のことであった．以来，すでに 34 年という歳月が流れたことになる．この年の春休みには東北大学で春の数学会が開催されたことが思い出されるが，同時に杉浦光夫先生が中心になって発足した現代数学史研究会において，ぼくは「プラトン主義者としてのヘルマン・ワイルについて」という題目を立てて，多様体概念の形成史と，それに対する批判をテーマにして講演を行った．3 月 31 日のことであった．

　現代数学史研究会が発足したのは昭和 55 年（1980 年）4 月である．呼びかけ人として，杉浦先生のほかに倉田令二朗，森毅，木下素夫，清水達雄という諸先生の名が挙げられていた．例年，春と秋の日本数学会の学会の会場となる大学の一室を借りて開催される慣例が定着し，昭和 57 年の東北大学での研究会は第 5 回目の例会である．終了後，上村義明先生に声をかけられて，「多様体については今日の話でよくわかったから，この次は関数について話をしてほしい」と依頼された．ぼくは勢いのおもむくままに「わかりました」と返答した．これが，上村先生との初対面のおりに交わされた一番はじめの会話であった．

　上村先生は，関数というのは昔から不思議で，あれはどうもよくわからんと幾度も繰り返していたが，関数概念にはたしかに不可解なところがあり，一筋縄ではいかないという感じがつきまとうのは否めないとぼくも思う．少し後に雨宮一郎先生にお目にかかったおりのことだが，雨宮先生もまた「関数というのは不思議だ」と，上村先生と同じ言葉をしきりに口にしたものであった．

　関数とは何かという問いに応じるのは至難である．本書の主題はリーマンの

アーベル関数論の解明だが，全体の根幹を作るのはリーマンの学位論文「1個の複素変化量の関数の一般理論の基礎」と 1857 年の論文「アーベル関数の理論」であり，どちらの論文の表題にも「関数」の一語が現れている．しかも学位論文に見られる「関数」は複素変化量の関数であり，「アーベル関数の理論」の主役を演じる関数は「代数関数」である．これに加えて，リーマンが「アーベル関数」という場合の「関数」は代数関数ではなく，かえって代数関数の積分，正確に言えば代数的微分式の積分なのである．今日の語法ではアーベル積分である．

今日の数学の語法で「アーベル関数」といえば多複素変数の多重周期をもつ解析関数のことであり，変数の個数を $n$ とすると，定義域は複素 $n$ 次元の複素数空間 $\boldsymbol{C}^n(z)$，周期の個数は $2n$ 個で，定義域内に非本質的特異点（極）はもつけれども本質的特異点（真性特異点）は存在しない．特に $n=1$ の場合には複素変数の個数は 1 個，周期の個数は 2 個になり，複素平面 $\boldsymbol{C}(z)$ 上の本質的特異点をもたない解析関数が浮上するが，そのような関数は今日の語法では楕円関数という名で呼ばれている．楕円関数の一般化がアーベル関数である．ところがアーベルの論文「楕円関数研究」の表題に見られる「楕円関数」は今日の楕円関数ではなく，実体は楕円積分である．

楕円関数と楕円積分，アーベル関数とアーベル積分というふうに言葉の使い方に著しい変遷が認められ，そのためにしばしば困惑させられるが，これに加えてもうひとつ，「超越的なもの」という言葉もある．一例を挙げると，ヤコビの論文に Considerationes generales de transcendentibus Abelianis というのがあるが，ここに見られる transcendentibus が「超越的なもの」である．transcendentibus Abelianis をそのまま訳出すれば「アーベル的な超越物」とするほかはないが，実体はアーベル積分であり，リーマンならアーベル関数と呼ぶところである．言葉の変遷の背景には何かしら理由があるにちがいなく，そのあたりの消息に留意しながら諸文献を読み進めなければならなかったが，このような諸状勢の根底にあるのはいつも「関数」であった．関数概念の発生と変遷の経緯をたどるのはリーマンのアーベル関数論の解明に課せられたもっとも基礎的な作業であり，わけても重要な意味を帯びるのは代数関数の概念を把握することである．本書の冒頭の第 1 章で「代数関数とは何か」という章

題を立てたのはそのためである．

## リーマン面をめぐって

　代数関数の概念をはじめて公に語ったのはオイラーであり，1748 年に刊行された『無限解析序説』（全 2 巻）の第 1 巻に明記された．オイラーは代数関数に先立って関数を語ったが，『無限解析序説』で表明された関数は変化量と定量に対して何らかの演算を適用して組み立てられた式，すなわち解析的表示式（expressio analytica）であった．演算ということの実体が包括的に規定されることはなかったが，代数的演算ならば意味するところは明瞭である．そこで当初の代数関数は変化量と定量に代数的演算を適用して組み立てられた式，すなわち代数的表示式というほどの素朴な仕方で把握されたのである．だが，正しく正体をとらえるのはむずかしく，100 年余に及ぶ長大な歳月と，ラグランジュ，ルジャンドル，ガウス，アーベル，ヤコビ，コーシー，それにヴァイエルシュトラス，リーマンと続く人びとの思索の積み重ねが要請された．何よりも先に関数の変化量の変域を複素数域に拡大しなければならず，そのうえで関数の解析性の概念を明るみに出し，それからなお一歩を進めて解析関数に固有の解析接続という属性を表現する装置を考案しなければならないが，この歩みに伴って関数の一般概念それ自体もまた変遷していった．

　コーシーの思索が基礎となって解析性に寄せる認識が広く自覚されるようになり，解析関数論の一般理論への道が開かれた．解析接続の現象に対処するためにヴァイエルシュトラスは解析的形成体を構成し，リーマンは「面」を提示したが，それぞれの視点から「代数関数とは何か」という問いに向うと，代数的形成体と応じたのがヴァイエルシュトラスであり，閉じた「面」上の本質的特異点（真性特異点）をもたない解析関数と応じたのがリーマンである．リーマンのいう閉じた「面」は複素リーマン球面上に広がる境界のない有限葉被覆域であり，代数的リーマン領域という呼び名が相応しい．これに対しヘルマン・ワイルは『リーマン面のイデー』（1913 年）において，複素リーマン球面との連繋を断ち切って複素次元 1 の閉じた複素多様体という，観念の中空に浮遊する図形を描写して，リーマン面という呼称を提案した．ヴァイエルシュトラスの代数的形成体もリーマンの閉じた「面」もワイルの世界に移ると止揚

されて同一視され，同じリーマン面の異なる表現形式と見られるというのがワイルのイデーである．

　こうして長く複雑な経緯の後に代数関数の諒解様式はひとまず確定し，そのまま今日に継承されている．岡潔が遺した研究記録のひとつに表紙に「研究ノ記録 其ノ六」と記入されたノートがあるが，昭和20年（1945年）12月27日の記事を見ると，「定義が次第に變つて行くのは，それが研究の姿である」という言葉が読み取れる．数学の概念は変遷を重ねながら成長し，その経緯そのものがすでにひとつの数学の姿なのである．代数関数の概念の変遷史には岡の言葉がぴったりあてはまる．

　本書の第2章「カナリアのように歌う」ではリーマンの学位論文「1個の複素変化量の関数の一般理論の基礎」（1851年）を中心に据えて，複素変数関数論の形成史の概観を試みたが，コーシーの複素関数論の形成過程については高木貞治の著作『近世数学史談』の第14章「函数論縁起」に沿って叙述した．高木はコーシーの諸論文に基づいて筆を進めながら随所に所見を書き留めたが，高木の指摘はみな正確であり，教えられるところが多かった．

　リーマンの学位論文については「アーベル関数の理論」ともども早い時期から解明を志し，訳文を作成しながら読み進めて草稿を作成した．それから幾度も読み返して推敲を重ねたが，学位論文の最後の清書稿には昭和59年（1984年）3月25日という日付が記入された．しかもそれにもまた大量の朱が入っているのである．「アーベル関数の理論」の訳稿ができたのもそのころだったが，少し後に朝倉書店で企画された数学史叢書に収録されることになり，『リーマン論文集』（2004年）が刊行された．

　リーマンの論文にはひとつひとつの言葉に意味が詰まっていて，理解するには，あるいは，共鳴するには，リーマンの思索の変遷と推移に密着して追随していかなければならなかった．至難の業だが，深い感銘に襲われるばかりであり，深遠無比の体験であった．優に30年を越える昔の出来事である．本書ではリーマンの言葉の引用にあたって自家用の訳文を使用した．

　本書には「変数」と「変化量」という2種類の言葉が混在しているが，今日の数学の語法では「変化量」はほぼ完全に駆逐され，「変数」に統一されている．高木の『近世数学史談』でも「変数」が採用され，ワイルの『リーマン

面のイデー』の邦訳書『リーマン面』(田村二郎訳)では原語の Variable (ドイツ語) に対して「変数」という訳語があてられた．だが，オイラーの語法は「変化量」であり，リーマンにもこの用法は踏襲されている．コーシーは単に variable (フランス語) と書くばかりだが，この一語に相応しい訳語は「変数」ではなく「変化量」である．本書では基本的に変化量という言葉を採用したが，『近世数学史談』と『リーマン面』からの引用の際には原文のまま「変数」とした．今日の慣用から離れて，たとえば「複素変数関数論」を「複素変化量関数論」とするのはなじみがたいため「変数」と表記したところもあるが，本当はすべて変化量に統一するのが望ましい．

ワイルの著作『リーマン面のイデー』からの引用は邦訳書『リーマン面』に拠ったが，この訳書では人名が原語のまま表記されている．本書では引用にあたって片仮名による表記にあらためた．

### 楕円関数と楕円積分について

平成元年 (1989 年) 秋の日本数学会の学会の会場は上智大学であった．9月29日，同時に開催された第20回目の現代数学史研究会において，ぼくは「楕円関数論の二つの起源——オイラーとガウス」という題目を立てて講演を試みた．終了後，講演の内容を書き綴った原稿を作成した．何らかの形で出版されることになっていたものの，諸事情が変化して果たせないまま今日にいたったが，そのときの原稿が土台となって，本書の第3章，第I節「楕円関数論の二つの起源——萌芽の発見と虚数乗法論への道」が成立した．平成元年の草稿の時点にさかのぼると，この間に27年という歳月が流れている．

この27年の間には楕円関数論の周辺の勉強もさまざまに重なり，昔日の原稿を読み返すと十分な理解にいたっていない記述も目についたため，大幅に手を入れることになったが，楕円関数論には二つの起源が存在するという論述の根幹は揺るがなかった．二つの起源というのは変換理論と等分理論のことで，変換理論の実体は変数分離型の代数的微分方程式の代数的積分の探索であり，等分理論では第1種楕円積分の逆関数の等分方程式の代数的可解性が追究される．2潮流が融合する場において虚数乗法論が芽生えるが，このような楕円関数論の構造は全体としてアーベル関数論の原型を形作っている．

第3章，第II節「クレルレの手紙」は楕円関数論ともアーベル積分論とも直接の関係はないが，アーベルはリーマンのアーベル関数論の根底を作った人物である．そこでクレルレの書簡を通してアーベルの人生の小さな回想を綴り，早世したアーベルに対してオマージュを捧げたいと思ったのである．

アーベルの楕円関数論については，本当はルジャンドルとヤコビも合わせて長文の論攷を書かなければならないところだが，本書では組織的な論述は断念し，アーベルとルジャンドルとの往復書簡の紹介を通じて概観を試みるだけにとどめなければならなかった．アーベルの失われた「パリの論文」のエッセンスは論文「ある種の超越関数の二，三の一般的性質に関する諸注意」の形でヤコビの目に触れる所となり，ヤコビの慧眼と洞察，それにアーベルに寄せる友情の力を通じて「ヤコビの逆問題（リーマンは Jacobi'sche Umkehrungsproblem と表記した．ワイルの表記は Jacobischen Umkehrproblem）」が結実し，その果実がリーマンの手に（ヴァイエルシュトラスの手にも）わたされた．この系譜をたどることも第3章，第III節のねらいであった．

### ヤコビの逆問題は成長する

ヤコビの逆問題の発見は19世紀初期の数学史における重大事件であった．影響の及ぶ範囲は大きくまた広く，1変数および多変数の複素解析や複素多様体論，代数幾何学など，この問題の解決の試みを通じて今日に続く数学の多彩な領域が開かれていったが，問題の実体に，たとえば数論の場でフェルマが語り遺したさまざまな命題の言明のように，簡潔な衣装をまとわせるのはむずかしい．どのような状態を指して解決と見るべきなのかという論点を顧みても，当初から確定していたわけではなく，ゲーペル，ローゼンハイン，ヴァイエルシュトラス，それにリーマンと続く人びとの各々が独自に思索を重ねて姿形の明確化につとめ，解決の道を開いていったのである．

用語法もまたいくぶん錯綜とした印象に覆われている．今日の数学の語法でアーベル関数といえば多重周期をもつ多複素変数解析関数のことで，楕円関数の自然な一般化のように見えるが，実際に生起した形成史は平坦ではなく，当初から楕円関数の一般化がめざされてアーベル関数が認識されたわけではな

い．楕円関数論を手中にしたからといって，変数を増やしたらどうなるだろうと考えるのは自然なように見えて自然ではなく，真に多変数への道が開かれるためには，1変数の世界内のだれの目にも見えない場所に，基本的な契機がすでに胚胎していなければならないのである．

「パリの論文」に現れたアーベルの発見がヤコビに継承されたとき，ヤコビもまた深刻な数学的発見を経験しなければならなかった．実際にヤコビの目に触れたのは「パリの論文」ではなく，「パリの論文」と同じ心で書かれたもうひとつのアーベルの論文「ある種の超越関数の二，三の一般的性質に関する諸注意」であった．楕円関数論を雛形と見て多変数の理論が模索されたのではなく，アーベルはオイラーに淵源する楕円積分の加法定理に立ち返り，楕円積分を包摂するアーベル積分の世界に目を向けて加法定理を発見した．「諸注意」を見てアーベルの加法定理を知ったヤコビは「超楕円積分の逆関数」の存在を確信し，模索を続けたが，ヤコビの目に映じたのは，単独の第1種超楕円積分の逆関数は一見すると4重周期をもつように見えながら，しかもどれほどでも小さな周期をもちうるという理解しがたい光景であった．この逆関数は解析的に取り扱うことのできるしろものではなかったのである．

ヤコビの困惑は長編「アーベル的超越物の理論が依拠する2個の変化量の4重周期関数について」において率直に吐露されているが，ヤコビは「このほとんど絶望的な状勢において幸いにも生起する事柄（quod feliciter evenit in hac quasi desperatione）」に気づき，困難を乗り越えて新たな地平を開くことができた．楕円積分の場合と違い，超楕円積分の世界には独立な積分がいくつも存在する．そこでヤコビは連立積分方程式を立てて逆関数の発見に成功した．その逆関数は必然的に多変数関数であり，しかも代数方程式の根として認識され，その代数方程式の係数は1価性をもつ多重周期関数であった．こうして発見された逆関数にヤコビ自身はアーベル関数という呼称を与えたが，ヴァイエルシュトラスは逆関数が満たす代数方程式の係数のほうをアーベル関数と呼んだ．ヴァイエルシュトラスの流儀は今日に生きているが，本書ではヤコビのいうアーベル関数をヤコビ関数と呼んで区別することにした．ヤコビ関数は非本質的特異点のみをもつ解析関数である．その存在域はアーベル多様体上に広がる代数的な内分岐領域であり，岡潔のいう代数的リーマン領域という言

葉がよく似合う．

ヤコビの逆問題は解決の試みとともに成長する．ゲーペルとローゼンハインは原型のヤコビの逆問題の解決をめざし，2変数のヤコビ関数が満たす2次方程式 $t^2 + \dfrac{B}{C}t + \dfrac{A}{C} = 0$ の係数を2変数テータ関数の商の形に表示した．ヤコビとアーベルによる楕円関数の商表示にならったのであり，これはこれでヤコビの逆問題の解決の一形態である．

原型を越えて一般形の超楕円積分（平方根の中の多項式の次数が任意の場合）から一般のアーベル積分へ視野を広げていくと，ヤコビの逆問題は格段に困難の度合いを増していく．アーベル積分を考えるべき場所を確定することが真っ先に問題になるが，ヴァイエルシュトラスは代数的形成体と応じ，リーマンはリーマン面と応じた．ワイルは両者を止揚して複素次元1の複素多様体の概念を提示し，新たにリーマン面という呼称を提案したことは既述のとおりである．この選択はそれ自体が数学の姿なのであり，ヤコビの逆問題の解決の姿もまたこの選択に応じてさまざまな姿を顕わにする．

ヤコビの逆問題の解決への道は平坦ではありえない．ヤコビ関数の存在を保証する点系の対応の確立，ヤコビ関数が満たす代数方程式の係数（ヴァイエルシュトラスのいうアーベル関数）をテータ関数の商の形に表示すること，ヤコビ関数の解析性を確認して存在域の幾何学的形状を明らかにすることなど，いくつもの営為が要請されるのであり，ヤコビ自身，長い歳月にわたって思索を重ね，ヤコビの逆問題の内陣を少しずつ豊かにしていったのである．

ヤコビの短篇「アーベル関数ノート」に附せられた長い註記は，原型のヤコビの逆問題がそこに明記されているという意味において重要度が高く，本書では3度にわたってその場に立ち返った（184-186頁，210頁，231-232頁）．記述を整理する余地はあるが，本書を支える基盤であることを重く見てそのままにした．

### 多変数代数関数論の夢

ヤコビ関数の発見は絶望を越えてなお思索を重ねていったヤコビの苦心のたまものであった．1変数の代数的微分式の積分の世界にヤコビ関数のような多複素変数関数が内在しているとは実に思いがけないことであり，この発見こ

そ，ヤコビの逆問題の核心である．だが，ワイルが『リーマン面のイデー』においてそうしたように，リーマンの「面」を複素平面もしくは複素リーマン球面から切り離すと，ヤコビ関数の姿はにわかに見えにくくなってしまう．この点については本書の第5章，第1節で詳述したとおりである．

どこまでもヤコビ関数から目を離さないという立場を堅持するならば，大きな課題として浮上するのは多複素変数の解析関数と代数関数の理論である．リーマンは1個の複素変数の解析関数の一般理論を構築し，その土台の上に代数関数論の建設を試みたが，岡潔はリーマンにならって多変数関数論の一般理論の上に多変数の代数関数論を建設しようとした．岡は分岐しないリーマン領域においてハルトークスの逆問題の解決に成功し，多変数解析関数の存在領域の擬凸状という幾何学的形状を明らかにした．リーマンがディリクレの原理に基づいて遂行したことと同じことをしたのである．だが，内分岐する場合の存在領域の形については何もわからない．

ハルトークスの逆問題の成立をうながしたのはハルトークスが発見した連続性定理である．アーベルの加法定理を目にしたヤコビがアーベル積分の逆関数の存在に確信を抱いて逆問題を提示したように，岡はハルトークスの連続性定理を見て，そこに逆問題を発見した．ところが内分岐する領域の場合にはハルトークスの連続性定理に相当する現象が見あたらず，そのために多変数関数論の一般理論は今も未完成なのである．

岡は「多変数解析関数について」という統一された表題のもとで第1報，第2報，…と書き続けて，第10報に及んだ．本書では「第1報」「第1論文」「第1報告」などと書き分けた．特別の根拠はないが，岡の連作にもっとも相応しい呼び名は「報告」であろう．「報」「報告」「論文」の原語はみな同じで，フランス語の mémoire である．「報」は「報告」の略記であり，「論文」は通常の語法である．

未完の一般理論とは別に，岡は「リーマンの定理」という表題のもとに多変数の代数関数論のスケッチを書き続け，13個の大型封筒に入った大量の研究記録が遺された．断片的な記述が続くばかりであり，ねらいの所在も定かには見えないが，夢のような多変数代数関数論の成立に寄せて，岡は何かしら確信するところがあったのであろう．本書では第5章，第2節においてひとまず

ありのままの状況を報告した．楕円関数論の場合を回想すると，アーベルにより第1種楕円積分の逆関数が取り出されて2重周期性と加法定理の成立が明るみに出され，等分理論の対象となり，クロネッカーの手にわたされて「クロネッカーの青春の夢」という問題に結晶した．超楕円積分の場合にはアーベルの加法定理の中からヤコビによりヤコビ関数が抽出され，4重周期性と加法定理の成立が明らかにされた．ヤコビ関数は等分理論の対象となり，ヤコビからエルミートへと継承された．ヤコビ関数は代数関数そのものではないが，アーベル多様体上に広がる代数的リーマン領域を存在域とする解析関数であり，その諸性質の探究，わけても等分理論の建設の試みは優に代数関数論の名に値するであろう．

多変数代数関数論のさらにその先には何が待っているのであろうか．楕円関数論の二つの起源を回想すると，アーベルの定理が教えてくれる代数的微分方程式系の代数的積分の解法理論とヤコビ関数の等分理論の延長線上に，何かしら虚数乗法論の名に値する一般理論を想定することが許されるのではあるまいか．ヒルベルトの第12問題が大きな魅力を湛えながら心に浮かぶのはこの場面においてである．

次に引くのはヒルベルトの第12問題の末尾の部分である．

> 我々が目にするように，たったいま明示された問題では，数学の三つの基本的部門，すなわち数論，代数学，それの関数論がきわめて親密な相互関係で結ばれている．そうして私は確信している．もし任意の代数的数体を対象にして有理数体に対する指数関数，虚2次数体に関する楕円モジュラー関数と同じ役割を果たす関数を見出だして究明することができたなら，わけても多変数解析関数論は本質的な利益を受けるであろう．（ヒルベルト『全著作集』，第3巻，313頁）

ヒルベルトがパリの国際数学者会議で「数学の将来の諸問題について」という講演を行ったのは世紀の変り目の 1900 年のことであり，当時の多変数関数論はヴァイエルシュトラス，ポアンカレ，クザンによる探究が散見する程度にとどまっていて，未成熟であった．理論形成をうながす主問題さえ発見され

ていなかったにもかかわらず，ヒルベルトは唐突に（そういう印象を受ける）「多変数解析関数」の一語を語ったのである．さながら一場の夢のようなひとことであり，岡潔の晩年の夢と一対の音叉を形成してよく共鳴し合うように思う．

**多変数関数論形成史への道**
　本書はリーマンのアーベル関数論の解明をめざし，まず第1, 2, 3章において関数概念のはじまりから説き起こしてリーマンへといたる道を回想した．第4章ではリーマンとともにヴァイエルシュトラスのアーベル関数論にも言及した．この二人の数学者の異質の視線を交叉させることにより，ヤコビの逆問題の姿形がいっそうくっきりと浮かび上がることを期待したのである．最後の第5章で語られた多変数代数関数論の夢は可能性のみが遍在する世界の描写であり，その根底に位置を占めて世界像を支えているのは，ポアンカレのエッセイを読んでリーマンのアーベル関数論へと誘われていった若い日の岡潔の心情である．

　ヤコビの逆問題とその解決の試みを通じて多変数関数論の契機が発生したが，それから先の理論形成へと続く長い道筋については，多彩なエピソードに彩られた物語を叙述するもうひとつの書物が必要である．岡潔の『数学論文集』をアーベルの『全著作集』やリーマンの『全数学著作集』と同一の地平に配置して観察し，いよいよ道が途切れた地点からなお開かれていく先の世界——多変数代数関数論の世界——の姿を展望したいと思う．そのおりにリーマンのアーベル関数論は再び立ち現れて，進むべき道を明るく照らす灯台のような役割を果たすことであろう．

　　　　　　　　　　　　　　　　　　　　　平成 28 年 9 月 1 日
　　　　　　　　　　　　　　　　　　　　　高瀬正仁

# 参考文献

## まえがき

### 岡潔
『昭和への遺書 敗るるもまたよき国へ』（月刊ペン社，1938 年）．
『春雨の曲』．遺稿．1971 年 6 月ころから執筆が始まり，改稿が繰り返されて第 8 稿に及んだ．いずれも未公刊．

### ポアンカレ
『科學の價値』（訳：田邊元，岩波書店，1916 年；岩波文庫，1928 年）．

## 第 1 章

### オイラー

　個々の著作と論文について，オイラーの "Opera Omnia"（『全作品集』）における所在地を「第 1 系列，第 1 巻，1-10 頁」というふうに示す．また，エネストレームナンバーを附記する．オイラーの『全作品集』は 4 系列に分けて編纂されている．第 1 系列は数学著作集である．1911 年，数学著作集の第 1 巻『代数学完全入門』が刊行された．その後も刊行が続いているが，『全作品集』は今も未完結である．

　スウェーデンの数学史家グスタフ・エネストレーム（Gustav Eneström, 1852 年 9 月 5 日-1923 年 6 月 10 日）はオイラーの論文と著作のすべてを成立した時系列に沿って配列し，目録『執筆された年に沿って配列されたオイラーの著作物』（Die Schriften Eulers chronologisch nach den Jahren geordnet, in denen sie verfasst worden sind）を作成した．著作物の各々にアルファベット「E」を冠した数字が割り振られ，E1 から始まり E866 に及んだ．この数字は「エネストレームナンバー」と呼ばれ，オイラーの作品を指定する際の指標になっている．

[E101] "Introductio in analysin infinitorum, tomus primus"（1748 年．『無限解析序説』，第 1 巻）『全作品集』，第 1 系列，第 8 巻の全体がこの著作にあてられている．邦訳書『オイラーの無限解析』（訳：高瀬正仁，海鳴社，2001 年）．本書ではこの邦訳書から引用した．

[E102] "Introductio in analysin infinitorum, tomus secundus"（1748 年．『無限解析序説』，第 2 巻）『全作品集』，第 1 系列，第 9 巻の全体がこの著作にあてられている．邦訳書『オイラーの解析幾何』（訳：高瀬正仁，海鳴社，2005 年）．本書ではこの邦訳書から引用した．

[E140] "Sur la vibration des cordes"（「弦の振動について」）．『全作品集』，第 2 系列，

第 10 巻，63-77 頁．初出は "Histoire de l'Academie Royale des Sciences et des Belles-Lettres de Berlin, Avec les Mémoires pour la même Annee, tiréz des Registres de cette Academie"（『ベルリン科学文芸アカデミー紀要』），第 4 巻，69-85 頁．1748 年．1750 年に刊行された．

[E140] に先立ってラテン語で書かれた同じ表題の論文 [E119] "De vibratione chordarum exercitatio"（『全作品集』，第 2 系列，第 10 巻，50-62 頁），初出は "Nova Acta Eruditorum"（『新学術報告』，1749 年，512-527 頁）が公表された．オイラーはこの論文を 1748 年 5 月 16 日にベルリンの科学アカデミーで読み上げた．[E140] は [E119] の翻訳である．

[E212] "Institutiones calculi differentialis cum eius usu in analysi finitorum ac doctrina serierum"（1755 年．『微分計算教程．有限解析と級数論への応用付き』）．『全作品集』，第 1 系列，第 10 巻．原書を参照すると，巻頭に第 iii 頁から第 xx 頁まで，17 頁にわたって「序文（praefatio）」が配置されている．引用にあたって，本書では『微分計算教程』と略称し，『全作品集』における所在地を示した．

[E342] "Institutionum calculi integralis volumen primum in quo methodus integrandi a primis principiis usque ad integrationem aequationum differentialium primi gradus pertractatur"（1768 年．『積分計算教程 第 1 巻』）．『全作品集』，第 1 系列，第 11 巻．

## コーシー

コーシーの "Œuvres complètes"（『全著作集』）は全 27 巻で編成されている．1882-1974 年．2 系列．第 1 系列（全 12 巻）は 1882 年に刊行が始まり，1911 年に完結した．第 2 系列（全 15 巻）は 1887 年に刊行が始まり，1916 年までに第 1 巻と第 3-12 巻が刊行された．第 13 巻は 1932 年，第 14 巻は 1938 年，第 2 巻は 1958 年に刊行された．1974 年，第 15 巻が刊行されて完結した．

"Cours d'Analyse de l'École Royale Polytechnique; I.re Partie. Analyse algebrique"（1821 年．『王立諸工芸学校の解析教程 第 1 部 代数解析』）．『全著作集』，第 2 系列，第 3 巻（1897 年）の全体がこの著作にあてられている．序文 8 頁．本文は 17 頁から 471 頁まで，全 454 頁．邦訳書『解析教程』（監訳：高瀬正仁，訳：西村重人，みみずく舎，2011 年）．本書ではこの訳書から引用したが，原文を参照して適宜改訳した．

"Résumé des leçons données à l'École royale polytechnique sur le calcul infinitésimal"（1823 年．『王立諸工芸学校で行われた無限小計算についての講義の要論 第 1 巻』）．『全著作集』，第 2 系列，第 4 巻（1899 年），9-261 頁．「第 1 巻」と明記されているが，第 2 巻は現れなかった．

## ディリクレ

ディリクレの "Werke"（『全著作集』）は全 2 巻で編成されている．第 1 巻，1889 年刊行．第 2 巻，1897 年刊行．

"Sur la convergence des séries trigonométriques qui servent à représenter une fonction arbitraire entre des limites données"（「与えられた限界の間の任意の関数を表示するのに用いられる三角級数の収束について」）．"Journal fur die reine und angewandte Mathematik", 第 4 巻, 1829 年, 157-169 頁. 『全著作集』, 第 1 巻, 117-132 頁. "Journal fur die reine und angewandte Mathematik"（『純粋・応用数学誌』）はドイツの数学誌．創刊者クレルレの名を取って『クレルレの数学誌』という通称で呼ばれている．

"Ueber die Darstellung ganz willkürlicher Functionen durch Sinus- uud Cosinusreihen"（「完全に任意の関数の，正弦級数と余弦級数による表示について」）．"Repertorium der Physik, unter Mitwirkung der Herren Lejeune Dirichlet, Jacobi, Neumann, Riess, Strehlke, herausgegeben von Heinrich Wilhelm Dove und Ludwig Moser"（ルジューヌ・ディリクレ，ヤコビ，ノイマン，リース，シュトレルケの協力のもとでハインリッヒ・ヴィルヘルム・ダブとルートヴィッヒ・モーゼルにより編纂された物理学集成）．第 1 巻, 1837 年, 152-174 頁. 『全著作集』, 第 1 巻, 135-160 頁.

### デカルト

デカルト『幾何学』（訳：原亨吉，筑摩書房，ちくま学芸文庫 M & S, 2013 年）．

### ピカール

"Traité d'analyse"（『解析概論』）．全 3 巻．第 1 巻は 1891 年，第 2 巻は 1893 年，第 3 巻は 1896 年刊行．

### フーリエ

"Théorie analytique de la chaleur"（1822 年．『熱の解析的理論』）．

### ヨハン・ベルヌーイ

C. I. Gerhardt "Leibnizens mathematische Schriften"（ゲルハルト編『ライプニッツ数学手稿』，全 4 巻，7 冊．1849-1863 年）．

Band II, Erste Abtheilung. Briefwechsel zwischen Leibniz, Jacob Bernoulli, Johann Bernoulli und Nicolaus Bernoulli（第 2 巻，第 1 分冊，ライプニッツとヤコブ・ベルヌーイ，ヨハン・ベルヌーイ，ニコラウス・ベルヌーイとの間で交わされた手紙．1855 年刊行）．

Band IV, Erste Abtheilung. Briefwechsel zwischen Leibniz, Wallis, Varignon, Guido Grandi, Zendrini, Hermann und Freiherrn Tschirnhaus（第 4 巻，第 1 分冊．ライプニッツとウォリス，ヴァリニョン，グイド・グランディ，ゼンドリニ，ヘルマン，チルンハウスとの間で交わされた手紙．1859 年刊行）．

"Opera omnia"（『全集』，全 4 巻，1742 年）．

## 第 2 章

C.-A. ヴァルソン "La vie et les travaux du baron Cauchy"（1868 年．『コーシーの生涯と業績』，全 2 巻）．

F. クライン "Vorlesungen über die Entwicklung der Mathematik im 19. Jahrhundert I"（『19 世紀における数学の発展に関する講義 第 1 巻』），Springer-Verlag, 1926 年．邦訳書『クライン：19 世紀の数学』（監修：彌永昌吉，監訳：足立恒雄，浪川幸彦，訳：石井省吾，渡辺弘，1995 年）．

C. ブリオ，J. ブーケ "Étude des fonctions d'une variable imaginaire"（1856 年．『1 個の虚変化量の関数の研究』）．

E. T. ベル『数学を作った人びと』（訳：田中勇，銀林浩．早川書房，ハヤカワ文庫，全 3 巻，2003 年）．

D. ラウグヴィッツ『リーマン 人と業績』（訳：山本敦之，シュプリンガー・フェアラーク東京，1998 年）．

### ヴァイエルシュトラス

"Zur Functionenlehre"（1880 年．「関数論に寄せて」）．『全数学著作集』，第 2 巻，201-223 頁．

"Vorlesungen über die Theorie der Abelschen Transcendenten"（「アーベル的な超越物の理論講義」）．「アーベル的な超越物」はアーベル積分を指す．『全数学著作集』の第 4 巻（1902 年）の全体がこの講義録にあてられている．ヘットナーとクノーブラオホが編集した．

### オイラー

[E170] "Recherches sur les racines imaginaires des équations"（「方程式の虚根の研究」）．『全作品集』，第 1 系列，第 6 巻，78-150 頁．初出は "Histoire de l'Academie Royale des Sciences et des Belles-Lettres de Berlin, Avec les Mémoires pour la même Annee, tiréz des Registres de cette Academie"（『ベルリン科学文芸アカデミー紀要』），第 5 巻，222-288 頁．1749 年．1751 年に刊行された．

### ガウス

ガウスの "Werke"（『全著作集』）は全 12 巻，14 冊で編成されている．最初の『全著作集』はシェリングが編纂して 1863 年から 1874 年にかけて刊行された．全 7 巻．1876 年，第 2 巻の「補遺」刊行．続いてクラインとシュレジンガーが編纂して増補改訂版が刊行された．第 1-6 巻は最初の全集の復刻．最初の全集の第 7 巻を土台にして新たに第 7 巻が作られて，1906 年に刊行された．1900 年，第 8 巻刊行．引き続き第 9-12 巻が刊行され，1929 年に完結した．全 12 巻．第 10 巻と第 11 巻が 2 分冊になっているため全 14 冊になる．

"Gauss an Bessel, 18. December 1811"（「ガウスからベッセルへ．1811 年 12 月 18

日」).『全著作集』, 第 8 巻, 90-92 頁, 抄録. "Briefwechsel zwischen Gauss und Bessel"(1880 年.『ガウスとベッセルの往復書簡』)には全文が収録されている. 同書, 155-160 頁. 高木貞治は『近世数学史談』で『往復書簡集』所収の全文を典拠にして紹介した.

"Theoria residuorem biquadraticorum. Commentatio prima"(1828 年.「4 次剰余の理論 第 1 論文」).『全著作集』, 第 2 巻, 65-92 頁. 表紙付き. 本文は 67-92 頁.

"Theoria residuorem biquadraticorum. Commentatio secunda"(1832 年.「4 次剰余の理論 第 2 論文」).『全著作集』, 第 2 巻, 93-168 頁. 表紙付き. 本文は 95-168 頁.

邦訳書『ガウス数論論文集』(訳:高瀬正仁, 筑摩書房, ちくま学芸文庫M＆S, 2012 年).「4 次剰余の理論」の第 1 論文と第 2 論文の翻訳が収録されている. 本書ではこの邦訳書から引用した.

## コーシー

"Leçons sur le Calcul Differentiel"(1829 年.『微分計算講義』).『全著作集』, 第 2 系列, 第 4 巻, 265-609 頁.

"Mémoire sur les intégrales définies prises entre des limites imaginaires"(「虚数限界間で取られた定積分について」). 1825 年 2 月 28 日に科学アカデミーに提出された.『全著作集』, 第 2 系列, 第 15 巻, 41-89 頁.

"Sur un nouveau genre de calcul analogue au calcul infinitésimal"(「無限小計算と類似の新しい種類の計算について」). 1826 年に刊行された論文集 "Exercices de mathématiques"(『数学演習』, 全 4 巻), 第 1 巻に収録された.『全著作集』, 第 2 系列, 第 6 巻の全体がこの論文集にあてられている. ここに挙げた論文の所在地は原書では 11-24 頁,『全著作集』では 23-37 頁.

"Extrait d'une Lettre à M. Coriolis"(「コリオリ宛書簡の抜粋」). 1837 年 2 月 13 日.『コントランデュ』, 第 4 巻に掲載された.『全著作集』, 第 1 系列, 第 4 巻, 38-42 頁).

"Sur les intégrales qui s'étendent à tous les points d'une courbe fermée"(1846 年.「閉曲線のすべての点にわたる積分について」).(『コントランデュ』, 第 23 巻に掲載された.『全著作集』, 第 1 系列, 第 10 巻, 70-74 頁.

"Considérations nouvelles sur les intégrales définies qui s'étendent à tous les points d'une courbe fermée, et sur celles qui sont prises entre des limites imaginaires"(1846 年.「閉曲線のすべての点にわたる定積分, および虚の限界の間で取られる定積分に関する新しい考察」).『コントランデュ』, 第 23 巻に掲載された.『全著作集』, 第 1 系列, 第 10 巻, 153-168 頁.

"Sur les fonctions de variables imaginaires"(1851 年.「虚変化量の関数について」).『コントランデュ』, 第 32 巻に掲載された.『全著作集』, 第 1 系列, 第 11 巻, 301-304 頁.

"Sur les fonctions monotypiques et monogènes"(1851 年.「単型な単性関数につい

て」).『コントランデュ』, 第32巻に掲載された.『全著作集』, 第1系列, 第11巻, 376-380頁.

**高木貞治**

『近世数学史談』にはいろいろな版が存在する. 現在入手できるのは『復刻版 近世数学史談・数学雑談』(共立出版, 1996年) だが, 本書では1970年発行の第3版 (共立出版, 共立全書) を典拠にして引用した.

『定本 解析概論』(岩波書店, 2010年).

**ディリクレ**

"Ueber die Darstellung ganz willkurlicher Functionen durch Sinus- uud Cosinusreihen" (1837年.「完全に任意の関数の, 正弦級数と余弦級数による表示について」).『全著作集』, 第1巻, 135-160頁.

**デデキント**

R. Dedekind "Bernhard Riemann's Lebenslauf" (「ベルンハルト・リーマンの生涯」).『全数学著作集』の巻末に添えられた. 初版の頁番号は507-526頁. 表紙付き. 本文は509-526頁.

**フーリエ**

"Théorie analytique de la chaleur" (1822年.『熱の解析的理論』).

**リーマン**

リーマンの "Gesammelte mathematische Werke und wissenschaftlicher Nachlass" (『全数学著作集』) は二度編纂された. 最初の全集はデデキントとウェーバーが編纂した. 初版, 1876年刊行. 第2版, 1892年刊行. 第2版はウェーバーが単独で編纂した. 第2の全集はラガバン・ナラシムハンが編纂した. 1990年刊行. 本書では引用にあたり日本語に訳出し, 原文についてはデデキントとウェーバーが編纂した『全数学著作集』の初版における所在地を記入した.

"Grundlagen für eine allgemeine Theorie der Functionen einer veränderlichen complexen Grösse (1851年.「1個の複素変化量の関数の一般理論の基礎」).『全数学著作集』, 3-47頁.

"Ueber die Hypothesen, welche der Geometrie zu Grunde liegen" (1854年.「幾何学の根底に横たわる仮説について」). ゲッチンゲン王立学術協会論文集 (Abhandlungen der Königlichen Gesellschaft der Wissenschaften zu Göttingen), 第13巻.『全数学著作集』, 254-269頁.

"Allgemeine Voraussetzungen und Hülfsmittel für die Untersuchung von Functionen unbeschränkt veränderlicher Grössen" (1857年.「独立変化量の関数の研究のための一般的諸前提と補助手段」).『ボルヒャルトの数学誌』(Borchardt's Journal），第 54 巻，101-104 頁．『全数学著作集』，81-84 頁．（註．『ボルヒャルトの数学誌』は『クレルレの数学誌』と同じ数学誌である．1855 年 10 月 6 日，創刊者のクレルレが亡くなり，1857 年刊行の第 53 巻からボルヒャルトが編集者になった．）

"Ueber die Anzahl der Primzahlen unter einer gegebenen Grösse"（1859 年．「ある与えられた量以下の素数の個数について」）．プロイセン王立科学アカデミー月報（Monatsberichte der Königlich Preusischen Akademie der Wissenschaften zu Berlin），1859 年，670-680 頁．『全数学著作集』，136-144 頁．

"Ueber die Darstellbarkeit einer Function durch eine trigonometrische Reihe"（1854 年．「三角級数による関数の表示可能性について」）．ゲッチンゲン王立学術協会論文集（Abhandlungen der Königlichen Gesellschaft der Wissenschaften zu Göttingen），第 13 巻．『全数学著作集』，213-253 頁．

ワイル

"Die Idee der Riemannschen Fläche"（1913 年．『リーマン面のイデー』）．第 2 版，1923 年刊行．第 3 版，1955 年刊行．本書では初版の邦訳書『リーマン面』（訳：田村二郎，岩波書店，1974 年）から引用した．

## 第 3 章

### I

アーベル

アーベルの "Œuvres complètes"（『全著作集』）は二度編纂された．どちらも全 2 巻．最初の全集はホルンボエが編纂し，1839 年に刊行された．二度目の全集はシローとリーが編纂し，1881 年に刊行された．本書では引用にあたって二度目の全集を典拠にして該当頁を指示した．

"Recherches sur les fonctions elliptiques"（1827-1828 年．「楕円関数研究」）．『クレルレの数学誌』，第 2 巻，101-181 頁（前半）；『クレルレの数学誌』，第 3 巻，160-190 頁（後半）．『クレルレの数学誌』の第 2 巻（1827 年）と第 3 巻（1828 年）に 2 回に分けて掲載された．『全著作集』，第 1 巻，263-388 頁．

"Solution d'un problème général concernant la transformation des fonctions elliptiques"（「楕円関数の変換に関するある一般的問題の解決」）．『天文報知』（Astronomische Nachrichten），第 6 巻（1828 年），第 138 号，365-388 頁．1828 年 6 月刊行．論文の末尾の日付は 1828 年 5 月 27 日．『全著作集』，第 1 巻，403-428 頁．

"Addition au mémoire sur les fonctions elliptiques, inséré dans le Nr.138 de ce Journal"（「この雑誌の第 138 号に掲載された楕円関数に関する論文への附記」．「この雑誌」は『天文報知』．「第 138 号」には「楕円関数の変換に関するある一般的問題の解決」が掲載された．本書では「前論文への附記」として引用した．）『天文報知』，第 7 巻（1829 年），第 147 号，33-44 頁．1828 年 11 月刊行．論文の末尾の日

付は 1828 年 9 月 25 日.『全著作集』, 第 1 巻, 429-443 頁.

## ヴェイユ

"Number Theory: An Approach Through History from Hammurapi to Legendre" (1984 年.『数論:ハンムラビからルジャンドルにいたる歴史を通じてのアプローチ』). Birkhäuser.

## オイラー

[E252] "Observationes de comparatione arcuum curvarum irrectificibilium" (「求長不能曲線の弧の比較に関する観察」). 1752 年 1 月 27 日にベルリン王立科学文芸アカデミーに提出された. 1756/7 年のペテルブルク科学アカデミー新紀要, 第 6 巻, 58-84 頁. 1761 年刊行.『全作品集』, 第 1 系列, 第 20 巻, 80-107 頁.

[E251] "De integratione aequationis differentialis $\frac{mdx}{\sqrt{1-x^4}} = \frac{ndy}{\sqrt{1-y^4}}$" (「微分方程式 $\frac{mdx}{\sqrt{1-x^4}} = \frac{ndy}{\sqrt{1-y^4}}$ の積分について」). 1753 年 4 月 30 日にペテルブルク科学アカデミーに提出された. 1756/7 年のペテルブルク科学アカデミー新紀要, 第 6 巻, 37-57 頁. 1761 年刊行. 全作品集, 第 1 系列, 第 20 巻, 58-79 頁. まず [E252] が執筆され, 次に [E251] が執筆されたが, ペテルブルク科学アカデミー新紀要に掲載された順序が逆になったため, エネストレームナンバーの順序も逆になった.

## 高木貞治

『近世数学史談』(第 3 版, 共立出版, 共立全書, 1970 年).

## ファニャノ

ファニャノの "Opere matematische" (『全数学論文集』) は二度刊行された. 最初の論文集は全 2 巻で 1950 年刊行. ファニャノが自分で編纂した. 二度目の論文集は全 3 巻で編成されている. 第 1 巻は 1910 年, 第 2 巻は 1911 年, 第 3 巻は 1912 年に刊行された. 本書では引用にあたって 1750 年版の最初の論文集の該当頁を記入した.

"Teorema, da cui si deduce una nuova misura degli Archi Elittici, Iperbolici, e Cicloidali" (1750 年.「一定理. 楕円, 双曲線およびサイクロイドの弧の新しい測定がそこから導出される」).『全数学論文集』, 第 2 巻, 336-342 頁.

"Metodo per misurare la Lemniscata. Schediasma I" (1750 年.「レムニスケートを測定する方法 第 1 論文」).『全数学論文集』, 第 2 巻, 343-348 頁.

"Giunte a queslo primo Schediasma sopra la misura della Lemniscata" (1750 年.「レムニスケートの測定に関する第 1 論文に関する補足」).『全数学論文集』, 第 2 巻, 349-355 頁.

"Metodo per misurare la Lemniscata. Schediasma II" (1750 年.「レムニスケートを測定する方法 第 2 論文」).『全数学論文集』, 第 2 巻, 356-368 頁.

## ヤコビ

ヤコビの "Gesammelte Werke"（全作品集）は全7巻（1881-1891年）と補巻1巻（1884年）で構成されている．

(著作) "Fundamenta nova theoriae functionum ellipticarum" (1829年．『楕円関数論の新しい基礎』)．邦訳書『楕円関数原論』（訳：高瀬正仁，講談社サイエンティフィク，2013年）．『全作品集』，第1巻に収録された．同書，49-239頁．

(書簡) "Extraits de deux lettres de Mr.Jacobi de l'Université de Königsberg à l'éditeur"（「編集者に宛てられたケーニヒスベルク大学のヤコビ氏の2通の書簡の抜粋」）．「編集者」はシューマッハーを指す．本書の本文では「編集者」を「シューマッハー氏」として引用した．ハインリッヒ・シューマッハーが創刊した学術誌『天文報知』，第6巻，第123号（1827年9月刊行），33-38頁に掲載された．2通の手紙の日付は1827年6月13日と1827年8月2日．『全作品集』，第1巻，29-36頁．表紙付き．本文は31-36頁．

## ラグランジュ

ラグランジュの "Œuvres"（『著作集』）は全14巻で構成されている．1867-1892年刊行．

"Sur l'intégration de quelques équations différentielles dont les indéterminées sont séparées, mais dont chaque membre en particulier n'est point intégrable" (1760-1769年．「不定変化量は分離されているが，各辺はどちらもそれ自身としては積分可能ではないという，二，三の微分方程式の積分について」)．『著作集』，第2巻，5-33頁）．

"Sur une nouvelle méthode de Calcul intégral pour les différentielles affectées d'un radical carré sous lequel la variable ne passe pas quatrième degré" (1784-1785年．「変化量がそのもとで4次を越えない平方根をもつ微分に対する積分計算のひとつの新しい方法について」)．『著作集』，第2巻，253-312頁．

## ルジャンドル

"Exercices de calcul intégral sur divers ordres de transcendantes et sur les quadratures"（『さまざまな位数の超越物と求積に関する積分計算演習』）．第1巻，1811年刊行．第2巻，1817年完結．第3巻，1816年刊行．第1巻は3部構成．第1巻の第1部への「補遺」を1813年のはじめに書いた．これで完結と考えていたところ，その後の進展を顧慮して増補を思い立った．第2巻の第4部は1814年6月刊行．第2巻の第5部は1815年8月刊行．この間に「楕円関数に関する数表」の作成を思い立った．"Construction des Tables elliptiques" を1816年に刊行．表の完成を待つ間に第2巻を完成させようという考えになり，第6部を書いた．これで第2巻が完成した．

"Traité des fonctions elliptiques et des intégrales eulériennes"（『楕円関数とオイラー積分概論』，全3巻）．第1巻は1825年，第2巻は1826年，第3巻は1828年刊行．

## II

"Niels Henrik Abel: Mémorial publié à l'occasion du centenaire de sa naissance"（1902 年．『ニールス・ヘンリック・アーベル：生誕 100 年の機会に出版された記録』）．『生誕 100 年記念文集』と略記する．いくつかの文書が集積され，それらの各々に独自の頁番号が打たれている．諸文書のひとつは「書簡集」で，「アーベルの手紙とアーベルへの手紙」（1-94 頁．表紙付き．本文は 3-94 頁），「アーベルに関係のある手紙」（95-109 頁．表紙付き．本文は 97-109 頁），「註記」（111-135 頁．表紙付き．本文は 113-135 頁）と三部に分かれている．クレルレの手紙はここから引用した．

（書簡）「クレルレからアーベルへ 1828 年 5 月 18 日」（『生誕 100 年記念文集』，「書簡集」，65 頁）．原文はドイツ語である．ホルンボエがノルウェー語に翻訳してノルウェーの学術誌に掲載した．それをさらにフランス語に訳したものが『生誕 100 年記念文集』に収録された．オリジナルのドイツ語の書簡は失われた．

（書簡）「クレルレからアーベルへ 1828 年 9 月 10 日」（『生誕 100 年記念文集』，「書簡集」，69-70 頁）．

（書簡）「クレルレからアーベルへ 1829 年 4 月 8 日」（『生誕 100 年記念文集』，「書簡集」，93-94 頁）．4 月 8 日の日付で書かれ，ベルリン（4 月 9 日），ハンブルク（4 月 14 日）を経てノルウェーに到着した．

### ルジャンドル

"Note de Mr. Legendre sur les nouvelles propriétés des fonctions elliptiques découvertes par M. Jacobi (Voir les N$^{os}$123 et 127 de ce journal)"（「ヤコビ氏により発見された楕円関数の新しい諸性質に関するルジャンドル氏の註記（本誌の第 123 号と第 127 号参照）」．「本誌」は『天文報知』）．『天文報知』，第 6 巻，第 130 号，201-208 頁．末尾の日付は 1828 年 2 月 6 日．末尾に 1828 年 2 月 11 日の日付で短い Postscriptum（後記）が添えられている．

## III

アーリルド・ストゥーブハウグ『アーベルとその時代』（訳：願化孝志，丸善出版，2012 年）．原著はノルウェー語．英訳版 "NIELS HENRIK ABEL and his Times: Called Too Soon by Flames Afar" からの重訳．

### アーベル

"Remarques sur quelques propriété générales d'une certaine sorte de fonctions transcendantes"（1828 年．「ある種の超越関数の二，三の一般的性質に関する諸注意」）．『クレルレの数学誌』，第 3 巻，313-323 頁；『全著作集』，第 1 巻，444-456 頁．

"Mémoire sur une propriété générale d'une classe très étendue de fonctions transcendantes" (1841 年.「ある非常に広範な超越関数族のひとつの一般的性質について」). Mémoires présentés par divers savants à l'académie des sciences de l'institu national de France (いろいろな学者によりフランス国立学士院科学アカデミーに提出された諸論文), 第7巻, 176-264 頁.『全著作集』, 第1巻, 145-211 頁.

"Solution d'un problème général concernant la transformation des fonctions elliptiques"(「楕円関数の変換に関するある一般的問題の解決」).『天文報知』, 第6巻 (1828 年), 第 138 号, 365-388 頁. 1828 年 6 月刊行. 論文の末尾の日付は 1828 年 5 月 27 日.『全著作集』, 第1巻, 403-428 頁.

"Sur le nombre des transformations différentes qu'on peut faire subir à une fonction elliptique par la substitution d'une fonction rationnelle dont le degré est un nombre premier donné" (1828 年.「与えられた素次数をもつ有理関数の代入を行うことにより, 楕円関数に受け入れさせることの可能な相異なる変換の個数について」).『クレルレの数学誌』, 第3巻, 394-401 頁.『全著作集』, 第1巻, 457-465 頁.

"Précis d'une théorie des fonctions elliptiques" (1829 年.「楕円関数論概説」).『クレルレの数学誌』, 第4巻, 236-277, 309-348 頁.『全著作集』, 第1巻, 518-617 頁.

### アーベルとルジャンドルの往復書簡

「ルジャンドルからアーベルへ 1828 年 10 月 25 日」(『生誕 100 年記念文集』,「書簡集」, 77-79 頁).

「アーベルからルジャンドルへ 1828 年 11 月 25 日」(『生誕 100 年記念文集』,「書簡集」, 82-90 頁).

「ルジャンドルからアーベルへ 1829 年 1 月 16 日」(『生誕 100 年記念文集』,「書簡集」, 91-93 頁).

### ヤコビ

"Note sur les fonctions elliptiques" (1828 年.「楕円関数ノート」). 本文の題目の下に著者名があり, その下に「1828 年 4 月 2 日付の, 著者からこの雑誌の編纂者への書簡の抜粋」と記されている.「著者」はヤコビ,「この雑誌」は『クレルレの数学誌』,「編纂者」はクレルレ.『クレルレの数学誌』, 第3巻 (第2分冊), 192-195 頁.『全作品集』, 第1巻, 250-254 頁.

"Suite des notices sur les fonctions elliptiques" (1828 年.「楕円関数小引の続き」).『クレルレの数学誌』, 第3巻 (第3分冊), 303-310 頁. 末尾の日付は 1829 年 7 月 21 日.『全作品集』, 第1巻, 255-263 頁. 論文の題目の "notices" の訳語「小引」は高木貞治の著作『近世数学史談』に借りた.「短い序文」「はしがき」の意. 以下の 2 篇についても同様.

"Suite des notices sur les fonctions elliptiques" (1828 年.「楕円関数小引の続き」).

『クレルレの数学誌』，第3巻（第4分冊），403-404頁．末尾の日付は1828年10月3日．『全作品集』，第1巻，264-265頁．

"Suite des notices sur les fonctions elliptiques"（1829年．「楕円関数小引の続き」）．『クレルレの数学誌』，第4巻（第2分冊），185-193頁．末尾の日付は1829年1月11日．『全作品集』，第1巻，266-275頁．

## 第4章

I

### アイゼンシュタイン

"Bemerkungen zu den elliptischen und Abelschen Transcendenten"（1844年．「楕円的およびアーベル的超越物に関する諸注意」．「楕円的超越物」と「アーベル的超越物」はそれぞれ楕円積分とアーベル積分）．『クレルレの数学誌』，第27巻，185-191頁．

### アーベル

"Remarques sur quelques propriété générales d'une certaine sorte de fonctions transcendantes"（1828年．「ある種の超越関数の二，三の一般的性質に関する諸注意」）．『クレルレの数学誌』，第3巻，313-323頁．『全著作集』，第1巻，444-456頁．

"Démonstration d'une propriété générale d'une certaine classe de fonctions transcendantes"（1829年．「ある超越関数族のひとつの一般的性質の証明」）．『クレルレの数学誌』，第4巻，200-201頁．『全著作集』，第1巻，515-517頁．

"Mémoire sur une propriété générale d'une classe très étendue de fonctions transcendantes"（1841年．「ある非常に広範な超越関数族のひとつの一般的性質について」）．Mémoires présentés par divers savants à l'académie des sciences de l'institu national de France（いろいろな学者によりフランス国立学士院科学アカデミーに提出された諸論文），第7巻，176-264頁．『全著作集』，第1巻，145-211頁．「パリの論文」と呼ばれることが多い．本書でもこの呼称を採用した．

### ヴァイエルシュトラス

ヴァイエルシュトラスの "Mathematische Werke"（『全数学著作集』）は全7巻（1894-1927年）で編成されている．

"Beitrag zur Theorie der Abel'schen Integrale"（1849年．「アーベル積分の理論への寄与」）．Jahresbericht über das Königl. Katholische Gymnasium zu Braunsberg in dem Schuljahre 1848/49（ブラウンスベルク王立カトリックギムナジウム1848/49年度年報），3-23頁．『全数学著作集』，第1巻，111-131頁．アーベル積分の理論に寄せるヴァイエルシュトラスの第1論文．

"Zur Theorie der Abel'schen Functionen"（1854年．「アーベル関数の理論に寄せ

て」).『クレルレの数学誌』, 第 47 巻, 289-306 頁.『全数学著作集』, 第 1 巻, 133-152 頁. アーベル積分の理論に寄せるヴァイエルシュトラスの第 2 論文.

"Theorie der Abel'schen Functionen"（1856 年.「アーベル関数の理論」).『クレルレの数学誌』, 第 52 巻, 285-379 頁.『全数学著作集』, 第 1 巻, 297-355 頁. アーベル積分の理論に寄せるヴァイエルシュトラスの第 3 論文.

"Untersuchungen über die $2r$-fach periodischen Functionen von $r$ Veränderlichen (Briefliche Mittheilungen an C.W.Borchardt)"（1880 年.「$r$ 個の変数の $2r$ 重周期関数に関するボルヒャルトへの手紙の要旨」).『ボルヒャルトの数学誌』, 第 89 巻, 1-8 頁.『全数学著作集』, 第 2 巻, 123-133 頁. ボルヒャルトに宛てて, 書簡の形をとって報告された. 手紙の日付は 1879 年 11 月 5 日.

"Über das sogenannte Dirichlet'sche Princip"（1870 年.「いわゆるディリクレの原理について」).『全数学著作集』, 第 2 巻, 49-54 頁.

"Vorlesungen über die Theorie der Abelschen Transcendenten"（「アーベル的な超越物の理論講義」).『全数学著作集』, 第 4 巻（1902 年).

## オイラー

[E342] "Institutionum calculi integralis volumen primum in quo methodus integrandi a primis principiis usque ad integrationem aequationum differentialium primi gradus pertractatur"（1768 年.『積分計算教程 第 1 巻』).『全作品集』, 第 1 系列, 第 11 巻.

## ガウス

"Allgemeine Lehrsätze in Beziehung auf die verkehrten Verhältnisse des Quadrats der Entfernung wirkenden Anziehungs - und Abstossungs - Kräfte"（1840 年.「距離の平方の逆数に比例して働く引力と反発力に関する一般的諸定理」).『全著作集』, 第 5 巻, 195-242 頁. 表紙付き. 本文は 197-242 頁.

## ゲーペル

"Theoriae transcendentium Abelianarum primi ordinis adumbratio levis"（1847 年.「1 位のアーベル的超越物の理論のスケッチ」).『クレルレの数学誌』, 第 35 巻, 277-312 頁.

## 高木貞治

『近世数学史談』, 第 3 版（共立出版, 共立全書, 1970 年).

## ポアンカレ

『科學の價値』（訳：田邊元, 岩波書店, 1915 年. 岩波文庫, 1928 年).

## ヤコビ

"De theoremate Abeliano observatio"（1832年．「アーベルの定理に関する観察」）．『クレルレの数学誌』，第9巻，99頁．『全作品集』，第2巻，3-4頁．

"Considerationes generales de transcendentibus Abelianis"（1832年．「アーベル的超越物の一般的考察」）．『クレルレの数学誌』，第9巻，394-403頁．『全作品集』，第2巻，7-16頁．

"De functionibus duarum variabilium quadrupliciter periodicis, quibus theoria transcendentium Abelianarum innititur"（1835年．「アーベル的超越物の理論が依拠する2個の変化量の4重周期関数について」）．『クレルレの数学誌』，第13巻，55-78頁．『全作品集』，第2巻，25-50頁．

"Note sur les fonctions Abéliennes"（1846年．「アーベル関数ノート」），『クレルレの数学誌』，第30巻，183-184頁；Bulletin de la classe physico-mathématique de l'académie impériale des sciences de St.Pétersbourg（ペテルブルク帝国科学アカデミー物理学・数学部門報告），第2巻，第7号．『全作品集』，第2巻，85-86頁．

"Anzeige von Legendre: Théorie des fonctions elliptiques, troisième supplément"（1832年．「ルジャンドル『楕円関数の理論．第3の補足』の紹介」）．『クレルレの数学誌』，第8巻，413-417頁．"Nachrichten von Büchern"（新刊情報）という頁の最初にルジャンドルの本が取り上げられて，ヤコビが紹介文を書いた．ヤコビ『全作品集』，第1巻，375-382頁．

## リーマン

"Grundlagen für eine allgemeine Theorie der Functionen einer veränderlichen Grösse"（1851年．「1個の複素変化量の関数の一般理論の基礎」）．『全数学著作集』，3-47頁．"Theorie der Abel'schen Functionen"（1857年．「アーベル関数の理論」）．『全数学著作集』，81-135頁．

次の4篇の論文が『ボルヒャルトの数学誌』，第54巻に掲載された．

"Allgemeine Voraussetzungen und Hülfsmittel für die Untersuchung von Functionen unbeschränkt veränderlicher Grössen"（「独立変化量の関数の研究のための一般的諸前提と補助手段」）．101-104頁．『全数学著作集』，83-84頁．

"Lehrsätze aus der Analysis situs für die Theorie der Integrale von zweigliedrigen vollständigen Differentialien"（「2項完全微分の積分の理論のための位置解析からの諸定理」）．105-109頁．『全数学著作集』，84-89頁．

"Bestimmung einer Function einer veränderlichen complexen Grösse durch Grenz- und Unstetigkeitsbedingungen"（「1個の複素変化量の関数の，境界条件と不連続性条件による決定」）．111-114頁．『全数学著作集』，89-93頁．

"Theorie der Abel'schen Functionen"（「アーベル関数の理論」），115-155頁．『全数学著作集』，93-135頁．

全集への収録にあたり，これらの4論文はさながら単一の論文であるかのように編集され，第4論文と同じ「アーベル関数の理論」という統一された表題が附せられた．そ

の結果，論文 1-3 と第 4 論文の序文の全体が，全集版論文の序文であるかのような体裁になった．

### ルジャンドル

"Traité des fonctions elliptiques et des intégrales eulériennes: avec des tables pour en faciliter le calcul numérique"（1828 年．『楕円関数とオイラー積分概論：数値計算を簡易化するための諸表付き』，第 3 巻）．表紙に「1828 年」という刊行年が記入された一冊の単行本だが，本文は三つの補足 (supplément) で編成されている．「第 1 の補足」の序文の日付は「1828 年 8 月 12 日」．「第 2 の補足」の末尾に記入された日付は「1829 年 3 月 15 日」．「第 3 の補足」の末尾に記入された日付は「1832 年 3 月 4 日」．別々に刊行され，後年，一冊にまとめられたと推定される．

"Nachrichten von Büchern"（1832 年．「出版便り」）．『クレルレの数学誌』，第 8 巻，413-420 頁．5 冊の本が紹介されている．最初に取り上げられたのはルジャンドルの著作『楕円関数とオイラー積分概論 第 3 の補足』で，書評を書いたのはヤコビである．413 頁から 417 頁まで，5 頁に及ぶ長文である．日付は 1832 年 4 月 22 日．この書評の中でルジャンドルがクレルレに宛てた手紙の一節が紹介された．日付は 1828 年 3 月 24 日．ルジャンドルは「アーベルの美しい一定理」に言及し，"monumentum aere perennius" と呼んだ．典拠は古代ローマの詩人ホラティウスの詩集『カルミナ』の第 3 巻，第 30 歌の冒頭の一文 "exegi monumentum aere perennius"（エクセーギー・モヌメントゥム・アエレ・ペレッニウス．「私は青銅より長もちする記念碑を築いた」の意）である．

### ローゼンハイン

"Mémoire sur les fonctions de deux variables et à quatre périodes, qui sont les inverses des intégrales ultra-elliptiques de la première classe"（1851 年．「第 1 類超楕円積分の逆になる 2 個の変化量の 4 重周期関数について」），Mémoires présentés par divers savants à l'académie des sciences de l'institu national de France（いろいろな学者によりフランス国立学士院科学アカデミーに提出された諸論文），第 11 巻，361-468 頁．1846 年 9 月 30 日に受理された．「第 1 類」は「種数 2」を意味する．

### ワイル

"Die Idee der Riemannschen Fläche"（1913 年．『リーマン面のイデー』）．本書の引用は邦訳書『リーマン面』（訳：田村二郎，岩波書店，1974 年）による．

## II

### アーベル

（書簡）「アーベルからルジャンドルへ 1828 年 11 月 25 日」（『生誕 100 年記念文集』，

「書簡集」，82-90 頁).

"Recherches sur les fonctions elliptiques" (1827-1828 年．「楕円関数研究」).『クレルレの数学誌』，第 2 巻，101-181 頁 (前半)；『クレルレの数学誌』，第 3 巻，160-190 頁 (後半).『クレルレの数学誌』の第 2 巻 (1827 年) と第 3 巻 (1828 年) に 2 回に分けて掲載された.『全著作集』，第 1 巻，263-388 頁.

"Remarques sur quelques propriétés générales d'une certaine sorte de fonctions transcendantes" (1828 年．「ある種の超越関数の二，三の一般的性質に関する諸注意」).『クレルレの数学誌』，第 3 巻，313-323 頁.『全著作集』，第 1 巻，444-456 頁.

"Démonstration d'une propriété générale d'une certaine classe de fonctions transcendantes" (1829 年．「ある超越関数族のある一般的性質の証明」).『クレルレの数学誌』，第 4 巻，200-201 頁.『全著作集』，第 1 巻，515-517 頁.

"Mémoire sur une propriété générale d'une classe très étendue de fonctions transcendantes" (1841 年．「ある非常に広範な超越関数族のひとつの一般的性質について」).「パリの論文」. Mémoires présentés par divers savants à l'académie des sciences de l'institu national de France (いろいろな学者によりフランス国立学士院科学アカデミーに提出された諸論文)，第 7 巻，176-264 頁.『全著作集』，第 1 巻，145-211 頁.

## エルミート

エルミートの "Œuvres" (『著作集』) は全 4 巻 (1905-1917 年) で編成されている.

"Extraits de deux lettres de M. Charles Hermite à M. Jacobi" (1846 年．「エルミート氏からヤコビ氏への 2 通の書簡の抜粋」).『クレルレの数学誌』，第 32 巻，1846 年，277-299 頁.『著作集』，第 1 巻，10-17 頁；ヤコビの『全作品集』，第 2 巻，87-96 頁．2 通の書簡のうち，第 1 書簡の日付は 1843 年 1 月．第 2 書簡の日付は 1844 年 8 月．

"Sur la division des fonctions abéliennes ou ultra-elliptiques" (1848 年．「アーベル関数もしくは超楕円関数の等分について」). Mémoires présentés par divers savants à l'académie des sciences de l'institu national de France, 第 10 巻，1848 年，563-573 頁.『著作集』，第 1 巻，38-48 頁.

"Sur la théorie de la transformation des fonctions abéliennes" (1855 年．「アーベル関数の変換理論について」). Comptes rendus de l'Académie des Sciences, 第 11 巻，1855 年.『著作集』，第 1 巻，444-478 頁.

## 高木貞治

『近世数学史談』，第 3 版 (共立出版，共立全書，1970 年).

## ヒルベルト

ヒルベルトの "Gesammelte Abhandlungen" (『全論文集』) は全 3 巻 (1932-1935

年）で編成されている．"Über das sogenannte Dirichlet'sche Princip"（1904 年．「ディリクレの原理について」）．Mathematische Annalen（数学年鑑），第 59 巻，161-186 頁．『全著作集』，第 3 巻，15-37 頁．

### ヤコビ

ヤコビとルジャンドルの往復書簡は『ボルヒャルトの数学誌』，第 80 巻（1875 年），205-279 頁，に掲載された．『全作品集』，第 1 巻，385-386 頁．表紙付き．387-389 頁はボルヒャルトの序文．書簡の本文は 390-401 頁．

（書簡）「ヤコビからルジャンドルへ 1829 年 8 月 19 日」（『全作品集』，第 1 巻，452 頁）．

（著作）"Fundamenta nova theoriae functionum ellipticarum"（1829 年．『楕円関数論の新しい基礎』）．邦訳書『楕円関数原論』（訳：高瀬正仁，講談社サイエンティフィク，2013 年）．ヤコビの『全作品集』，第 1 巻に収録された．同書，49-239 頁．

"Considerationes generales de transcendentibus Abelianis"（1832 年．「アーベル的超越物の一般的考察」）．『クレルレの数学誌』，第 9 巻，394-403 頁．『全作品集』，第 2 巻，7-16 頁．

"De functionibus duarum variabilium quadrupliciter periodicis, quibus theoria transcendentium Abelianarum innititur"（1835 年．「アーベル的超越物の理論が依拠する 2 個の変化量の 4 重周期関数について」）．『クレルレの数学誌』，第 13 巻，55-78 頁．『全作品集』，第 2 巻，25-50 頁．

"Note sur les fonctions Abéliennes"（1846 年．「アーベル関数ノート」），『クレルレの数学誌』，第 30 巻，183-184 頁；Bulletin de la classe physico-mathématique de l'académie impériale des sciences de St.Pétersbourg（ペテルブルク帝国科学アカデミー物理学・数学部門報告），第 2 巻，第 7 号．『全作品集』，第 2 巻，85-86 頁．

### ルジャンドル

"Traité des fonctions elliptiques et des intégrales eulériennes: avec des tables pour en faciliter le calcul numérique"（『楕円関数とオイラー積分概論．数値計算を簡易化するための諸表付き』，全 3 巻）．第 1 巻は 1825 年，第 2 巻は 1826 年，第 3 巻は 1828 年刊行．

## 第 5 章

### アーベル

"Recherches sur les fonctions elliptiques"（1827-1828 年．「楕円関数研究」）．『クレルレの数学誌』，第 2 巻，101-181 頁（前半）；『クレルレの数学誌』，第 3 巻，160-190 頁（後半）．『全著作集』，第 1 巻，263-388 頁．

"Remarques sur quelques propriétés générales d'une certaine sorte de fonctions transcendantes"（1828 年．「ある種の超越関数の二，三の一般的性質に関する諸注意」）．『クレルレの数学誌』，第 3 巻，313-323 頁．『全著作集』，第 1 巻，444-456

頁．

"Démonstration d'une propriété générale d'une certaine classe de fonctions transcendantes"（1829 年．「ある超越関数族のある一般的性質の証明」）．『クレルレの数学誌』，第 4 巻，200-201 頁．『全著作集』，第 1 巻，515-517 頁．

"Mémoire sur une propriété générale d'une classe très étendue de fonctions transcendantes"（1841 年．「ある非常に広範な超越関数族のひとつの一般的性質について」）．「パリの論文」．Mémoires présentés par divers savants à l'académie des sciences de l'institu national de France（いろいろな学者によりフランス国立学士院科学アカデミーに提出された諸論文），第 7 巻，176-264 頁．『全著作集』，第 1 巻，145-211 頁．

### ヴァイエルシュトラス

"Untersuchungen über die $2r$-fach periodischen Functionen von $r$ Veränderlichen (Briefliche Mittheilungen an C.W.Borchardt)"（1880 年．「$r$ 個の変数の $2r$ 重周期関数の研究（ボルヒャルトに宛てた書簡による報告）」）．『ボルヒャルトの数学誌』，第 89 巻，1-8 頁．『全数学著作集』，第 2 巻，123-133 頁．ボルヒャルトに宛てて，書簡の形をとって報告された．手紙の日付は 1879 年 11 月 5 日．

### 岡潔

岡潔の数学論文集 "Sur les fonctions analytiques de plusieurs variables"（『多変数解析関数について』，岩波書店）は二度編纂された．初版，1961 年刊行．増補新版，1983 年刊行．『数学論文集』と表記して，増補新版の該当頁を記入する．

"Sur les fonctions analytiques des plusieurs variables VI-Domaines pseudoconvexes"（1942 年．「多変数解析関数について VI-擬凸状領域」）．Tôhoku Mathematical Journal（東北數學雜誌），第 49 巻，15-52 頁．『数学論文集』，54-91 頁．

"Sur les fonctions analytiques des plusieurs variables VII-Sur quelques notions arithmétiques"（1950 年．「多変数解析関数について VII-三，四のアリトメチカ的概念について」）．Bulletin de la Société Mathématique de France（フランス数学会会誌），第 78 巻，1-27 頁．『数学論文集』，92-126 頁．

"Sur les fonctions analytiques des plusieurs variables VIII-Lemme fondamental (1951 年．「多変数解析関数について VIII-基本的な補助的命題」）．Journal of the Mathematical Society of Japan（日本数学会会誌），第 3 巻，204-214 頁．『数学論文集』，127-157 頁．

"Sur les fonctions analytiques des plusieurs variables IX-Domaines finis sans point critique intérieur"（1953 年．多変数解析関数について IX-内分岐点をもたない有限領域）．Japanese Journal of Mathematics（日本数学集報），第 23 巻，97-155 頁．『数学論文集』，158-234 頁．

"Sur les fonctions analytiques des plusieurs variables X-Une mode nouvelle engendrant les domaines pseudoconvexes"（1962 年．「多変数解析関数について X-擬凸

状領域を創り出すひとつの新しい方法」). Japanese journal of mathematics（日本数学輯報），第 32 巻，1-12 頁．『数学論文集』，235-246 頁．

『春雨の曲』，第 7 稿．遺稿．未公刊．

### ガウス

"Disquisitiones Arithmeticae"（1801 年．『アリトメチカ研究』）．『全著作集』，第 1 巻（1863 年）の全体がこの著作にあてられている．邦訳書『ガウス整数論』（訳：高瀬正仁，朝倉書店，1995 年）．

### ガロア

"Lettre de Galois à M.Auguste Chevalier"（1846 年．「オーギュスト・シュヴァリエ氏へのガロアの手紙」）．ガロアの遺書．日付は 1832 年 5 月 29 日．『リューヴィユの数学誌』(Journal de mathématiques pures et appliqueés)，1846 年，第 11 巻に "Œuvres mathématiques d'Évariste Galois"（『エヴァリスト・ガロアの数学作品集』）が掲載された．同誌，381-444 頁．ガロアの遺書は 408 頁から 415 頁まで，8 頁にわたっている．リューヴィユが序言を書いた．1897 年，『リューヴィユの数学誌』に掲載された作品集を復刻し，モノグラフ『エヴァリスト・ガロアの数学作品集』が刊行された．リューヴィユの序言は削除され，代ってエミール・ピカールが序文を寄せた．

### クロネッカー

クロネッカーの "Werke"（『全著作集』）は全 5 巻（1895-1930 年）で編成されている．

"Auszug aus einem Briefe von L. Kronecker an R. Dedekind, 15. März, 1880"（1895 年．「クロネッカーの 1880 年 3 月 15 日付のデデキント宛書簡の抜粋」）．Sitzungsberichte der Koniglich Preussischen Akademie der Wissenschaften zu Berlin（プロイセン王立科学アカデミー議事報告），115-117 頁．『全著作集』，第 5 巻（1930 年），455-457 頁．

### ハルトークス

"Einige Folgerungen aus der Cauchyschen Integralformel bei Funktionen mehrerer Veränderlichen"（1906 年．「コーシーの積分公式からのひとつの帰結」）．Sitzungsberichte der Königlichen Bayerischen Akademie der Wissenschaften zu München Mathematisch - Physikalische Klasse（バイエルン王立科学アカデミー議事報告，数学・物理学部門），第 36 巻，223-242 頁．

### ピカール

"Traité dánalyse"（『解析概論』）．第 2 巻，1893 年．

## ピカール，シマール

"Théorie des fonctions algébriques de deux variables indépendantes"（『2 個の独立変数の代数関数の理論』）．全 2 巻．第 1 巻は 1897 年刊行．第 2 巻は 1906 年刊行．

## ヒルベルト

"Mathematische Probleme. Vortrag, gehalten auf dem Internationalen Mathematikerkongreß zu Paris 1900"（1900 年．「数学の諸問題．パリにおける国際数学者会議（1900 年）で行われた講演」）．Nachrichten der Gesellschaft der Wissenschaften zu Göttingen（ゲッチンゲン学術協会報告集），1900 年，253-297 頁．『全著作集』，第 3 巻（1935 年），290-329 頁．第 12 問題は 311-313 頁に記されている．

## ヤコビ

"De theoremate Abeliano observatio"（1832 年．「アーベルの定理に関する観察」）．『クレルレの数学誌』，第 9 巻，99 頁．『数学著作集』，第 2 巻，3-4 頁．

"Considerationes generales de transcendentibus Abelianis"（1832 年．「アーベル的超越物の一般的考察」）．『クレルレの数学誌』，第 9 巻，394-403 頁．『数学著作集』，第 2 巻，7-16 頁．

"De functionibus duarum variabilium quadrupliciter periodicis, quibus theoria transcendentium Abelianarum innititur"（1835 年．「アーベル的超越物の理論が依拠する 2 個の変化量の 4 重周期関数について」）．『クレルレの数学誌』，第 13 巻，55-78 頁．『数学著作集』，第 2 巻，25-50 頁．

"Note sur les fonctions Abéliennes"（1846 年．「アーベル関数ノート」）．『クレルレの数学誌』，第 30 巻，183-184 頁；Bulletin de la classe physico-mathématique de l'académie impériale des sciences de St.Pétersbourg（ペテルブルク帝国科学アカデミー物理学・数学部門報告），第 2 巻，第 7 号．『数学著作集』，第 2 巻，85-86 頁．

## リーマン

"Theorie der Abel'schen Functionen"（「アーベル関数の理論」）．『ボルヒャルトの数学誌』，第 54 巻，115-155 頁．『全数学著作集』，93-135 頁．

## ルジャンドル

"Essai sur la théorie des nombres"（1798 年．『数の理論のエッセイ』）．初版．1808 年，第 2 版刊行．1816 年，第 2 版への補遺刊行．1825 年，第 2 版への第 2 の補遺刊行．1830 年，第 3 版（全 2 巻）刊行．邦訳書『数の理論』（訳：高瀬正仁．海鳴社，2008 年．第 3 版，第 1 巻の翻訳書）．

## E. E. レビ

E. E. レビの "Opere"（『作品集』）は全 2 巻で編成されている．第 1 巻，1959 年刊

行．第 2 巻，1960 年刊行．

"Studi sui punti singolari essenziali delle funzioni analitiche di due e più variabili complesse"（1910 年．「2 個またはもっと多くの複素変数の解析関数の本質的特異点に関する研究」）．Annali di Matematica Pura e Applicata (III)（『純粋・応用数学年報』(III)），第 17 巻，61-87 頁．『作品集』，第 1 巻，187-213 頁．

"Sulle ipersuperficie dello spazio a 4 dimensioni the possono essere frontiers del cameo di esistenza di una funzione analitica di due variabili complesse"（1911 年．「2 個の複素変数の解析関数の存在領域でありうる 4 次元空間の超曲面について」）．Annali di Matematica Pura e Applicata (III)（『純粋・応用数学年報』(III)），第 18 巻，69-79 頁．『作品集』，第 1 巻，214-224 頁．

## あとがき

### ヒルベルト

"Mathematische Probleme. Vortrag, gehalten auf dem Internationalen Mathematikerkongreß zu Paris 1900"（1900 年．「数学の諸問題．パリにおける国際数学者会議（1900 年）で行われた講演」）．Nachrichten der Gesellschaft der Wissenschaften zu Göttingen（ゲッチンゲン学術協会報告集），1900 年，253-297 頁．『全著作集』，第 3 巻（1935 年），290-329 頁．第 12 問題は 311-313 頁に記されている．

### 参考文献補遺

『リーマン論文集』（朝倉書店，2004 年）．共訳．「アーベル関数の理論」（訳：高瀬正仁）所収．

『アーベル／ガロア 楕円関数論』（訳：高瀬正仁．朝倉書店，1998 年）．

『ガウス数論論文集』（訳：高瀬正仁．筑摩書房，ちくま学芸文庫 M＆S，2012 年）．

高瀬正仁『無限解析のはじまり わたしのオイラー』（筑摩書房，ちくま学芸文庫 M＆S，2009 年）．

高瀬正仁『近代数学の成立 解析篇 オイラーから岡潔まで』（東京図書，2014 年）．

高瀬正仁『微分積分学の史的展開』（講談社，2015 年）．

高瀬正仁『微分積分学の誕生』（SB クリエイティブ，2015 年）．

高瀬正仁『大数学者の数学 16 アーベル（後編）楕円関数論への道』（現代数学社，2016 年）．

# 数学者人名表

**ヨハン・ベルヌーイ**（Johann Bernoulli. 1667年7月27日-1748年1月1日）
　スイスのバーゼルに生れた．12歳年長の兄のヤコブとともにライプニッツの無限解析に関心を寄せて解明を志し，ライプニッツとも往復書簡を取り交わして理論の拡充と整備に尽力した．ロピタル侯爵の微分法のテキスト『曲線の理解のための無限小解析』(1696年) はロピタルの依頼を受けてヨハンが行った講義の記録である．

**ファニャノ**（ジュリオ・カルロ・ファニャノ・デイ・トスキ，Giulio Carlo Fagnano dei Toschi. 1682年1月26日-1766年9月26日）
　イタリアのシニガリアに生れた．数学を愛好する貴族（伯爵）で，独自に数学を研究し，1750年，68歳のとき，『全数学論文集』（全2巻）を出版した．ベルヌーイ兄弟が発見したレムニスケート曲線に深い関心を寄せ，その等分理論を構築した．

**オイラー**（レオンハルト・オイラー，Leonhard Euler. 1707年4月15日-1783年9月18日）
　スイスのバーゼルに生れ，ヨハン・ベルヌーイに学び，ペテルブルクとベルリンの科学アカデミーに所属した．数学と自然科学の諸分野において深い思索を続けて大量の論文と著作を遺し，フェルマを継承する数論，ライプニッツとベルヌーイ兄弟を継承し，ニュートンの解明をめざした力学と変分法と無限解析など，18世紀の数学そのものの形成に携った．

**ラグランジュ**（ジョゼフ＝ルイ・ラグランジュ，Joseph-Louis Lagrange. 1736年1月25日-1813年4月10日）
　サルディニア王国の首都トリノに生れ，ベルリンの科学アカデミーを経てパリに移った．オイラーが足跡を印した諸分野を創意に満ちた様式で継承し，オイラーとともに西欧近代の数学の礎（いしずえ）を築いた．

**ルジャンドル**（アドリアン＝マリ・ルジャンドル，Adrien-Marie Legendre. 1752年9月18日-1833年1月10日）
　パリに生れたが，一説に生地はトゥールーズともいう．オイラーとラグランジュが建設した楕円関数論と数論を学び，双方の領域で大きな著作を通じて集大成を試みてアーベル，ヤコビの研究を誘った．

**フーリエ**（ジャン・バティスト・ジョゼフ・フーリエ，Jean Baptiste Joseph Fourier. 1768 年 3 月 21 日-1830 年 5 月 16 日）

　フランスのオセールに生れた．熱伝導の法則性の解明をめざして『熱の解析的理論』を書き，「完全に任意の関数」をフーリエ級数に展開可能と宣言してディリクレやリーマンの研究を誘い，今日のフーリエ解析の端緒を開いた．

**ガウス**（ヨハン・カール・フリードリヒ・ガウス，Johann Carl Friedrich Gauss. 1777 年 4 月 30 日-1855 年 2 月 23 日）

　ドイツのブラウンシュヴァイクに生れた．ゲッチンゲン大学に在籍．相互法則探究を中心に据えた数論や，等分理論を契機とする独自の楕円関数論を構想し，類体論へと帰結する代数的整数論の端緒を開いた．アーベル，ヤコビ，ディリクレ，アイゼンシュタイン，リーマン，デデキントなど 19 世紀の数学の担い手たちに大きな影響を及ぼした．オイラーと並ぶ西欧近代の数学の泉である．

**クレルレ**（アウグスト・レオポルド・クレルレ，August Leopold Crelle. 1780 年-1855 年 10 月 6 日）

　プロイセンの政府高官．鉄道技官．ドイツで最初の鉄道を敷いたことで知られる．数学を愛好し，『クレルレの数学誌』を創刊した．アーベルの人と学問を愛し，初期の『クレルレの数学誌』にアーベルの論文を相次いで掲載した．

**コーシー**（オーギュスタン゠ルイ・コーシー，Augustin Louis Cauchy. 1789 年 8 月 21 日-1857 年 5 月 23 日）

　フランスの数学者．コーシーの積分，冪級数の収束半径の決定，複素変数関数の微分可能性の概念規定などを通じて複素関数論の基礎を構築し，リーマン，ヴァイエルシュトラスへと続く道を開いた．解析学の諸概念の定義を書き，論証を重視した体系の建設に寄与したことでも知られている．

**シュタイナー**（ヤコブ・シュタイナー，Jakob Steiner. 1796 年 3 月 18 日-1863 年 4 月 1 日）

　スイスの数学者．総合幾何学の創始者のひとり．ベルリンでクレルレと知り合い，親しくなった．1834 年，ヤコビやフンボルト兄弟（兄のアレクサンダーと弟のヴィルヘルム）の尽力によりベルリン大学に幾何学の教授職が設置され，就任した．

**ウルリッヒ**（ゲオルク・カール・ジュスティス・ウルリッヒ，Georg Karl Justus Ulrich. 1798 年-1879 年）

　数学者．ゲッチンゲン大学教授．立体幾何学，三角法，応用幾何学，力学，（軍事のための建築に対して）普通建築の講義を行った．

**アーベル**（ニールス・ヘンリック・アーベル，Niels Henrik Abel. 1802 年 8 月 5 日-1829 年 4 月 6 日）

ノルウェーの数学者．次数が 4 を越える代数方程式は必ずしも代数的に可解ではないという「不可能の証明」に成功した．ここから出発してアーベル方程式の発見，楕円関数の等分と変換の理論，虚数乗法論へと歩みを進めるとともに，アーベル積分の加法定理を発見してオイラーを越える地平を開いた．ガウスの数学思想の核心を洞察し，19 世紀の数学の基礎の構築に寄与したが，26 歳で病没した．

**ヤコビ**（カール・グスタフ・ヤコブ・ヤコビ，Carl Gustav Jacob Jacobi. 1804 年 12 月 10 日-1851 年 2 月 18 日）

プロイセン王国のポツダムに生れた．楕円関数論の研究から出発し，アーベルのアーベル積分論に深い理解を寄せて「ヤコビの逆問題」を創造した．ケーニヒスベルク大学での力学講義も際立っている．生涯の親友となったディリクレとともにドイツの近代数学の礎石を置いた人物である．

**ディリクレ**（ヨハン・ペーター・グスタフ・ルジューヌ・ディリクレ，Johann Peter Gustav Lejeune Dirichlet. 1805 年 2 月 13 日-1859 年 5 月 5 日）

生地はプロイセン王国のデューレンだが，10 代の後半期にパリに移り，フランスの数学者たちのもとで数学を学んだ．後，ドイツにもどり，ヤコビとともにドイツの近代数学の基礎を築いた．フーリエ級数の収束を論じるのに先立って関数概念を語り，変分法の講義を通じてリーマンに「ディリクレの原理」を伝えた．

**ゴルトシュミット**（カール・ヴォルフガング・バンヤミーン・ゴルトシュミット，Carl Wolfgang Benjamin Goldschmidt. 1807 年 2 月 15 日-1851 年）

ゲッチンゲン大学の天文学の教授．ゲッチンゲン大学の天文台でガウスの助手として働いた．対数積分 $\mathrm{Li}(x) = \int_2^x \dfrac{dt}{\log t}$ の増大度と素数の分布状況についてガウスとゴルトシュミットが収集したデータが，リーマンの論文 "Ueber die Anzahl der Primzahlen unter einer gegebenen Grösse" (1859 年．「与えられた量以下の素数の個数について」．リーマン『全数学著作集』，136-144 頁）で言及された．心臓肥大により睡眠中に亡くなり，1851 年 2 月 15 日の朝，発見された．

**シュテルン**（モーリッツ・アブラハム・シュテルン，Moritz Abraham Stern. 1807 年 6 月 29 日-1894 年 1 月 30 日）

ドイツの数学者．ゲッチンゲン大学教授．学生時代のリーマンを知る人物で，後年，「リーマンはカナリアのように歌っていた」とフェリックス・クラインに語った．

**リスティング**（ヨハン・ベネディクト・リスティング，Johann Benedict Listing. 1808 年 7 月 25 日-1882 年 12 月 24 日）

ゲッチンゲン大学教授．「メビウスの帯」をメビウスとは独立に発見したことで知ら

れる．ライプニッツ以来の "analysis situs"（位置解析）に代って "Topologie"（ドイツ語．トポロギー．英語表記は "topology"）という言葉を提案した．

**ガロア**（エヴァリスト・ガロア，Évariste Galois. 1811 年 10 月 25 日 -1832 年 5 月 31 日）
　フランスの数学者．高次代数方程式の代数的可解性の考察を通じて，今日のガロア理論の核心となるアイデアを発見した．決闘に応じ，20 歳で亡くなった．決闘の前夜，友人に宛てて手紙を書き，数学的思索の経緯を綴ったが，「時間がない」という走り書きがそこに遺されている．

**ゲーペル**（アドルフ・ゲーペル，Adolf Göpel. 1812 年 9 月 29 日 -1847 年 6 月 7 日）
　ドイツのロストックに生れた．ベルリン大学に学び，2 次不定方程式論の論文で学位を取得した．ギムナジウムの教師やベルリン大学の図書館に勤務する中でひとり数学の研究を続けたが，クレルレと親しくなる機会があった．原型のヤコビの逆問題の解決を伝える論文を書いたが，『クレルレの数学誌』に掲載されたのはゲーペルの死後であった．

**ヴァイエルシュトラス**（カール・テオドール・ヴィルヘルム・ヴァイエルシュトラス，Karl Theodor Wilhelm Weierstrass. 1815 年 10 月 31 日 -1897 年 2 月 19 日）
　プロイセン王国のオステンフェルドに生れた．アーベルを憧憬し，ヤコビの逆問題の解決に向けて独自の思索を続け，3 篇の連作を書いた．第 1 論文を書いたころはギムナジウムの教師であった．後，ベルリン大学教授．講義を通じて解析学の基礎の建設に寄与し，ドイツを代表する数学者になった．

**ローゼンハイン**（ヨハン・ゲオルク・ローゼンハイン，Johann Georg Rosenhain. 1816 年 6 月 10 日 -1887 年 5 月 14 日）
　プロイセン王国のケーニヒスベルクに生れ，ケーニヒスベルク大学でヤコビに学んだ．1846 年，パリの科学アカデミーが次回のグランプリのテーマは超楕円積分の逆関数であることを発表した．ローゼンハインはこれに応じ，原型のヤコビの逆問題の解決を報告し，1851 年，グランプリを受けた．

**エルミート**（シャルル・エルミート，Charles Hermite. 1822 年 12 月 24 日 -1901 年 1 月 14 日）
　フランスの数学者．リセ・ルイ＝ル＝グランからエコール・ポリテクニクに進んだが，右足の障碍を理由に退学を余儀なくされた．独学で数学を学び，2 変数 4 重周期関数を論じるヤコビの論文に誘われて研究し，ヤコビに手紙を書いて得られた結果を報告したところ，高い評価を得た．19 世紀後半期のフランスを代表する数学者になった．

**アイゼンシュタイン**（フェルディナント・ゴットホルト・マックス・アイゼンシュタイン，Ferdinand Gotthold Max Eisenstein. 1823年4月16日-1852年10月11日）

ベルリンに生れた．複素変数関数論を基礎とする楕円関数論とは異なる独自の視点により楕円関数論を構築し，3次と4次の冪剰余相互法則の証明に応用した．30歳に満たずに早世したが，人をほめることの少ないガウスにより際立って高い評価を受けた．

**クロネッカー**（レオポルト・クロネッカー，Leopold Kronecker. 1823年12月7日-1891年12月29日）

プロイセン王国のリーグニッツに生れた．アーベル，ガロアの代数方程式論とアーベル，ヤコビ，アイゼンシュタインの楕円関数論を継承し，若い日に心に描いた「青春の夢」を生涯にわたって追い求めた．後年のポアンカレに通じる直観主義的な数学観をもち，「整数は神が作ったが，他のすべては人間の作ったものである」という言葉を残した．

**リーマン**（ゲオルク・フリードリッヒ・ベルンハルト・リーマン，Georg Friedrich Bernhard Riemann. 1826年9月17日-1866年7月20日）

ハノーファー王国のブレゼレンツに生れた．ガウス，ディリクレ，ヤコビ，アイゼンシュタインなどの影響を受け，リーマン面のアイデアの上に1変数複素関数論の基礎理論を建設し，ヤコビの逆問題の解決をめざしてアーベル関数論を構築した．フーリエ解析，素数分布論にも寄与し，西欧近代の数学の結節点になった．

**クライン**（フェリックス・クリスティアン・クライン，Felix Christian Klein. 1849年4月25日-1925年6月22日）

プロイセン王国のデュッセルドルフに生れ，ボン大学に学んだ．エルランゲン大学の教授就任に際し，多種多様な幾何学を統一的な視点から諒解しようとする研究計画書（エルランゲン・プログラム）を提出した．ワイルの著作『リーマン面のイデー』に本質的な影響を及ぼした人物でもある．

**ポアンカレ**（ジュール=アンリ・ポアンカレ，Jules-Henri Poincare. 1854年4月29日-1912年7月17日）

エコール・ポリテクニクでエルミートに学んだ．代数的位相幾何学，保型関数論，偏微分方程式，天体力学，多変数関数論，不定解析と多方面にわたって足跡を残し，ヒルベルトとともにヨーロッパを代表する数学者になった．『科学と方法』などの科学エッセイも時代を越えて読み継がれている．

**ヒルベルト**（ダフィット・ヒルベルト，David Hilbert. 1862年1月23日-1943年2月14日）

プロイセン王国のヴェーラウに生れた（ヒルベルト自身によると，生地はケーニヒスベルクという）．19世紀のドイツの数論史を概観する『数論報告』の執筆，形式主義の

立場に立って数学の基礎の安定をめざすヒルベルト・プログラムの提示，23 個の問題の提示などを通じて数学の将来を展望し，ポアンカレと並びヨーロッパを代表する数学者になった.

**クザン**（ピエール・クザン，Pierre Cousin. 1867 年 3 月 18 日-1933 年 1 月 18 日）
　フランスの数学者．カン大学でポアンカレに学び，多変数関数論を研究した．クザンの名を冠する二つの問題で知られている.

**ハルトークス**（フリードリヒ・モーリッツ・ハルトークス，Friedrich Moritz Hartogs. 1874 年 5 月 20 日-1943 年 8 月 18 日）
　ベルギーの首都ブリュッセルに生れたが，ドイツで成長しミュンヘン大学で学んだ．多変数解析関数の特異点は孤立しないことを示す「連続性定理」を発見した．ナチズムによる迫害を受け，睡眠薬を大量に服用して自殺した．

**E. E. レビ**（エウジェニオ・エリア・レビ，Eugenio Elia Levi. 1883 年 10 月 18 日-1917 年 10 月 28 日）
　イタリアのトリノに生れた．ハルトークスの発見を受け，多変数解析関数の本質的特異点の集合にも連続性定理が成立することを明らかにするとともに，「レビの問題」を提示した．第 1 次世界大戦に出征し，カポレットの戦いのおりにバインジッツァ高原で戦死した．

**高木貞治**（たかぎ・ていじ，Teiji Takagi. 1875 年 4 月 21 日-1960 年 2 月 28 日）
　現在の岐阜県本巣市に生れた．菊池大麓，藤澤利喜太郎に続き，3 人目の数学の大学教授になり，日本の近代数学の基礎を築いた．ヒルベルトのアイデアを継承して類体論を建設し，「クロネッカーの青春の夢」の解決に成功した．『解析概論』『代数学講義』などの数学書のほか，『近世数学史談』『数学雑談』など数学と数学誌を語る著作があり，今も読み継がれている．

**ワイル**（ヘルマン・クラウス・フーゴー・ワイル，Hermann Klaus Hugo Weyl. 1885 年 11 月 9 日-1955 年 12 月 8 日）
　ドイツのエルムスホルンに生れた．ゲッチンゲン大学に学び，ヒルベルトの深い影響を受けた．1913 年の著作『リーマン面のイデー』においてリーマンのリーマン面を複素 1 次元の複素多様体として諒解する視点を提案し，その観点からリーマンのアーベル関数論を再構成した．

**岡潔**（おか・きよし，Kiyoshi Oka. 1901 年 4 月 19 日-1978 年 3 月 1 日）
　生地は大阪だが，父祖の地は大阪と和歌山県の境に位置する紀州紀見峠である．ハルトークスと E. E. レビの発見を受け，多変数解析関数の存在領域の形状を問う「ハルトークスの逆問題」を提示し，「内分岐点をもたない有限領域」において解決した．内

分岐領域の理論の建設をめざし，多変数代数関数論のスケッチを描きながら奈良市高畑町の自宅で亡くなった．

**ヴェイユ**（アンドレ・ヴェイユ，Andre Weil．1906年5月6日-1998年8月6日）
　パリに生れた．ブルバキの創立メンバーのひとり．数学史に識見があり，ブルバキの叢書『数学原論』の「歴史覚書」はほとんどヴェイユが書いたと言われている．

# 索 引

## 人名索引

### ア 行

アイゼンシュタイン　186, 208
アーベル　ix, 87, 119, 129, 160, 182, 198, 207, 261
岩澤健吉　vi
ヴァイエルシュトラス　163, 187, 188, 190, 194, 198, 207, 227, 263, 268
ヴェイユ　108, 109
ウェーバー　31, 164
エルミート　v, 2, 207, 209, 222
オイラー　ix, 90, 108, 168, 182, 263
岡潔　iii, 226, 270

### カ 行

ガウス　x, 122, 162, 223, 261
ガロア　207
クライン　iii, 31, 35, 83, 163, 204
グラウエルト　254
クレルレ　121, 123, 126, 129, 160
クロネッカー　85, 121, 153, 208
ゲーペル　187, 207, 214
コーシー　167
小平邦彦　254
コリオリ　55

### サ 行

シマール　244
シュテルン　35
シューマッハー　124, 125

### タ 行

高木貞治　70, 172, 174, 211, 240
ディリクレ　23, 85, 161, 162
デカルト　16
デデキント　31, 84, 164

### ハ 行

ハルトークス　227
ピカール　244, 253
ヒルベルト　81, 163
ファニャノ　ix, 89, 108
ファン・デア・ヴェルデン　241
フス, ニコラウス　122
フス, パウル・ハインリッヒ　122
フーリエ　1, 23, 43, 63, 78
ブルメンタール　235
ベッセル　64
ベルヌーイ, ヨハン　6, 18
ポアンカレ　iv, 163
ホラティウス　172

### ヤ 行

ヤコビ　2, 119, 123, 130, 135, 153, 156, 157, 160, 169, 170, 182, 207
ユークリッド　90

### ラ・ワ 行

ライプニッツ　16, 18

ラグランジュ　117
リーマン　iii, 16, 30, 182, 194, 198, 207, 211, 268
ルジャンドル　64, 118, 120, 123, 125, 129, 131, 167

レビ　227
ローゼンハイン　187, 207, 214
ワイル　vi, 69, 161, 186, 196, 197, 201, 203, 263


**事項索引**

**ア　行**

アーベル関数　viii, 167, 173, 185, 189, 192, 200, 205, 214, 233, 256, 267
　　——論　163
アーベル積分　viii, 130
　　——の加法定理　168
　　——の等分と変換　208
アーベル多様体　205
アーベルの加法定理　130, 166, 170, 174, 182, 183, 194, 208, 211, 220, 228, 267
アーベルの定理　173, 174, 176, 182, 183, 186, 194, 196, 197, 206, 211, 228
アーベル方程式　x, 224
『アリトメチカ研究』　x, 223, 228, 261
アルキメデスの螺旋　18
イソクロナ・パラケントリカ　96
位置解析　82
1価関数　6
1価対応　78
一般化された虚数乗法論　222
一般等分方程式　120
イプシロン・デルタ論法　25, 29, 42
陰関数　9
円積分　178
　　——の加法定理　178

**カ　行**

『解析概論』（高木貞治）　70
『解析概論』（ピカール）　244, 253
解析関数　70
解析接続　69, 77
解析的形成体　69, 78
解析的源泉　42
解析的表示式　1, 4
ガウス平面　73
『科學の價値』　iv, 163
『数の理論』　64
加法公式　114
加法定理　ix, 166, 176, 198
関数　4, 18, 26
　　——要素　70
完全関数　146
完全に任意の関数　1, 23, 24, 42, 78
『幾何学』　16
幾何学的曲線　16
基準線　13
逆関数　88
逆正弦関数　17
逆正接関数　17
逆余弦関数　17
境界問題　236
局所一意化変数　83
曲線の解析的源泉　13, 14
虚数乗法　121
　　——論　x, 2, 91, 120, 222, 224
　　——をもつ楕円関数　121

『近世数学史談』 173, 174, 211
『クライン：19世紀の数学』 31
クロネッカーの青春の夢 208, 224, 225, 270
原型のヤコビの逆問題 187, 188, 205, 268
『原論』 90
向軸線 13
コーシーの定理 55

## サ 行

サイクロイド 13, 18
軸 13
指数曲線 17
自然存在域 69
周期等分方程式 88, 120
種数 172, 212
「諸注意」 182, 186
新代数函数論 247
『数論：ハンムラビからルジャンドルにいたる歴史を通じてのアプローチ』 109
正弦曲線 17
正接曲線 17
正則な関数要素 71
『生誕100年記念文集』 123
切除線 12
切除の始点 13
前期楕円関数論 89, 118
相互法則 x, 224

## タ 行

第1種逆関数 88, 120, 144, 209
第1種楕円積分 87, 88, 119
　——の逆関数 265, 270
第1の関数 20
第3の関数 23
代数関数 6, 28, 58, 81, 168
代数函数論 251
『代数函数論』 vi
対数曲線 17
代数曲線 15

代数的形成体 72, 263, 268
代数的積分 113
代数的特異点 71
代数的微分式 168, 169
代数的表示式 6
代数的リーマン領域 247, 253, 255, 263, 267, 270
対数螺旋 18
第2の関数 20
楕円関数 87, 167, 209
「楕円関数研究」 87, 261
『楕円関数とオイラー積分概論』 118, 135, 152
『楕円関数論の新しい基礎』 119, 135
楕円積分の加法定理 ix, 148
多価関数 6
多複素変数解析関数の理論 → 多変数関数論
多変数解析関数論 → 多変数関数論
多変数関数論 184, 206, 218, 226, 234, 235, 241
多変数代数関数 237, 238
多変数代数関数論 227, 242, 249
単性解析関数 70
超越関数 6
超越曲線 15
超楕円関数の加法定理 142
超楕円積分 131, 171
直交座標 15
ディリクレの関数 24
ディリクレの原理 iii, 81, 161, 162, 164, 269
定量 3
等分と変換の理論 220
等分理論 88, 101, 119, 120, 265
独立変化量 27

## ナ 行

内越的 17
　——な関数 9
内分岐領域 226, 237, 241, 256
『2個の独立変数の代数関数の理論』 244

索 引   303

「2頁の大論文」→「パリの論文」
『熱の解析的理論』 23, 43, 63, 78

ハ 行

「パリの論文」 ix, 130, 131, 142, 155,
 166, 174, 182, 197, 206, 211, 228,
 231, 267
『春雨の曲』 237
ハルトークスの逆問題 226, 237, 241,
 249, 269
ハルトークスの連続性定理 228, 269
非正則曲線 15
ヒッピアスの円積線 18
『微分計算教程』 20
非有理関数 9
ヒルベルトの第12問題 223, 225, 234,
 270
ヒルベルトのモジュラー関数 235
ヒルベルトの問題 224
「不可能の証明」 20, 122, 152
複合関数 28
複合曲線 15
複素多様体 84
　——論 205
不定域イデアル 226, 240, 257
不連続曲線 14
閉リーマン面 161
ベッチ数 86
変化量 4
変換理論 89, 119, 120, 123, 151, 265
ポアンカレの問題 219
『方法序説』 16
ホッジ多様体 254

マ 行

『無限解析序説』 3, 263
モジュラー方程式 88, 136

ヤ 行

ヤコビ関数 2, 180, 181, 183-186,
 188, 190, 194, 200, 205, 206, 211,
 213, 217, 226, 232, 235, 267, 268,
 270
ヤコビの逆関数 200, 211, 232
ヤコビの逆問題 ix, x, 59, 64, 166,
 170, 181, 186, 188, 191, 192, 194,
 198, 200, 201, 204, 205, 208, 215,
 219, 225, 228, 233, 249, 266
有理関数 9
陽関数 9
余弦曲線 17
4次剰余相互法則 73, 208, 225
4次剰余の理論 73
4次相互法則 → 4次剰余相互法則
4次冪剰余相互法則 → 4次剰余相互法則

ラ 行

リーマン球面 71
リーマンの定理 227, 242, 245
リーマンの予想 85
リーマン面 iv, 16, 30, 77, 79, 83,
 161, 204, 263, 268
『リーマン面』 vii
『リーマン面のイデー』 vi, 69, 161,
 196, 197, 201, 203, 263
リーマン面の定理 269
リーマン=ロッホの定理 253
留数定理 52
レムニスケート関数 120, 179, 208,
 225
レムニスケート曲線 88, 89
　——の5等分方程式 108
　——の3等分方程式 106
レムニスケート積分 89, 98, 179, 228
　——の加法公式 114
　——の加法定理 180
　——の倍角の公式 111
連続関数 24
連続関数（オイラーの用語での） 42
連続曲線 14

著者略歴

高瀬正仁（たかせ・まさひと）

1951年，群馬県勢多郡東村（現在，みどり市）に生まれる．元九州大学教授．数学者，数学史家．専門は多変数関数論と近代数学史．歌誌「風日」同人．2008年，九州大学全学教育優秀授業賞受賞．2009年度日本数学会出版賞受賞．

主要著書：『評伝岡潔』三部作『星の章』『花の章』（海鳴社，2003，2004），『虹の章』（みみずく舎，2013），『高木貞治とその時代　西欧近代の数学と日本』（東京大学出版会，2014）他多数．

---

リーマンと代数関数論　西欧近代の数学の結節点

2016年11月18日　初　版

［検印廃止］

著　者　高瀬正仁

発行所　一般財団法人　東京大学出版会
代表者　古田元夫
153-0041　東京都目黒区駒場 4-5-29
電話 03-6407-1069　Fax 03-6407-1991
振替 00160-6-59964
URL http://www.utp.or.jp/

印刷所　大日本法令印刷株式会社
製本所　牧製本印刷株式会社

Ⓒ2016 Masahito Takase
ISBN 978-4-13-061311-8　Printed in Japan

JCOPY 〈社出版者著作権管理機構　委託出版物〉
本書の無断複写は著作権法上での例外を除き禁じられています．複写される場合は，そのつど事前に，社出版者著作権管理機構（電話 03-3513-6969，FAX 03-3513-6979, e-mail: info@jcopy.or.jp）の許諾を得てください．

# 高木貞治とその時代
西欧近代の数学と日本

高瀬正仁 著
46 判・440 頁・本体 3800 円＋税

世界的数学者高木貞治．彼はどのような道のりをたどり，類体論をはじめとする偉大な業績や数多くの名著を残したのか——近世から近代へと学問がダイナミックに変遷した時代を懸命に生きた，高木と彼をめぐる人びとの姿を鮮やかに描き出す．

【主要目次】

プロローグ——日本の近代の星の時間に寄せる
第一章　学制の変遷とともに
第二章　西欧近代の数学を学ぶ
第三章　関口開と石川県加賀の数学
第四章　西田幾多郎の青春
第五章　青春の夢を追って
第六章　「考へ方」への道——藤森良蔵の遺産
附録
エピローグ——高木貞治をめぐる人びと
年譜　黎明期の日本と高木貞治の生涯